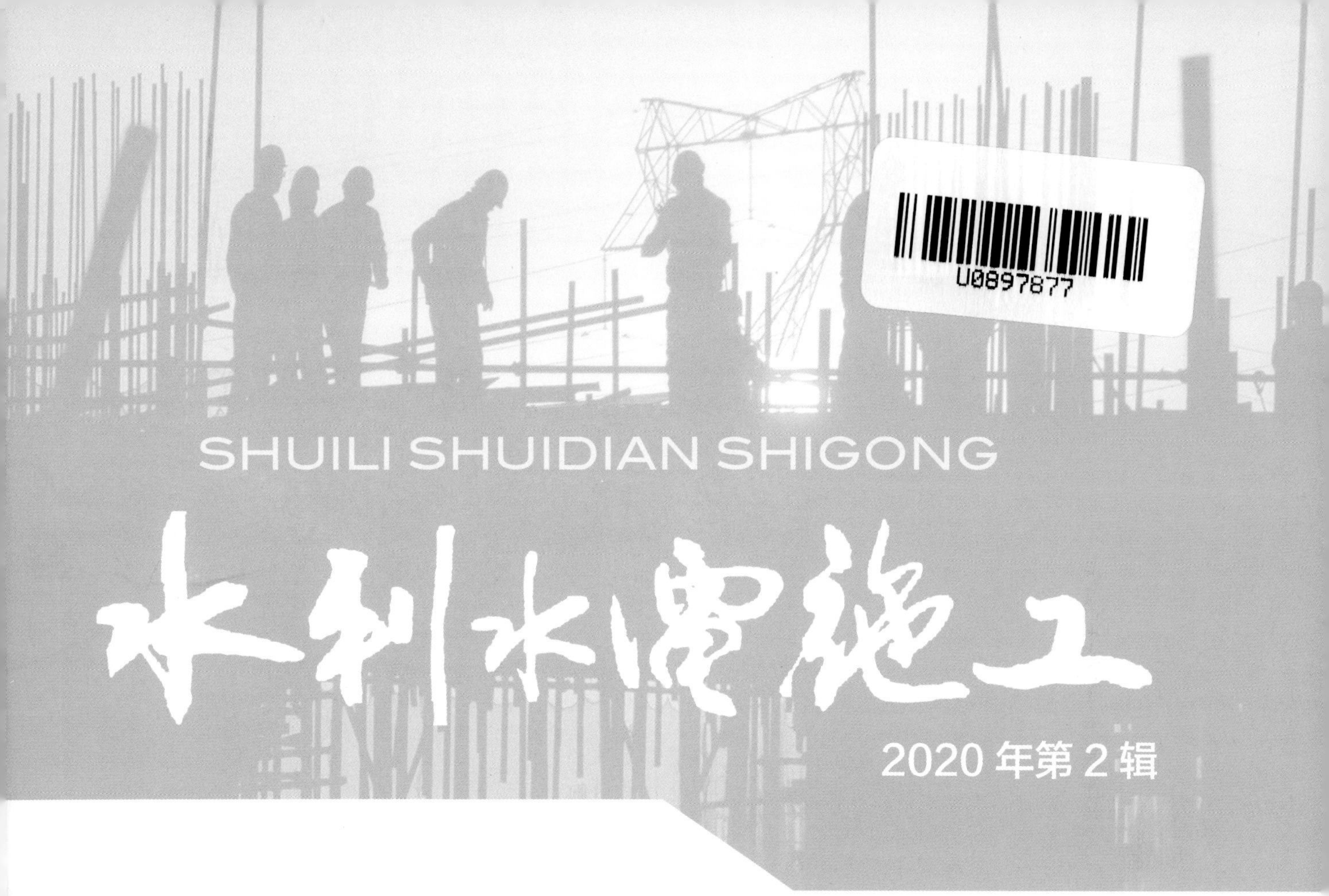

SHUILI SHUIDIAN SHIGONG

水利水电施工

2020年第2辑

中国电力建设集团有限公司
中国水力发电工程学会施工专业委员会　主编
全国水利水电施工技术信息网

·北京·

图书在版编目（CIP）数据

水利水电施工. 2020年. 第2辑 / 中国电力建设集团有限公司，中国水力发电工程学会施工专业委员会，全国水利水电施工技术信息网主编. -- 北京 : 中国水利水电出版社，2020.12
ISBN 978-7-5170-9304-6

Ⅰ. ①水… Ⅱ. ①中… ②中… ③全… Ⅲ. ①水利水电工程－工程施工－文集 Ⅳ. ①TV5-53

中国版本图书馆CIP数据核字(2020)第268502号

书　　名	水利水电施工　2020 年第 2 辑 SHUILI SHUIDIAN SHIGONG 2020 NIAN DI 2 JI
作　　者	中国电力建设集团有限公司 中国水力发电工程学会施工专业委员会　主编 全国水利水电施工技术信息网
出版发行	中国水利水电出版社 （北京市海淀区玉渊潭南路 1 号 D 座　100038） 网址：www.waterpub.com.cn E-mail：sales@waterpub.com.cn 电话：(010) 68367658（营销中心）
经　　售	北京科水图书销售中心（零售） 电话：(010) 88383994、63202643、68545874 全国各地新华书店和相关出版物销售网点
排　　版	中国水利水电出版社微机排版中心
印　　刷	清淞永业（天津）印刷有限公司
规　　格	210mm×285mm　16 开本　10 印张　402 千字　4 插页
版　　次	2020 年 12 月第 1 版　2020 年 12 月第 1 次印刷
印　　数	0001—2500 册
定　　价	36.00 元

位于四川省宁南县和云南省巧家县境内的白鹤滩水电站 1~8 号机组转子安装工程，由中国水利水电第四工程局有限公司（以下简称水电四局）承担

正在施工中的白鹤滩水电站，水电四局承担了左岸坝肩开挖和土建工程施工，以及大型缆机组群的安装运行任务

福建省福清市海坛海峡海上风电项目，由水电四局承建

位于青海省贵德县境内的黄河尼那水光互补光伏电站，由水电四局承建

上海市张泾河南延伸整治工程1标进水池底板混凝土工程，由水电四局承建

天津南港海上风电项目，由水电四局承建

位于陕西省佛坪县的引汉济渭三河口水利枢纽工程，由水电四局承建

四川省成都市地铁机场北站项目，由水电四局承建

四川省成都市地铁 18 号线制梁场项目，由水电四局承建

湖北省武汉市地铁 11 号线光谷五路“裸装车站”，由水电四局承建

湖北省武汉市地铁豹澥路站工程的车站采光天窗，由水电四局承建

黑龙江省哈尔滨市轨道交通 2 号线哈北车辆基地工程，由水电四局承建

江苏省境内的徐宿淮盐城际铁路 2 标段双沟转体特大桥工程，由水电四局承建

位于江苏省北部地区的徐盐高铁睢宁站站台工程，由水电四局承建

贵阳至广州铁路 GGTJ-13 标思贤窖特大桥工程，由水电四局承建

广东省广州市天河区车陂涌治理工程，由水电四局承建

广东省广州市天河区塘下涌治理工程，由水电四局承建

青海省西宁市北川河治理工程，由水电四局承建

广东省深圳市罗田调蓄湖综合整治工程，由水电四局承建

四川省成都市金牛区洺悦玺小区二期项目，由水电四局承建

云南省昆明市晋红高速大营街立交桥工程，由水电四局承建

太行山高速公路邢台段沙河 2 号大桥工程，由水电四局承建

新疆维吾尔自治区克塔高速公路达尔布特特大桥工程，由水电四局承建

重庆市北碚区渝广高速公路静观服务区项目，由水电四局承建

浙江省舟山市 526 国道岱山段改建工程笔架山特大桥工程，由水电四局承建

浙江省舟山市 526 国道岱山段改建工程梁场，由水电四局承建

广东省中山至开平高速公路江门段银洲湖特大桥东引桥工程，由水电四局承建

本书封面、封底、插页照片均由中国水利水电第四工程局有限公司提供

《水利水电施工》编审委员会

前　言

《水利水电施工》是全国水利水电施工技术信息网的网刊，是全国水利水电施工行业内刊载水利水电工程施工前沿技术、创新科技成果、科技情报资讯和工程建设管理经验的综合性技术刊物。本刊以总结水利水电工程前沿施工技术、推广应用创新科技成果、促进科技情报交流、推动中国水电施工技术和品牌走向世界为宗旨。《水利水电施工》自2008年在北京公开出版发行以来，至2019年年底，已累计编撰发行72期（其中正刊48期，增刊和专辑24期）。刊载文章精彩纷呈，不乏上乘之作，深受行业内广大工程技术人员的欢迎和有关部门的认可。

为进一步提高《水利水电施工》刊物的质量，增强刊物的学术性、可读性、价值性，自2017年起，对刊物进行了版式调整，由杂志型调整为丛书型。调整后的刊物继承和保留了原刊物国际流行大16开本，每辑刊载精美彩页，内文黑白印刷的原貌。

本书为《水利水电施工》2020年第2辑（中国水利水电第四工程局有限公司专辑），全书共分6个栏目，分别为：地下工程、混凝土工程、地基与基础工程、机电与金属结构工程、路桥市政与火电工程、企业经营与项目管理，共刊载各类技术文章和管理文章38篇。

本书可供从事水利水电施工、设计以及有关建筑行业、金属结构制造行业的相关技术人员和企业管理人员学习、借鉴和参考。

编者

2020年4月

目　录

机电与金属结构工程

路桥市政与火电工程

企业经营与项目管理

Contents

Foundation and Ground Engineering

Electromechanical and Metal Structure Engineering

Road & Bridge Civil Work and Thermal Power Engineering

Enterprise Operation and Project Management

本栏目审稿人：常焕生

繁华市区大型地下工程综合施工方法

朱克齐/中国水利水电第四工程局有限公司

【摘　要】本文结合地铁大型地下换乘站的施工，介绍了采用组合工法相互配合，动态分区、作业分时，立体空间与平面场地机动转换，特殊措施消除局部制约等在繁华市区狭小空间进行大型地下工程施工的综合方案。实现了确保工程目标和降低施工期间对城市运行影响的目的。该方法的推广，能够解决城市中心区大型地下空间开发利用的工程难题。

【关键词】市区　大型地下工程　综合方案

1　引言

由于城市的复杂性以及发展和建设的历史原因，在繁华市区从事大型地下工程存在着诸多困难，如工程实施“特别难”，施工工期“特别长”，影响周围“特别大”，施工场地“特别小”，对已有市政设施的迁改面“特别广”，出现事故的风险“特别高”等。现存论文，对具体工法在复杂环境中应用的阐述比较多、比较全面，而应用综合方法全面解决繁华市区大型地下工程全过程问题的研究比较少。文章主要从几个方面论证了组合工法在繁华市区大型地下工程施工中解决难题的应用。

2　依托工程的概况

2.1　工程规模

依托工程为深圳地铁12号线与20号线的地下换乘站——南头古城站主体工程（简称工程），工程位于深圳市南山大道与深南大道的交叉口。其中12号线地下车站相应工程的长度为558m、宽度为24～30m、深度为21～29m，20号线地下车站相应工程的长度为137m、宽度为24m、深度为20m。两个车站垂直相交，平面呈“T”字形结构，工程投影面积18950m^2。工程的钢筋混凝土模筑量为11万m^3，工程对应基坑的开挖量36万m^3，回填量5万m^3。

2.2　工程环境

工程全部为地下结构，位于南山大道与深南大道的交叉口正下方，有南头街与红花路2条市政道路从工程结构上面横向穿过。市政路面与工程结构之间是密布的市政管网。工程的三面被繁华商业、市民居所、市政办公、公用设施紧密环绕。其东侧紧邻百安居、阳光荔景、前海华庭、馨荔苑小区；西侧紧邻公共事业综合楼、富强阁楼、新海大厦、深圳军颐诊所；北端为春花天桥和深水隧道；工程的大型换乘节点位于春花天桥下方。与工程相关的地层从上到下依次为杂填土层，花岗岩残积层，花岗岩全、强、中风化层。工程所处环境极其复杂，相关平面位置情况如图1所示。

2.3　工程接口

工程的两端与盾构区间隧道相接，北端承担2台区间隧洞盾构机的接收任务，南端承担2台区间隧洞盾构机的始发任务。

3　相关要求

经过与业主、地方政府及商家、市民反复沟通，确定工程施工必须达到“四不一确保”的要求，即施工期

图1　相关平面位置示意图

间不能缩减相应市政道路的车道数量和车道宽度，不能影响深南大道和南山大道的交通，不能影响周围商家活动、市民生活、公共事务，接驳市政管网时不能影响市民生活，必须确保工程的各项目标（总工期 24 个月，合同签订后 14 个月为盾构提供接收和始发条件，其他目标略）。

4　条件研究

4.1　平面条件

工程施工需要占用的主要场地为南山大道和深南大道交叉口及其以南的南山大道部分路面。南山大道红线宽 52m，双向 6 车道与两侧的人行道总宽度为 26.5m，道路两侧前海华庭、富强阁楼等建筑中人车正常出行通道的宽度各 2～2.5m。按照“四不一确保”的要求和现场勘测情况，可供工程施工利用的场地按照宽窄可以分为两段，以红花路口为界，其以南长度为 260m，宽度为 25.5m，其以北长度为 320m，宽度为 18.5m。施工用地总面积只有 12550m^2。与工程净宽（24m）和投影面积（18950m^2）相比，宽度和面积均相差甚远。而且场地被东西向的深南大道、红花路和南头街分割为 3 部分，北端头被春花天桥覆盖。上述场地使用前需要进行大量的管线迁改、绿化迁移、交通疏解等前期工程的施工，耗时将超过 6 个月。

4.2　立体条件

工程的地面以上空间，除了被春花天桥覆盖的北端头有 8m 的净空约束外，其他部分在台风期以外别无约束，可以利用。

4.3　时间条件

经过调研，工程周围的人车交通、商家运营、市民活动均集中在凌晨 5 点至夜里 11 点 30 分这个时间段；从夜里 11 点 30 分到次日凌晨 5 点为交通道路的闲暇时间。在闲暇时段，进行安全防护后，路面可以临时使用 2 个车道。

5　方法制定

从条件分析可知，工程全部采用盖挖逆作的施工方法，比较符合环境条件，但不满足工期和盾构始发接收的条件，按照最紧凑的工序排下来，工期要超过 12 个月；工程全部采用明挖顺作的施工方法，工期可以满足，但交通条件、平面空间及市政管网条件不允许；管线迁改、绿化迁移、交通疏解等前期工程完成后再进行主体工程施工，施工干扰较小，比较容易组织，但不满足工期要求。经过反复研究论证，最终确定工程实施采用以下综合方法，方能消除各项制约，走出困境，实现目标。

5.1　明挖＋盖挖＋全铺盖＋半铺盖顺作的组合方法

红花路口以南工程结构的 1～11 和 14～28 轴范围，工程结构宽度为 24m，满足交通和周边条件的场地宽度为 25.5m，场地宽度刚好满足工程施工所需基坑范围的布置，选用明挖顺作的方法，进行快速施工，解决了工程工期和需要先行提供盾构始发条件的问题。

在南头街路口工程结构的 11～14 轴范围，采用贝雷梁形成的全铺盖顺作方法，解决了南头街的交通和附近管线迁改的问题。

位于红花路口工程结构的 28～31 轴范围，采用盖挖顺作的方法，将顶板做成管廊凹槽，解决了场地宽度不足、红花路的交通、重力管线迁改等问题。

红花路口以北工程结构的 31～64 轴范围，采用钢筋混凝土临时盖板形成的半铺盖顺作方法，解决了施工场地宽度不足、南山大道交通、商家经营、市民出行、为盾构先行提供接收条件的问题。

在紧靠红花路口南侧工程结构的28轴，在基坑内增加横向隔断地下连续墙，将长大基坑一分为二，降低基坑施工风险，解决了施工不同步、进度不一致的问题。

相应工法的具体施作，在众多论文有阐述，不再赘述。

5.2 动态分区+作业分时+立面与平面机动互换及互补的方法

根据前期工程的类型和分部、主体工程基坑围护结构的分幅和结构形式、基坑内立柱桩的布置特点、相应道路交通以及周围民商活动的情况，整个工程采用4区5阶段9倒改的动态分区法进行布置施工，共形成27个动态施工区，其中一个阶段的动态区如图2所示。每个动态施工区范围内的管线工程、绿化工程、路面工程、基坑围护结构、基坑内立柱桩、铺盖板等所有需要在地面实施的工程结构，均在本区域调整前完成施工，通过动态调整分区的范围和位置，解决相邻区域工程结构连接的问题。

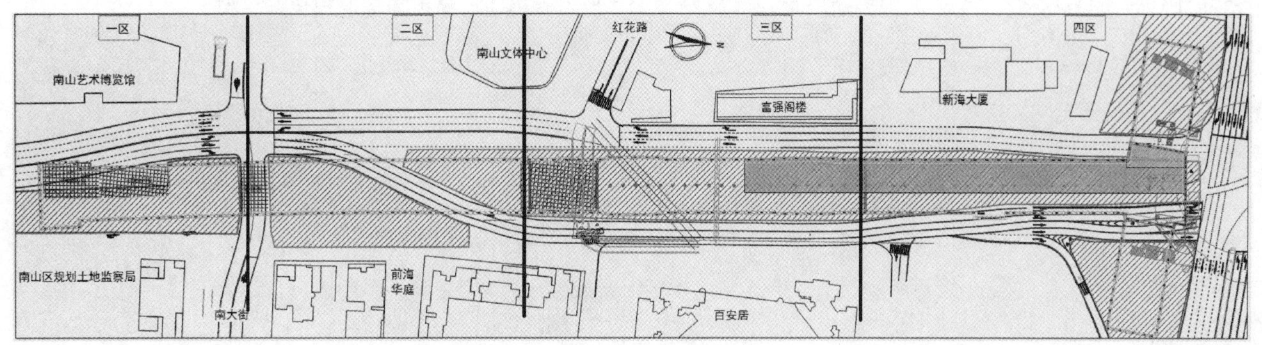

图2 阶段动态区示意图

由于受场地面积条件和宽度条件的限制，每个动态施工区只有能布置工程结构和提供狭窄作业的空间，没有半成品加工、大型材料堆放和运输通道的空间。研究后采用了分时作业的方法，以城市运行的时段特点，换取可机动使用的平面位置。即在场外临时借地，进行构件加工、材料与半成品堆放；在城市运行繁忙时段，各施工区开展与运输安装无关的工序；在城市运行闲暇时段，进行安全防护后临时使用富余出来的交通车道，集中进行运输、安装、出渣、调整施工区范围与位置等作业。合理解决了上述的制约问题。

在狭窄的作业场地内，采用定点布设大吨位长臂履带吊、结构墙上安装轨行式门机、分割钢筋笼等构件尺寸与重量的方法，运用立面与平面互补的方法，实现了场内全部施工运输从地面进行改为空中进行的转变，巧妙地解决了施工区内无空间布置运输通道的难题。

5.3 特殊措施应对局部制约

在管线工程迁改中，对小管线采用夜间突击接驳的方法，对较大的重力管线采用置井、倒边、集中接驳的方法，提高接驳效率，解决管线运行忙时不能中断的问题和工期问题；采用一槽两笼的方法（在深圳市华强北大型地下工程施工中，由中国水电四局首次发明）解决了施工期管线与连续墙冲突的问题；利用大吨位长臂履带吊，组织采用跨桥吊装的方法，解决了春花天桥两侧的钢筋笼等大型构件的安装问题；用桩基托换的方法，解决了春花天桥桥基侵入工程结构范围的问题；用改造桩机和分节装笼的方法，解决了春花天桥下受净空制约连续墙施工的问题；用钻、抓、铣结合的方法，解决了花岗岩地层连续墙成槽的难题；采用盾构机部分过站与平移的方法以及在轨行区设度线的方法，解决了北端头受春花天桥制约盾构机难以接收吊出、南端头盾构机始发场地不足的难题。

6 应用与效果

南头古城站虽然地处繁华市区，周围又有繁杂的市政管网、拥挤的交通路网、近接的市民居所和商政设施等多重约束，只有工程结构水平投影面积66%的狭窄施工场地，但在工程实施过程中，通过对项目组反复模拟比对演算后确定的综合方法的强力推行和应用，精准地化解了各种施工难题。最复杂、最耗时、最烦琐的需要在地面机动作业的工程结构现已全部完成，度过了最困难的施工阶段，大部分结构已转入地下作业，消除了地面的重重制约因素。工程的工期、安全环保、质量都在可控范围内。工程施工对周边的影响非常小，没有造成交通拥堵、市民投诉、商业停摆等情况。综合施工方法达到了提高效率、确保工期、消除影响、减小消耗、和谐共建的效果。

7 结语

近年来，工程企业在大量地下工程的施工中通过不断地实践和总结，对地下工程施工的众多工法已熟练掌握。只要充分认识每种工法的特点，详细研究所遇工程的环境和边界条件，根据具体条件灵活组合应用相应工法，完全可以解决繁华市区大型区地下空间的开发难题，而且可以大大降低施工期间对城市运行的干扰。

社会发展对城市功能提升的需求与日俱增，城市地下空间开发利用是满足这一需求的重要途径之一。越发达的城市，越繁华的市区，对地下空间开发的期望和对规模的要求也越大，工程实施的难度和施工对周边民商运营的影响往往比其他区域都要突出。但我们要看到，随着工程结构标准化设计的不断推进、施工工法的日益完善和组合运用、工程机械的研制应用、施工设备功能的进一步提升、施工竖井＋施工通道＋机械掘进＋预制装配的非开挖技术的大力推广，未来在市区从事地下工程，严重影响市民生活的开肠破肚大开挖方法将成为历史，将实现真正意义上的城市文明施工，全面消除现存的地下工程实施阶段对市民造成的拥堵、绕行、阻断、封闭、震动、噪声等普遍现象。

超强富水隧洞 TBM 施工排水系统设计及封堵治理措施

刘培玉　王　林　邢海岩/中国水利水电第四工程局有限公司

【摘　要】 对于超强富水隧洞敞开式 TBM 施工来说，确保人员及设备的安全是首要任务，因此必须结合隧道水文地质资料设计合理完善的排水系统，同时依据项目实际施工揭露地下水分布情况制定切实可行的封堵治理方法，做到堵排结合，以排为辅，高效封堵，从而有效治理超前富水洞段突发涌水难题，规避施工风险，确保 TBM 安全快速掘进。

【关键词】 超强富水隧洞　TBM 施工　排水系统　封堵治理

1　引言

新疆某引水工程项目，支洞长度 910m，主、支洞高差 110m。主洞洞室开挖投入一台敞开式 TBM 设备，开挖直径为 5.5m，隧洞纵坡 1/5000。TBM 逆坡掘进，顺坡排水。施工段地质条件复杂，主要处于石炭系地层内，岩性主要为岩屑波屑凝灰岩，地下水为基岩裂隙水，主要储存于断层破碎带、裂隙密集带与不同地层和岩性的接触带，出水形态多以线状、大面积散状、股状、股状喷射涌水为主，单点涌水量可达 650～810m^3/h，日排水量可达 4 万 m^3/d，严重影响 TBM 正常掘进施工。现主要采取“堵排结合，以堵为主，以排为辅，超前预测，超前预注，边堵边掘”的施工方法，缓解隧洞抽排水压力，降低隧洞施工风险。

2　TBM 施工段排水系统整体规划

TBM 施工段排水系统依据本项目的水文地质资料及隧洞实际开挖地下水揭露情况，准确测算涌水量，提前谋划设计，分散抽排，合理布局，充分利用 TBM 辅助洞室，建立 1700m^3/h 的强大排水系统（图 1），为 TBM 稳步、安全、快速掘进保驾护航。

3　TBM 施工段排水系统设备设计选型

3.1　TBM 设备段排水系统设计

在 TBM 设备主梁下方位置安装两台 5.6kW 潜污泵，扬程 30m，流量 30m^3/h，将掌子面及主梁下的积水抽排至后配套 10 号台车的污水箱，再由污水箱内放置的两台 18.5kW 潜污泵，扬程 50m，最大流量 50m^3/h，通过污水管卷筒的管路与 TBM 掘进延伸安装的 DN200mm 10bar 的排水管相连，将污水抽排至主支洞交叉口倒车洞内的三级沉淀池中，再次直排至支洞外。同时为了保证 TBM 设备段的涌水能够及时排出，在 TBM 污水箱安装一台排量 200m^3/h、扬程 50m 的渣浆泵，利用 DN200mm 10bar 的排水管路，直排至三级沉淀池，用于设备段应急排水。

3.2　三级沉淀池水泵选型

根据主洞内施工情况，在主支洞交叉口设置三级沉淀池作为日常隧洞抽排水泵站安装位置，设计排量 500m^3/h，单泵排水量按照 200m^3/h 进行考虑。支洞长 910m，主支洞高差 H 为 110m。

三级沉淀池水泵选型计算：

安装管路 DN200mm，长度按 1000m 计算，流量 200m^3/h，根据达西公式，则水泵扬程损失 h_f 为

$$流速\ V=Q/F=200/(3.14\times0.1\times0.1\times3600)=200/113.04=1.77(m/s)$$

$$\frac{V^2}{2g}=1.77\times1.77/(2\times9.8)=0.16$$

水力阻力系数 λ 取 0.0304；

$$h_f=\lambda\times L\times(V^2/2g)/D=0.0304\times1000\times0.16/0.2=24.3(m)$$

$$\Delta h=H+h_f=110+24.3=134.3(m)$$

根据以上计算，综合考虑 TBM 掘进时的水质情况，

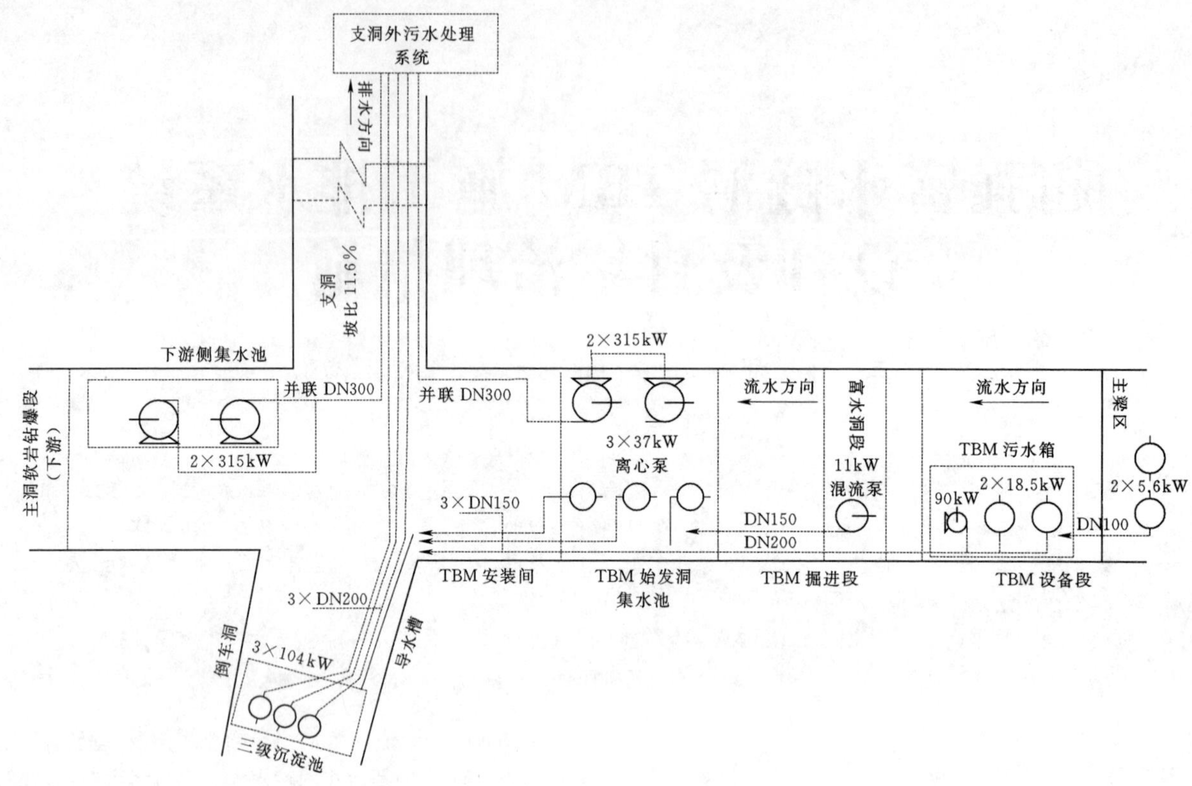

图1　TBM 施工段排水系统整体规划布置示意图

选用 Grindex－104kW 型潜污泵，查阅其水泵运行曲线图，当水泵扬程大于 134.3m 时，流量可达 160～180m^3/h。这样在三级沉淀池位置安装 3 台变频驱动潜污泵，每台水泵配套 DN200mm 管路，排水量就可以达到 500m^3/h，而且可以根据隧洞内涌水量灵活启、停水泵。

3.3　始发洞室集水池水泵选型

当 TBM 施工段涌水量较大时，主洞内涌水会顺坡流至始发洞室，为了减少涌水二次倒运的成本，科学、高效地将 TBM 隧洞内涌水及时排出洞外，在始发洞室浇筑挡墙形成可以存储 250m^3 的集水池，在此段安装排量可达 600m^3/h 的泵站，直排至隧洞外部，从而减小 TBM 隧洞内水位上升的速率。管路采用 DN300 PN10bar 的焊管，管路安装长度 1350m，根据达西公式，水泵扬程损失 h_f 为

$$流速\ V=Q/F=600/(3.14\times0.15\times0.15\times3600)=600/254.3=2.36(m/s)$$

$$V^2/(2g)=2.36\times2.36/(2\times9.8)=0.284$$

水力阻力系数 λ 取 0.0304

$$h_f=\lambda\times L\times[V^2/(2g)]/D=0.0304\times1350\times0.284/0.3=38.85m$$

$$\Delta h=H+h_f=110+38.86=148.85(m)$$

式中　V——流速，m/s；

Q——流量，m^3/h；

F——管路截面积，m^2；

λ——水力阻力系数；

L——管路长度，m；

D——管路直径，m。

根据以上计算，水泵所需扬程 148.85m，但是单泵是 600m^3/h 的排量，水泵功率、外形尺寸均较大，安装空间有限，而且水泵启动不能根据水量大小灵活调配，因此水泵选型采用 MD360－40×5 变频驱动多级离心泵，流量 360m^3/h，扬程 200m，电机功率 315kW，采取两泵并联的方式使用，排量可达 650～700m^3/h。当隧洞遇到较大涌水时，可以并联使用，也可以根据水量情况做到单台单用。

同时在始发洞安装 3 台 160WQ－37－50 离心泵，水泵额定流量 160m^3/h，扬程 50m，电机功率 37kW，用于始发洞室集水池水位较高时将积水倒运至三级沉淀池和下游侧集水池，从而避免始发洞室集水池长期积水，导致 TBM 掘进段水位上涨，影响 TBM 正常掘进施工。

3.4　应急排水水泵

考虑下游侧软岩钻爆洞段与 TBM 施工段叠加施工可能同时出现突发涌水的情况，综合考虑增加应急排水设施，在下游侧软岩洞段洞口设置 120m^3 集水池，安装两台 MD360－40×5 多级离心泵并联使用，配套安装 DN300 PN10bar 的管路，排量可达 650～700m^3/h，在

工业广场工作面出现积水时，即可开启强力抽排。这样 TBM 施工段排水系统就可以达到 1700m^3/h 的设计排水量，而且实际排水量远超于设计量，从而保证 TBM 安全、稳步掘进，快速通过富水洞段。

3.5 TBM 施工段排水系统水泵分布

TBM 施工段排水系统进行整体规划，以达到最优排水效果，具体布置见表 1。

表 1　TBM 施工段排水系统水泵分布表

序号	设备名称	规格型号	单位	数量	备注
1	多级离心泵	MD360－40×5	台	2	下游侧集水池
2	潜污泵	Grindex－104kW	台	3	三级沉淀池
3	多级离心泵	MD360－40×5	台	2	始发洞集水池
4	潜污泵	30WQ－5.6－30	台	2	TBM 主梁区
5	潜污泵	50WQ－18.5－50	台	2	TBM 污水箱
6	渣浆泵	200JZ－90－70	台	1	TBM 污水箱
7	离心泵	160WQ－37－50	台	3	集中倒水

4 TBM 超强富水洞段封堵治理措施

鉴于 TBM 超强富水洞段长、出水集中、频发突发涌水的情况，除建立强大的排水系统外，还必须制定切实可行、高效堵水的施工方法，遵循“堵排结合，以堵为主，以排为辅，超前预注浆，边堵边掘”的方针，以灌注水泥、水玻璃双液浆为主，聚氨酯灌浆为辅的堵水方法，高效封堵治理，确保 TBM 安全、稳步完成富水洞段掘进。

4.1 超强富水洞段地下水情况

TBM 超强富水洞段集中，涌水较为频繁，且多以股状、股状喷射、大面积散状出水为主，出水流量大、压力高、流速快，长时间不衰减，TBM 设备利用率低下，平均日进尺 4.23m，施工降效严重，开工两年多，将近 500 多天均在开展停机堵水，严重威胁作业人员及 TBM 设备安全。TBM 掘进 3530m 主要涌水情况统计如表 2 所列。

表 2　TBM 施工段主要涌水情况统计表

序号	桩　号	实际涌水量/(m^3/h)	出水情况简述
1	SD52＋185～SD52＋160.815	210	裂隙股状压力水
2	SD51＋915.935～SD51＋908.515	101	拱顶线状、大面积散状
3	SD51＋347.745～SD51＋273.675	206	拱腰以上股状
4	SD51＋273.675～SD51＋263.661	972	底板及左右拱腰大股状涌水
5	SD51＋263.661～SD51＋239.581	448	全断面散水、拱顶股状压力水
6	SD51＋239.581～SD51＋227.061	481	底板裂隙压力水、大面积散状出水
7	SD51＋227.061～SD50＋927.117	450	股状压力水、全断面散水
8	SD50＋711.907～SD50＋485.000	410	裂隙股状压力水、全断面散水
9	SD50＋409.187～SD50＋315.307	185	线状、局部股状压力水
10	SD50＋315.307～SD49＋904.207	180	线状、局部股状压力水
11	SD49＋904.207～SD49＋791.307	220	线状、大面积散水
12	SD49＋661.107～SD49＋495.307	1050	裂隙涌水、大面积散水
13	SD49＋495.307～SD49＋296.597	1300	底板空腔式涌水、裂隙股状压力水
14	SD49＋296.597～SD49＋143.877	980	拱腰以上大面积散水、股状、大股状喷射压力水

4.2 超强富水洞段治理措施

（1）超前预注浆施工。结合超前探水预报结果，为避免 TBM 在掘进过程中，掌子面突发涌水，造成人员及设备损坏，以及地下水外露，出水压力高、流量大，难以封堵，灌浆困难等情况出现，主要采取开展掌子面超前预注浆施工，提前将掌子面开挖范围内地下水通过灌注水泥、水玻璃单双液浆进行处理，利用浆液填充流水通道，从而将地下水有效隔离。施工方法主要为 TBM 整机后退 4.2m，拆除中心刀，形成施工通道，在掌子面前部利用地质钻机钻孔，孔深 25m，孔径 90mm，Ⅰ序孔外插角 10°～15°，Ⅱ序孔沿洞轴线水平布置，在钻孔过程中，详细记录出水情况，当孔内出水呈股状带压，喷射状、流速快时，即可停止钻孔，安装注浆塞，开始灌浆。待灌浆压力达到 1MPa 以上停止灌浆，关闭注浆塞阀门，浆液凝固 12h 后，再对该孔加深复灌，复灌深度达到 25m，灌浆终压达到 1.5MPa，方可结束灌浆。对出水量较小的孔位，实行一次性灌浆，达到设计深度。超前预注浆孔位布置及纵剖面如图 2、图 3 所示。

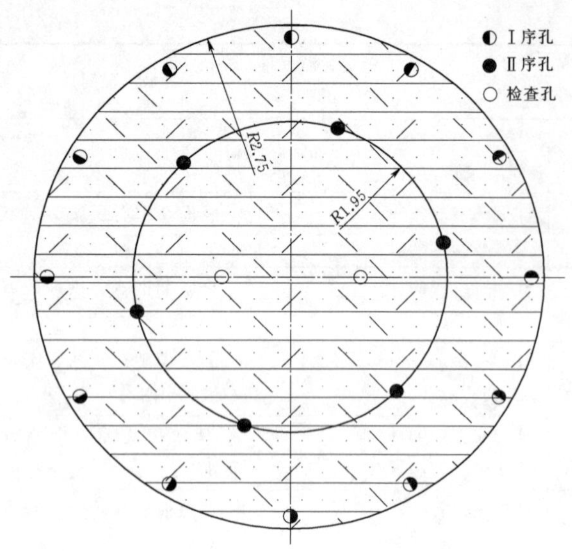

图2　超前预注浆孔位布置图

（2）TBM设备段随机灌浆。TBM设备段随机灌浆主要是将刚掘进出露的线状、大面积散状、股状集中出水部位，利用YT28钻机，钻设浅层堵水孔，一般孔深2～3m，灌注双液浆及聚氨酯化学浆液，快速将TBM设备段股状、散状出水集中封堵，从而避免TBM设备液压、电气元件受损，同时保证喷射混凝土施工质量良好。

（3）系统灌浆。系统灌浆作为TBM富水洞段的“补强”堵水方式，主要目的是将TBM已开挖完成洞段未及时封堵的裂隙水、全面积散状水集中封堵，每环布孔12个，孔深4.5m，梅花形布置，注浆洞段两端设置阻水环，灌注水泥、水玻璃浆液，将出水部位深层封堵，从而避免TBM隧洞内出水点长距离积攒，影响TBM正常掘进施工。系统灌浆布孔示意图如图4、图5所示。

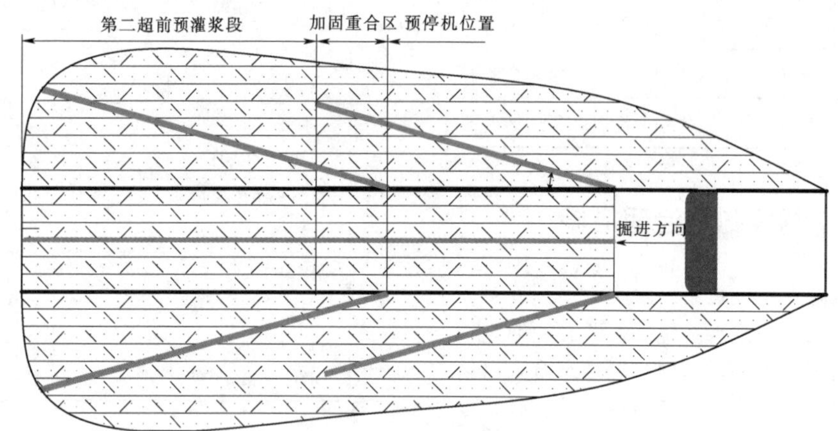

图3　超前预注浆孔孔位剖面图

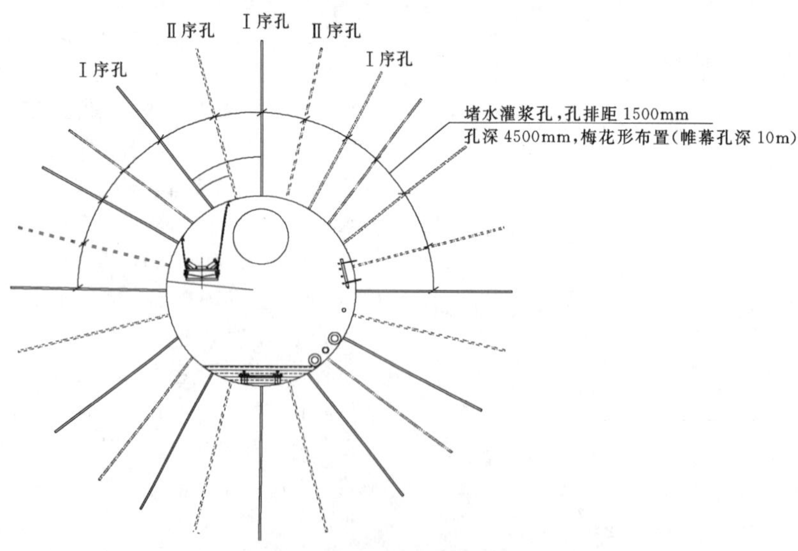

图4　系统堵水灌浆孔位布置断面示意图

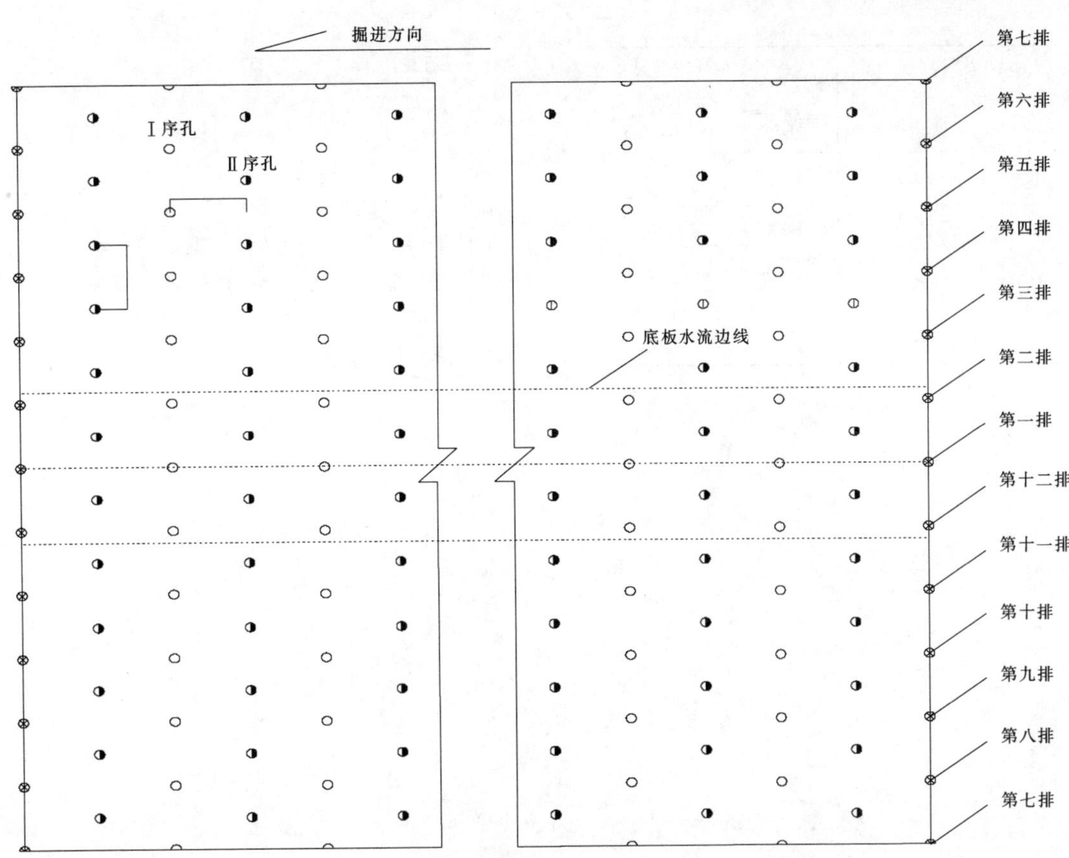

图 5　系统堵水灌浆孔位布置平面展开图

5　堵排水取得的成效

本排水系统形成后，遭遇多次 TBM 突发涌水，排水系统都可以满足排水需求。特别在 SD49＋507、SD49＋495.307 两次特大涌水应急强排使用过程中，隧洞内所有水泵全部开启后，排水系统运行平稳，各水泵排水量正常性能稳定，取得了监理单位和建设单位的一致好评，切实起到了为 TBM 保驾护航的作用，减少了富水洞段 TBM 停机时间，提高了 TBM 利用率，为项目减少了财产损失。同时通过采取超前预注浆、随机注浆、系统注浆三者相结合的封堵治理方式，堵水效果显著，堵水成效（见表 3）远远大于制定的 80%的堵水原则。

表 3　　TBM 施工段堵水成效对比表

日　期	月时均排水量 /(m^3/h) 封堵治理后	累计进尺 /m	地质编录月累计统计涌水量 /(m^3/h)
2017 年 10 月	325.2	424.63	325
2017 年 11 月	222.1	424.63	325
2017 年 12 月	316.2	530.67	983
2018 年 1 月	414	676.92	1293
2018 年 2 月	431.9	945.2	1302

续表

日　期	月时均排水量 /(m^3/h) 封堵治理后	累计进尺 /m	地质编录月累计统计涌水量 /(m^3/h)
2018 年 3 月	563.4	1312.5	1523
2018 年 4 月	936.4	1314.97	2530
2018 年 5 月	955.4	1314.97	2530
2018 年 6 月	613.2	1314.97	2530
2018 年 7 月	616.6	1321.81	3000
2018 年 8 月	880.1	1358.32	3929
2018 年 9 月	692.9	1405.35	4131
2018 年 10 月	714.3	1483.92	4291
2018 年 11 月	720.7	1866.97	4496
2018 年 12 月	897.57	1991.57	4626
2019 年 1 月	868.8	2117.25	5461
2019 年 2 月	892	2196.95	5546
2019 年 3 月	947.9	2261.93	5636
2019 年 4 月	869.5	2427.38	5671
2019 年 5 月	864.2	2749.46	5996
2019 年 6 月	941.4	3082.9	7136
2019 年 7 月	1015.3	3143.75	7384

续表

日期	月时均排水量/(m^3/h)封堵治理后	累计进尺/m	地质编录月累计统计涌水量/(m^3/h)
2019年8月	929.2	3251.52	8271
2019年9月	877.2	3398.34	8836
2019年10月	1192.9	3429.46	10210
2019年11月	682.9	3531.35	10367

6 结语

对于TBM超强富水洞段施工而言，首先要遵循“堵排结合，以堵为主，以排为辅”的施工原则和建立适合本项目的高效排水系统。同时，在TBM掘进过程中科学筹划，超前诊断，依据地下水分布情况，多种方式比选试验，不断总结经验，优化灌浆工艺，寻找切实可行的堵水方法，这样才能保证TBM顺利通过富水洞段，降低施工风险。

浅谈坝肩槽开挖爆破钻孔设备技术应用

王金忠　信　聪/中国水利水电第四工程局有限公司北方公司

【摘　要】碾压混凝土重力坝是20世纪80年代以来发展较快的一种新的筑坝技术，是大型水电站挡水建筑物的主要型式之一，两岸坝肩槽的开挖是大坝基础的关键部位，其开挖质量直接关系着整体工程完工后电站的安全运行。本文仅以黄登水电站左右岸高程1475m以上坝肩槽开挖工程实践为例，研究坝肩槽开挖爆破钻孔设备技术，总结出一套切实可行且能保质保量完成坝肩槽开挖的施工技术和方法，可对将来其他相似工程起到指导作用。

【关键词】坝肩槽开挖　爆破钻孔　设备　技术

1　工程概况

1.1　工程简介

黄登水电站位于云南省兰坪县境内，采用堤坝式开发，是云南澜沧江上游古水至苗尾河段水电梯级开发的第五级水电站，以发电为主。拦河大坝为碾压混凝土重力坝。坝顶高程1624.5m，建基面最低高程1422m，最大坝高203m，坝顶长度464m。左岸坝肩槽建基面共分9层边坡，每13～25m设置一台马道或平台，马道宽度3.0m，平台宽度8～28m；右岸坝肩槽建基面共分9层边坡，每11.5～30m设置一台马道或平台，马道宽度3.0m，平台宽度7～14.05m。

1.2　坝肩槽建基面钻孔设备选择

左右岸坝肩槽建基面初步规划，坡比1∶0.6～1∶1的设计边坡使用100B潜孔钻机进行造孔施工，大于3.0m的平台以及坡比陡于1∶0.6的设计边坡均使用CM351潜孔钻机进行造孔施工，梯段高度大于20.0m的边坡采用超欠平衡的施工方法进行施工。

2　坝肩槽建基面开挖施工

2.1　施工特点与难点

2.1.1　施工特点

左右岸坝肩坝顶高程1624.5m，坝肩槽与建基面分标高程1475.0m，左岸为转折坝段布置有进水口，右岸为非溢流坝段，两岸坝肩槽为台阶式开挖，每层边坡均布置有马道或平台，边坡坡比布置有1∶0的垂直边坡及1∶0.25～1∶1的陡坡与缓坡，坝前坝后与坝肩槽衔接的边坡，布置有扭面和布置有坡比的边坡。

2.1.2　施工难点

左右岸坝肩槽地质条件复杂、岩性不均一，变质凝灰岩夹层发育，分布有弱微卸荷岩体，钻孔时要穿越地层夹层带、断层带、挤压带、基体裂隙等结构面以及各条地勘洞。高程1475.0m以上设计体形以内，岩体以Ⅱ类～Ⅲ2类为主，局部Ⅳ1类；高程1475.0m以上设计体形以外开挖区，岩体以Ⅲ1类～Ⅳ1类为主，少量Ⅴ类、局部Ⅳ2类，岩体弱风化，强卸荷裂隙发育。在如此复杂的地质条件下，易出现成孔困难（卡钻、断钻头）、“飘钻”等现象，如何确保造孔精度是施工一大难点。

开挖高度达149.5m，如何降低爆破对建基面的影响深度、减小爆破振动对周边的影响（振速满足要求），以保证开挖边坡的稳定和安全是施工的第二大难点。

2.2　爆破参数

2.2.1　爆破试验

左右岸坝肩槽建基面开挖前，为了取得更加合理的钻爆参数，在坝顶高程1624.5m以上进行专项爆破试验，目前右岸第一阶段爆破试验已经完成，试验共分三个区，各区钻爆参数详见表1。

爆后效果分析总结：预裂孔间距在0.8～0.9m，线密度在270～300g/m，均能取得较好的预裂缝；缓冲孔间距2.0m，与预裂孔排距取1.5m较为合理，进入坝肩槽建基面的开挖，缓冲孔与第一排爆破孔排距需根据岩

表 1　　试验区钻爆参数表

分区	孔类	孔径/mm	药卷直径/mm	孔深/m	孔数/个	间排距/(m×m)	线药量/(g/m)	单孔药量/kg	单耗/(kg/m³)	最大单响/kg
1	预裂孔	90	32	16.7	48	0.8	300	5.52		44.7
	缓冲孔	90	70	16.7	21	2.0×1.5		72		144
	爆破孔	110	90	16.7	85	4.0×2.5		108	0.63	216
2	预裂孔	90	32	17.33	96	0.8	270	5.2		46.8
	缓冲孔	90	70	15.56	30	2.0×1.8		66		132
	爆破孔	110	90	15.56	90	4.0×3.0		99	0.53	198
3	预裂孔	90	32	17.33	57	0.9	280	5.2		46.8
	缓冲孔	90	70	14.71	23	2.0×1.5		60		120
	爆破孔	110	90	14.71	45	4.0×3.0		90	0.51	180

性的变化，进一步调整；主爆孔间排距 4m×2.5m、4m×3m 从爆破块度来看，大块率在合理范围，也不存在过度抛掷现象，表明单耗和间排距选择基本合理，考虑块度适中以及满足质点振速监测的要求，爆破孔应尽可能地减小单响药量。

2.2.2　参数确定

目前依据右岸爆破试验初步确定的爆破参数进行开挖施工，进入坝肩槽，根据开挖揭露的岩石情况进行逐步调整完善。

（1）预裂孔参数。

1）钻孔孔径：$D=90$mm。

2）孔距 a：建基面预裂孔孔距主要根据每一梯段的设计体型计算得出，一般情况下 $a=(7\sim12)D$，即取值范围为 63～108cm。为了保证预裂爆破质量，考虑钻孔孔底“飘钻”现象，拟开孔孔距控制在 75～80cm，孔底距控制在 80～85cm。

3）孔深 L：根据梯段高度及设计坡比计算得出，建基面一般在 10～34m。

4）堵塞长度 L_2：堵塞长度应以控制爆炸气体不过早逸出造成飞石飞散为原则，根据爆破试验，破碎岩体取 1.5m，较完整岩体取 1.0m。

5）装药结构：

不耦合系数：一般为 2～4，取 $D(90)/d(32)=2.8$；

根据经验公式（国际标准单位制）：

$$\Delta_{线}=0.042[R_{压}]0.5a\times0.6$$

式中　$\Delta_{线}$——线装药密度，kg/m；

$[R_{压}]$——岩体极限抗压强度，MPa，取值为 212～332MPa；

a——钻孔间距，m，取值为 0.7～0.75m。

线装药密度：建基面为 270～300g/m（除去底部加强和孔口减弱段），预裂孔取 1.0m 堵塞长度，采用黄土堵塞，堵塞段底部与药卷顶端用编织带间隔，编织带距药卷顶端 5cm。导爆索采用 10g/m 的塑料导爆索，未考虑导爆索的药量。

装药结构：标准药卷按设计药量连续或间隔用胶布绑扎于竹片上，底部 1.0m 范围药量加强，孔口 2m 药量减弱，堵塞长度 1.0m。

（2）缓冲及爆破孔参数。缓冲孔孔径采用 90mm，设计原则：距预裂孔排距 1.5m、间距 2.0m，距前排爆破孔排距 2.0m。根据坝肩槽建基面每个梯段“上窄下宽”的开挖体型，采用发散式布孔形式，有利于建基面与上、下游边坡相交部位的爆破。孔口间距控制在 1.8m 左右，孔底间距控制在 2.2m 左右。

爆破孔孔径采用 110mm。一般抵抗线为药卷直径（$\phi90$）的 25～35 倍，则 $W_{抵}=2.0\sim2.8$m，取 $W_{抵}=2.0$m。根据间距、抵抗线之间的关系，间距 a 取 1.5～2.0 倍抵抗线，采用大值 2.0 倍，则间距 a 为 4.0m，排距 b 为 2.5m，缓冲、爆破孔的堵塞长度取 0.7～1.0 倍抵抗线长度；爆破孔采用 $\phi90$ 药卷连续装药，缓冲孔采用 $\phi70$ 药卷连续装药。

2.2.3　爆破原则

为取得良好的爆破效果，确保爆破网络的安全可靠以及质点振速满足安全规程规范要求，实际施工中采取以下措施：

（1）坝肩槽建基面每个梯段宽度限定在 10～15m，在此前提下，布设一排预裂孔、一排缓冲孔、四到六排爆破孔较为合理，前沿抵抗线较大部位可根据自然边坡角度随机加密造孔，总装药量不超过 6t；爆破前需将爆破区域前沿临空面清理干净，避免底部抵抗线过大；从钻孔排数上限定了爆破规模。

（2）爆破采用孔内延时、孔外接力的非电毫秒网络，由于 MS15 段以上的雷管延时误差较大，所以爆破网络中孔内（预裂孔除外）均采用 MS15 段非电管，排间采用 MS5、MS9 段非电管，孔间采用 MS2、MS3 段非电雷管。火工材料使用必须遵循“同厂家、同批次、同型号”原则，从源头上降低火工材料自身差值。

（3）缓冲、爆破孔强制要求单孔单响，以确保质点振动速度满足要求。

(4) 为保证网络连接的安全性，排间、孔间每个节点上均采用双发非电管并联捆绑，采用复式网络、双向网络或增加支线等措施来提高网络的可靠性。

(5) 钻孔过程中加强对岩粉资料的收集，依据岩粉情况对装药结构及时进行调整，采用“个性化装药”，以确保爆破效果。

3 施工方法及工器具选型改造

3.1 施工方法

3.1.1 垂直坡段施工方法

左岸坝肩槽高程1605.5～1550.0m梯段边坡，右岸坝肩槽高程1624.5～1613.0m梯段边坡开挖施工，均为坡比1∶0，台阶高度10.0～15.0m的垂直边坡，施工中采用CM351潜孔钻机造孔，预裂爆破一次到位的施工方法进行施工。

3.1.2 陡坡与缓坡段施工方法

左岸坝肩槽建基面高程1550.0m以下，右岸坝肩槽高程1613.0m以下开挖施工，设计边坡由垂直边坡变为陡坡与缓坡，坡比1∶0.25～1∶1，台阶高度10.0～28.0m，施工质量控制难度增加，为了保证开挖质量，陡坡与缓坡段开挖施工时，坡比不小于1∶0.6，台阶高度不大于20.0m的边坡采用100B型潜孔钻机造孔，预裂爆破一次到位的施工方法进行施工，但由于预裂孔造孔深度超过20多米后造孔精度无法保证，故台阶高度不小于20.0m时，采用超欠平衡的施工方法，即上级边坡预裂施工时坡脚底部技术性超挖20cm，下级边坡预裂施工时预裂开口欠挖20cm，从设计边坡中部分两级边坡，形成40cm宽的工作平台。

3.1.3 平台及马道施工方法

两岸坝肩槽建基面均布置有马道与平台，马道宽度为3.0m，左岸平台宽度为8～28m；右岸坝平台宽度为7～14.05m，为防止孔超深破坏建基面，两岸坝肩槽建基面边坡均采用预裂爆破一次到位，主爆孔与缓冲孔孔底预留2m保护层，使用水平预裂爆破的施工方法进行施工，3.0m宽马道采用YT28手风钻造孔，预裂孔直径为50mm，预裂孔间距0.5m，平台使用CM351潜孔钻机登渣造孔，预裂孔直径为90mm，间距0.8m，装药密度均为270～300g/m。

3.2 工器具选型及改进

CM351潜孔钻机在施工坡度较缓、较深的钻孔时，造孔精度低、不易控制，占用上钻平台大；而100B钻机按设计坡比只需较小的上钻平台即可满足要求，且造孔精度高、易控制，利于建基面开挖施工，所以在两岸坝肩槽建基面开挖中采用100B钻机造预裂孔。缓冲及爆破孔因造孔精度要求相对较低，且就钻容易，工作效率高，均采用CM351潜孔钻机。倾角控制均采用高精度可调性量角器，以满足施工需要。

3.2.1 钻机改造

(1) 钻架搭设。由于100B潜孔钻机自身因素造成钻进过程中钻机不稳定、易摆动，不利于精度控制。经过研究，使用ϕ48的钢管，搭设焊接100B钻架，最大限度地消除钻进当中钻机的摆动。

钻架加固，根据测量孔位在上层坡面采用手风钻打设四根插筋孔（必要时可增设插筋），插筋使用ϕ32的螺纹钢或者ϕ48的钢管代替，插筋入岩0.5m，外露0.5m（可根据实际地形调整外露长度）。钻机底部和顶部各一根横杆，插筋与立杆用扣件连接，必要时可在钻机底部增加一根辅助横杆，横杆与立杆用扣件连接，立杆与100B扣件连接，由于钻机开孔时，摆动幅度较大，为保证稳定，钻机两侧各加焊了两根ϕ48的钢管，钢管与钻架的立杆用扣件牢固连接。横杆、立杆均采用ϕ48钢管。为了减少系统误差，必须采用单机单架。钻架结构详见图1。

(2) 限位板布置。100B钻机自带的限位器距离孔位点在1.0m以上，钻机开孔时冲击器易偏离孔位点。为减小开孔偏差，在100B钻机底部加焊了限位板，保证开孔时钻头无偏移，并且有效地防止了“飘钻”现象的发生。限位板结构详见图2。

(3) 加装扶正器。由于100B钻机使用的钻杆，刚度较低，与钻孔直径不匹配，在钻进过程中，随着数量的增加，钻杆摆动幅度也越来越大，遇不良地质容易“飘钻”；在量取倾角时，考虑工器具自身误差与技术人员的视差后，直接导致倾角误差增大。鉴于此，采取在钻杆上增加扶正器的方法，以防止造孔过程中出现误差增大和因岩石变化引起的“飘钻”现象。扶正器增加方法：冲击器与第一根钻杆过后增加一个扶正器，以后每隔3根钻杆增加一个扶正器，一般12～15m的孔使用4个扶正器。扶正器大样详见图3。

3.2.2 量角器改进

造孔施工中工程地质罗盘（精度为0.5°）或可调性量角器（精度为0.2°），误差较大，不能满足坝肩槽建基面造孔精度要求。因此，为了提高造孔精度，专门制作了加厚量角器，量角器精度提高到0.1°，有效地提高了造孔过程中倾角控制的精度。量角器大样详见图4。

4 施工过程控制

4.1 技术交底及工器具校验

上钻前组织相关管理、施工人员集中学习质量管理文件及施工方案，对梯段的爆破设计做详细的书面技术交底，从各道工序入手，详细讲解质控重点、控制措施

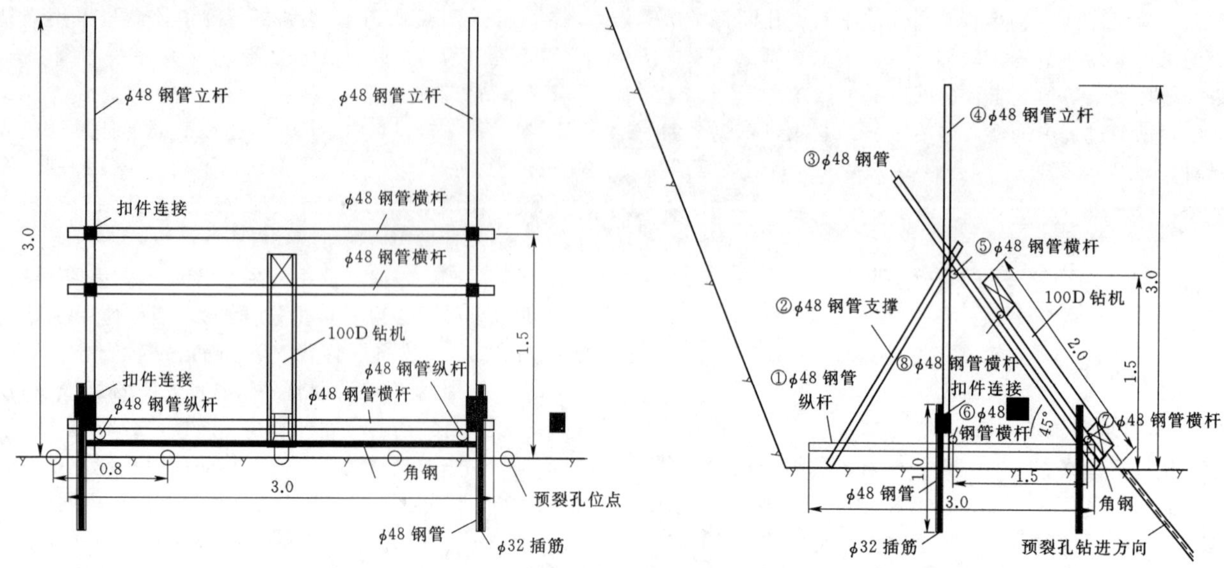

图 1　100B 钻机钻架剖面图（长度单位：m；直径单位：mm）

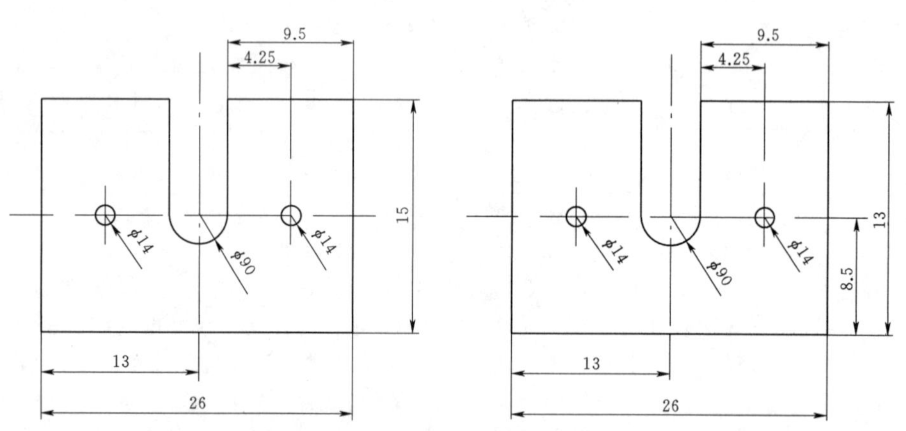

图 2　限位板结构图（长度单位：cm；直径单位：mm）

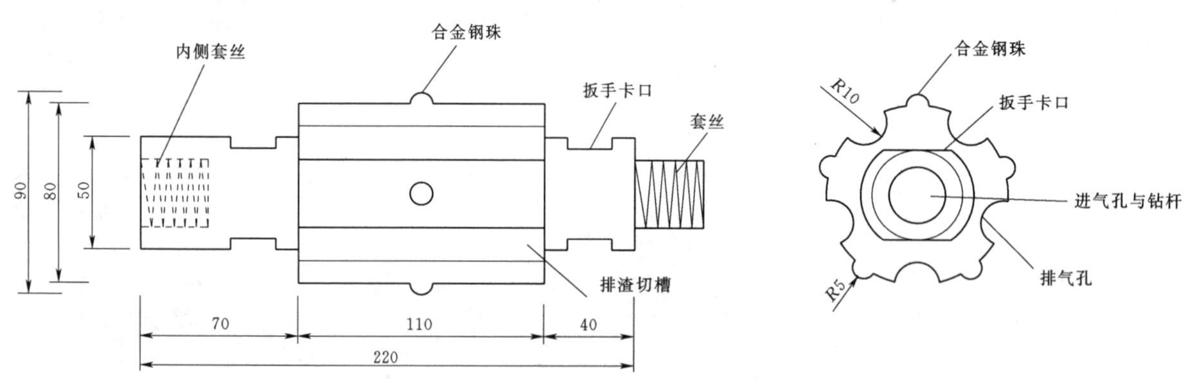

图 3　扶正器大样图（单位：mm）

以及注意事项，交底完毕后，交底人、技术员、钻工必须在交底表上签字存档。实行责任到人，施工现场大力推行“问责制”，确保每一道工序、每一个孔的施工质量。

上钻之前，由质量部组织对造孔所用工器具进行统一检查，对于弯曲变形的钻杆及量角器必须及时更换，确保造孔精度；组织测量监理工程师、测量队利用测量仪器校验量角器精度，对于不能满足预裂造孔精度要求的量角器坚决不允许使用；同时，对 100B 钻机的完好率进行检查，发现造孔过程中不能满足造孔精度要求的

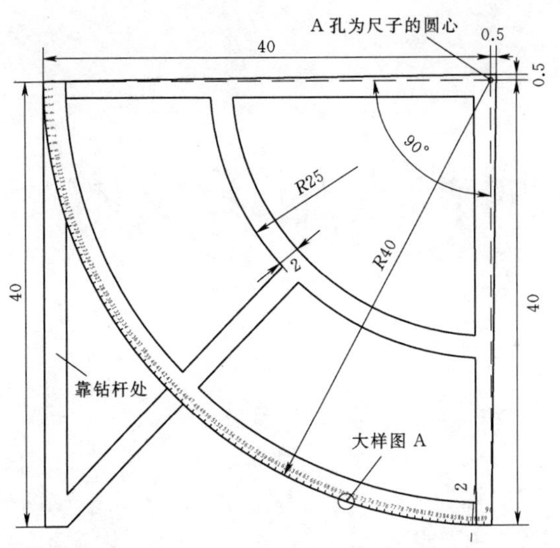

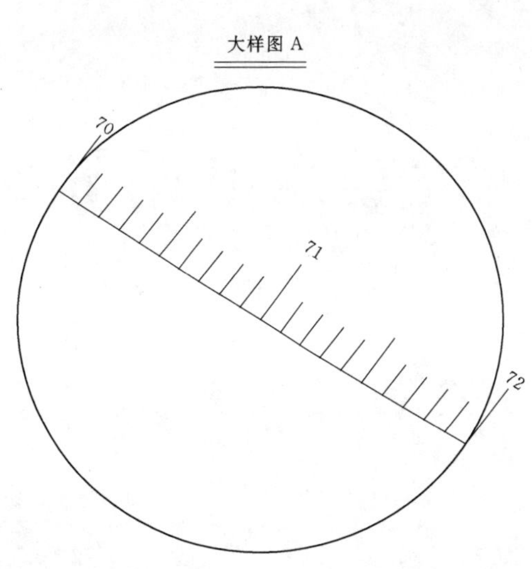

图4 高精度量角器大样图（单位：cm）

钻机，必须及时监督开挖大队组织人员修理或予以淘汰，严禁使用。

4.2 插筋打设、100B 加固就位

根据测量孔位在上层坡面打设四根插筋（必要时可增设插筋），插筋孔采用手风钻造孔，使用 $\phi32$ 的螺纹钢或者 $\phi48$ 的钢管代替，入岩 0.5m，外露 0.5m（可根据实际地形调整外露长度）。插筋与立杆用扣件连接，钻机底部和顶部各一根横杆，横杆与立杆用扣件连接，横杆、立杆均采用 $\phi48$ 钢管。立杆与 100B 扣件连接，由于钻机开孔时，摆动幅度较大，必要时为保证稳定，钻机两侧各加焊了两根 $\phi48$ 的钢管，钢管与钻架的立杆用扣件牢固连接。横杆、立杆均采用 $\phi48$ 钢管。为了减少系统误差，必须采用单机单架，二检、三检人员现场认真检查、监督 100B 钻工实施并做好过程控制，保证钻机开钻后不产生位移。

4.3 钻孔、清孔保护

开孔时遵循小冲击慢钻进原则，严格执行“三次校钻”制度，钻进深度达到 20cm 时，进行第一次预裂孔倾角、方位的校核纠偏，合格后方可正常钻进；钻进 1m 时进行第二次校核，以后每换一根钻杆校核一次，发现偏差及时纠正。倾角控制采用可调性量角器，误差严格控制在±0.1°；方位采用线锤与钻杆确定的平面来控制，线锤尖端与方位点重合，目测线锤与钻杆中心线重合。同时，在造孔过程中，还通过精密的测量仪器复核预裂孔倾角、方位，确保造孔精度。

现场施工严格执行“三定”制度，始终以预裂孔的倾角、方位控制为重点，安排专职三检人员分白夜班对造孔全过程跟踪控制，发现问题及时解决，有效避免了飘钻；现场技术人员必须按照职责划分认真盯好自己的钻机，做好“三次校钻”数据记录，现场如实填写《周边孔、爆破孔（缓冲孔）造孔作业工序过程控制质量检查表》，将每个孔造孔质量落实到个人。对造孔精度不能满足要求的钻机必须停钻、纠偏，直至满足精度要求。

钻进过程匀速钻进，根据钻孔过程中岩粉颜色及颗粒形状判断是否遇到特殊地质情况，遇到特殊地质条件时及时调整钻进速度。每一孔造完以后，当班技术员应及时督促清除孔内的石渣及岩粉，并对孔深、孔倾角、方位角进行检查，合格后用编织袋进行堵塞保护，孔口做明显标志，便于找孔。

4.4 钻孔质量检查

为确保开挖质量，防止孔超深破坏建基面，造孔结束后，质量部强制要求爆破区域的所有孔必须 100% 验收，对于不合格孔（地质原因除外）必须进行套孔或回填处理，合格后签发《造孔验收合格证》，进行爆破作业申请工作。

5 结语

在水利水电工程建设中，坝肩槽建基面开挖是一项必不可少的施工项目，通过对黄登水电站左右岸高程 1475m 以上坝肩槽开挖爆破钻孔设备的研究，为以后类似工程施工提供参考依据，尤其是坝肩槽建基面开挖采用 100B 潜孔钻造孔，钻架导向，有效控制钻孔角度，减少了预裂面超欠挖处理的工作量，提高了长陡坡预裂面的开挖质量，同时提高了工效，节约了成本。

黄登水电站导流洞下闸蓄水施工技术

肖九庚　胡朝星/中国水利水电第四工程局有限公司

【摘　要】 隧洞导流是目前水利水电枢纽工程建设期最常见的一种导流方式。工程建设期间导流洞不仅承担河道输水任务，还需承担工程建设期每年的防洪度汛任务，一般需承担10～20年一遇或者更大的洪水。导流洞进水口护坦、门槽、门槽底坎、洞身等结构在承担输水及度汛任务期间，会长期遭受河道水流夹杂泥沙、石块等冲击、磨损，极易造成损坏，且在服役期难以采取措施修复，给导流洞下闸蓄水工作带来诸多不确定因素。黄登水电站施工期由右岸两条导流洞承担施工期导流任务，本文对该水电站导流洞下闸蓄水施工技术进行了总结。

【关键词】 黄登水电站　导流洞　下闸　施工

1　工程概况

黄登水电站位于云南省兰坪县境内，采用堤坝式开发，是澜沧江上游曲孜卡至苗尾河段水电梯级开发方案的第六级水电站，以发电为主。拦河大坝为碾压混凝土重力坝，坝顶高程1625.00m，最大坝高203m。工程枢纽主要由碾压混凝土重力坝、坝身溢流表孔、泄洪放空底孔、左岸折线坝身进水口及地下引水发电系统组成。

水电站采用一次围堰拦断、隧洞全年导流的导流方式。导流隧洞共两条，均布置于右岸。1号导流隧洞进口底板高程1473.00m，洞身长1146.706m，洞身为方圆形断面，断面尺寸为16m×20m；2号导流隧洞进口底板高程1477.00m，洞身长1318.137m，洞身为方圆形断面，断面尺寸为8m×11m。黄登水电站导流洞布置见图1。

图1　黄登水电站施工导流布置图

2　电站下闸蓄水规划

黄登水电站计划于2017年10月中旬1号导流洞进口封堵闸门下闸、2017年10月下旬2号导流洞封堵闸门下闸，下闸程序为：1号导流隧洞1号孔下闸，2号孔与2号导流洞过流，2号导流隧洞具备供水条件时，1号导流隧洞2号孔闸门下闸，2号导流隧洞出口弧门控泄，水库蓄水。泄洪底孔具备供水条件时，2号导流隧洞弧门关闭，进水口封堵门下闸。

为满足在导流隧洞下闸封堵期间下游河道不断流的要求，1号导流隧洞1号孔下闸，下闸水位1482.13m，2号孔与2号导流洞过流，2号导流隧洞出口弧门参与控泄；2号导流隧洞具备向下游供280m^3/s流量时，水位为1485.75m，1号导流隧洞2号孔闸门下闸，由2号导流隧洞出口弧门控泄，当泄洪底孔具备供280m^3/s流量时，水位为1547.3m，2号导流隧洞弧门关闭，进口封堵闸门下闸，此后至首台机组发电前由坝身泄洪底孔工作闸门控泄满足向下游供水要求。

3　工程特点及施工难点

导流洞超期服役，下闸前在2017年遭遇流域20年一遇洪水，最大流量达6100m^3/s，1号、2号导流洞进口封堵门前段护坦及门槽底坎遭水流冲毁破坏的可能性极大。封堵门下闸时底坎两侧凹槽内存在杂物的可能性极大，若封堵门底坎遭水流夹杂泥石冲刷破坏，下闸后漏水较大，会给下闸后闸门堵漏和堵头混凝土施工增加难度。

1号、2号导流洞分阶段下闸蓄水，1号导流洞下闸时江水流量大、流速高，下闸后闸前水位上升速度快，对下闸后的闸门堵漏工作开展不利。

1号导流洞下闸后，2号导流洞控泄向下游供水，直至坝前水位上升至高程1547.50m后2号导流洞下闸。2号导流洞下闸水头高达70m，若下闸后闸门出现漏水，闸前堵漏工作实施难度巨大。

4 下闸蓄水工作范围及主要工程量

黄登水电站导流洞下闸蓄水主要工作内容有：1号导流洞试探门金属结构制作安装；1号、2号导流洞封堵门底坎水下探摸检查、异物排除；1号、2号导流洞进口封堵门金属结构及设备安装；2号导流洞出口工作门金属结构及设备安装；1号、2号导流洞进口封堵门下闸及堵漏施工；2号导流洞出口工作门下闸期间运行管理；泄洪放空底孔工作门运行管理等工作。

5 下闸蓄水施工技术方案研究

5.1 汛前门槽检查

为初步查明两导流洞进口封堵门槽底坎及门槽下闸前实际状况，掌握汛期过后门槽底坎的状态及门槽两侧凹槽内存在杂物的性质及分布规律，为下闸蓄水前准备工作和下闸施工技术方案提供可靠依据。下闸当年年初枯水期，在导流洞水面以上门槽及周边结构采用吊车吊吊篮载人检查，水面以下采用在导流洞洞口填筑临时围堰截水，施工人员乘橡皮艇进入门槽周边用探杆检查门槽底坎及两侧凹槽内状况。

5.2 下闸前门槽检查

为进一步查明下闸前导流洞封堵门门槽底坎状态，为下闸及堵漏提供可靠操作依据，1号导流洞采用试探门水下探摸方案。试探门为中空结构，根据门槽尺寸及水流压力制作。导流洞封堵门下闸前利用封堵门卷扬机下放试探门至门槽底坎，潜水员进入试探门空腔内对门槽底坎进行人工探摸及水下摄像，查明下闸前底坎状态并排除底坎及周边异物。

由于2号导流洞进口启闭机排架塔体位于山体内，下闸前利用旁通洞进行了封堵门拼装施工，封堵门拼装完成后对旁通洞进行封堵，2号导流洞封堵门槽不具备试探门探摸条件。2号导流洞下闸前门槽底坎探摸检查利用下闸前流量较小时段，由潜水员乘橡皮艇至门槽附近后潜水对门槽底坎及周围进行水下探摸检查并排除异物。

5.3 下闸方案

根据工程进度实际情况，结合2017年流域水情，经参建各方研究决定1号导流洞11月上旬下闸，采取两扇门同时下闸方案，下闸前先将两扇闸门同时下放至距离水面2.0m位置后锁定，待下闸令一发，两扇闸门同时下放。

1号导流洞下闸后由2号导流洞出口工作门控泄，待坝前水位上升至高程1547.5m，由泄洪放空底孔敞泄向下游供水，此时关闭2号导流洞出口工作门，随即进行2号导流洞进口封堵门下闸。

5.4 下闸后闸门渗漏检查方案

1号导流洞封堵门下闸后分闸前、闸后两个作业组同时检查闸门渗漏情况。闸前以目测检查水面情况判断闸门渗漏与否；闸后作业组用舷外发动机推进器的浮船从导流洞出口驶往进口闸后，以查明渗漏情况为主，用以指导闸前堵漏作业；2号导流洞封堵门下闸时坝前水位已至高程1547.50m，封堵门底坎至水面已有70.50m水头，故只考虑闸后渗漏检查方案。

闸后水面以上闸门渗漏目测检查，水面以下闸门渗漏情况采用手持探杆检查具体渗漏部位。闸后检查人员用对讲机与闸前人员用专用频率联系，及时将检查结果报告闸前堵漏人员，以便闸前有目标地实施堵漏方案。

5.5 闸门堵漏方案

1号导流洞封堵门下闸后，闸前堵漏采用抛填堵漏物资和浇筑水下自密实混凝土两种方案单独或两种方案结合实施。

2号导流洞封堵门下闸后闸前堵漏采用抛填堵漏物资方案。

（1）1号导流洞封堵门下闸后堵漏方案。

1）抛填堵漏物资方案。闸门底坎、侧水封、顶水封均考虑堵漏措施。堵漏物资主要有棉絮裹钢筋棒、黏土、砂、碎石等。棉絮裹钢筋棒根据闸门尺寸和施工能力设计，散粒状堵漏物资主要用于底坎堵漏，下闸后根据闸后渗漏情况逐级抛填。

2）机械堵漏。在闸门顶部与闸槽胸墙之间架设千斤顶加压，迫使顶水封封水，达到封水效果后利用型钢支撑替换千斤顶达到顶水封止水效果。

3）浇筑水下混凝土堵漏。根据堵漏及探摸情况现场确定是否有必要进行闸槽、闸顶、闸前止水堵漏混凝土浇筑。闸槽、门顶止水混凝土模板在下闸前焊接固定在闸门上，下闸堵漏开始后，将混凝土导管悬吊固定在门形提升架上，混凝土导管接长插入门前、侧轨、闸顶模板内，做好浇筑水下堵漏止水混凝土的一切准备工作。若现场最终确定浇筑水下止水堵漏混凝土，则按门前、侧轨、门楣依次浇筑堵漏混凝土。

门槽底坎上下游混凝土冲毁造成绕流流量过大时，采取门前下沉钢筋网→抛填棉絮→浇筑水下混凝土的堵漏方式进行堵漏施工。

(2) 2号导流洞封堵门下闸后闸前堵漏措施。根据现场实际情况，1号导流洞下闸前将2号导流洞封堵门锁定在门楣以上高程1510.00m，待坝前蓄水至高程1547.50m后解除锁定下闸封堵。2号导流洞封堵门下闸水头为70.50m，下沉棉絮裹钢筋棒、浇筑水下自密实混凝土等精确堵漏措施都无法实施。2号导流洞封堵门下闸后闸前堵漏采取抛填沙袋、黄土等堵漏物资方案，具体实施方法与1号导流洞相同，并在下闸前在闸门槽内设置堵漏物资引导设施，堵漏物资抛填时可沿引导设施下沉至闸前预定位置。

(3) 门后渗漏水的引排。门叶下闸后，检查门槽周边的渗漏情况，根据渗漏情况进行引排渗漏水。

1) 如顶、侧、底水封存在漏水，将ϕ325×8mm钢管切割成1/4圆小瓦片，将瓦片扣焊在闸门与门槽或底坎之间，渗漏水通过瓦片集中引至闸门底部两侧。

2) 门后引排半圆管施工完成后浇筑压顶混凝土，防止渗漏量增大时造成不利影响。

6 施工准备

(1) 成立导流洞下闸工作领导小组，由项目经理任组长，定期检查导流洞下闸相关准备工作开展情况，及时组织施工资源到位，确保导流洞下闸相关工作顺利推进。

(2) 根据导流洞下闸各项工作及专业分工，成立导流洞下闸各项工作小组，明确各小组分工及责任，确保导流洞下闸各项准备工作正常开展。

(3) 编制、审批导流洞下闸施工应急预案，全面分析导流洞下闸施工期间存在的危险因素，制定完善的预防和应急措施，适时开展应急演练工作，确保导流洞下闸施工安全有序。

(4) 下闸前组织相关专家开展导流洞下闸、堵漏施工方案评审、咨询工作，不断完善、优化施工方案。

(5) 编制导流洞下闸演练大纲，在导流洞下闸前组织导流洞各下闸工作小组开展导流洞下闸模拟演练，总结演练成果，确保下闸一次成功。

7 实施过程及成果

(1) 2017年10月上旬，潜水员水下探摸检查在1号导流洞2号封堵门底坎时发现底坎上有2根ϕ32螺纹钢，采用水下切割方法进行排除。初步判定1号导流隧洞2号孔底坎上游侧底板护坦遭水流冲刷破坏，底坎下部混凝土有被水流破坏的可能。鉴于此，决定下闸后进行闸前底板水下堵漏混凝土（一级配高流态自密实混凝土）浇筑，防止坝前水位上升，底坎承受水压增大后被破坏的可能。

(2) 1号导流洞汛后水下探摸检查完成后，在下闸前分别对两扇封堵门进行了试下闸，通过测量检查门页是否下放到底，同时在试下闸门页到底后在门槽两侧做标记，作为正式下闸门页到底的参考依据。

(3) 2017年11月7日，对2号导流洞底坎进行汛后二次潜水员水下探摸检查，发现底坎上游5m、下游2m范围、从右侧至左侧6m范围存在大量堆石，且高出底坎约30cm；底坎上游从右侧至左侧6m范围形成高度约40cm的跌坎；底坎上游左侧约2m范围上下游混凝土基本完好，仅混凝土表面有冲蚀现象，钢筋网均有保留（见图2）。

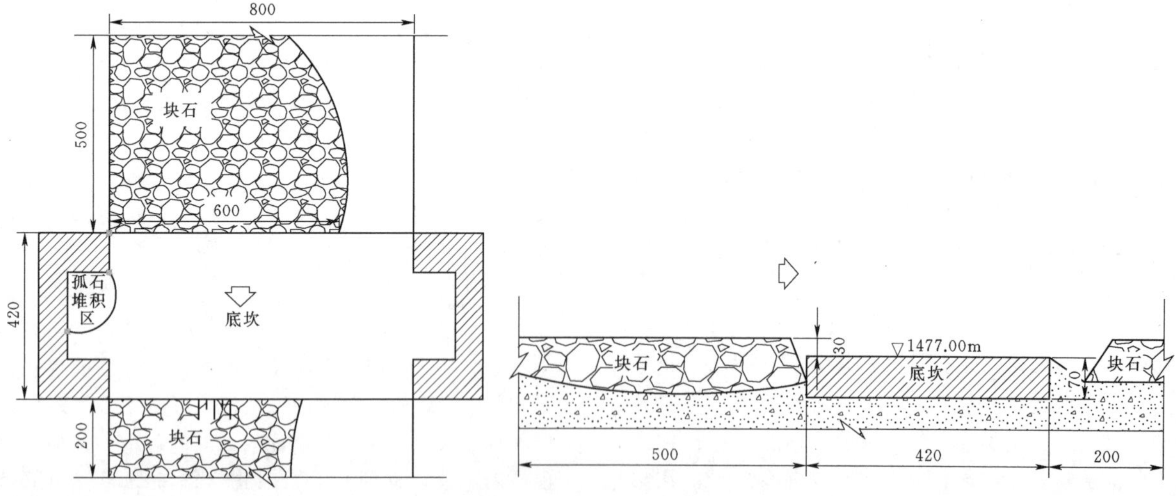

图2 2号导流洞底坎水下探摸成果图（单位：cm）

潜水员在水下探摸过程中排除了门槽底部堆积在底坎的石块和杂物，根据探摸结果初步判定底坎以下混凝土结构基本完好，为确保下闸成功，经参建各方及咨询专家讨论形成了2号导流洞封堵门下闸应急措施：

1）1号导流洞下闸前，利用浮船载人至2号洞封堵门，对门槽外观进行一次全面检查，主要是对水封工作面进行检查，发现异常情况提前处理。

2）1号洞下闸前，对2号洞封堵门底坎进行水下探摸清理，完成后封堵门下闸一次，闸门到底后，在卷扬机钢丝绳上用红油漆做好闸门到底的标记，作为正式下闸时闸门到底的判断依据。

3）1号导流洞下闸后，在2号导流工作门控泄前1～2天，封堵门试下闸一次，利用卷扬机钢丝绳上的标记检查闸门是否下放到底。若闸门无法下放到底，则采取潜水员水下探摸，清理底坎上的杂物，清理完成后再次进行封堵门试下门，直至确认闸门下放到底。

4）坝前水位至高程1547.50m时，2号洞下闸，若闸门无法正常到底，先将工作门开闭2～3次，利用流速变化带走底坎堆积的杂物。若此方法封堵门仍不能下放到底，则利用2号洞敞泄，将坝前水位泄流至高程1490.00m左右，此时关闭出口工作门，潜水员在静水状态时进入2号导流洞封堵门底坎排除异物，后立即再次下闸，直至闸门到底（需选择流量较小时段进行，潜水员的工作水头为30m以内）。

（4）2017年11月10日早上10：26—10：32，1号导流洞两扇封堵门同时下闸，下闸后检查组进入闸后检查，闸门封水良好仅少量微小渗水，1号导流洞下闸成功。

（5）2017年11月28日早上10：00—10：06，2号导流洞封堵门下闸，经检查钢丝绳标记闸门下放到底，随后闸后检查组进入导流洞闸后检查，闸门封水效果良好，仅个别螺栓孔有渗水现象，2号导流洞下闸成功。

8 结语

黄登水电站导流洞下闸蓄水施工时间紧、难度大、风险高、不确定因素多，可借鉴的施工经验少。下闸施工过程中采用了试探门、水下探摸、水下切割、水下自密实混凝土等技术，在参建各方通力协作和共同努力下，通过不断完善技术方案、周密部署施工资源、科学决策下闸时机，最终一次下闸成功，为黄登水电站蓄水发电奠定了坚实的基础，可为国内水电站下闸蓄水施工技术的典范。施工单位在下闸蓄水施工过程中不断分析、总结，积累了丰富的导流洞下闸蓄水施工技术成果，为今后水利水电工程导流洞下闸蓄水施工提供可借鉴的宝贵经验。

沂蒙抽水蓄能电站高压管道竖井扩挖支护专项施工方案

龙学兵　李丽霞/中国水利水电第四工程局有限公司

【摘　要】竖井作为电站引水系统的重要结构部位，其开挖成型质量至关重要。本文依托沂蒙抽水蓄能电站高压管道竖井扩挖支护，介绍了扩挖施工程序、工艺流程和施工要点，探讨了施工质量保证措施及安全管理等问题，可为类似工程提供参考。

【关键词】抽水蓄能　竖井　开挖支护　施工方案

1　工程概况

沂蒙抽水蓄能电站位于山东省临沂市费县薛庄镇境内。电站总装机容量为1200MW，装设4台单机容量为300MW的混流可逆式水轮发电机组，为一等大（1）型工程。工程由上水库、输水系统、地下厂房系统、地面开关站及下水库等建筑物组成。

引水高压管道采用一管两机布置方式，两条高压主管平行布置，洞轴线间距为47m，立面上采用单竖井布置，竖井开挖断面为圆形，直径为7.6m，井筒为钢衬结构，钢衬外围回填混凝土厚度0.6m，内径尺寸为6.2m。1#高压管道引水竖井顶部中心高程为497.89m、井底中心高程为118.00m，高差为379.89m，2#高压管道引水竖井顶部中心高程为498.07m、井底中心高程为118.00m，高差为380.07m。

竖井段岩性为微风化片麻状闪长岩、花岗闪长岩。主要发育三组裂隙，地下水埋深为51m。围岩岩体多为块～次块状结构，以Ⅱ～Ⅲ类围岩为主，断层及裂隙密集带地段为Ⅳ类围岩。两条竖井受断层切割，岩体破碎，围岩稳定性差，属Ⅳ类围岩。发育的三组裂隙均为陡倾角裂隙，在竖井边墙宜形成不稳定块体，需加强支护。

2　竖井扩挖施工

2.1　施工流程

高压管道竖井扩挖采用一次扩挖的方式，自上而下进行。扩挖断面直径为7.6m的圆形。扩挖采用YT-28型手风钻钻孔，人工装药，非电毫秒雷管微差网络爆破，周边光面爆破成型，循环进尺3m。爆破后，部分石渣落至井底，部分通过反铲翻渣至井底。采用3m³装载机配合20t自卸车出渣。喷锚系统支护及时跟进，节理及断层带主要采取短进尺、弱爆破、支护紧跟作业面的方法施工，注意布孔避开岩石节理面。同时在常规掘进施工时，注意记录和观察岩石结构的走向、裂隙、渗水等情况，及时进行排水孔、随机锚杆及喷混凝土等施工。在具体施工过程中，备足临时支护使用的各种材料，如锚杆、钢筋网等，同时组织落实施工人员。

高压管道竖井扩挖及支护的主要工序有测量放线、钻孔、装药爆破、通风散烟、安全检查、清除浮石、架设人行爬梯、导井口覆盖、打锚杆、喷射混凝土等工作。竖井扩挖延伸，采用自上而下全断面的施工方法。其施工程序流程如图1所示。

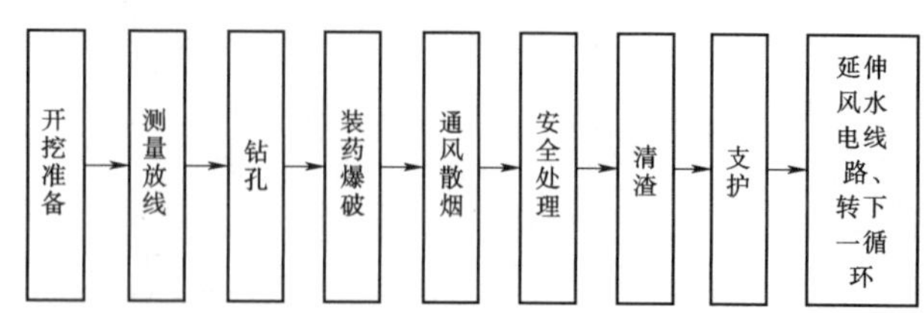

图1　竖井扩挖支护工序流程图

2.2　测量放线

采用全站仪精确测量，在掌子面岩壁上用红漆标识出开挖边线，做好打钻开挖轴线方向的标识。

井挖之前或每一循环作业之前，都要进行测量放样。在施工放样之前，对设计图纸和设计文件中的有关数据和几何尺寸进行验算，确认无误后，方可作为放样的依据。必须按正式设计图纸和文件进行施工放样。测量放样须严格按有关技术标准和技术措施进行。

2.3 钻爆施工

高压管道竖井扩挖施工时，由人工手持 YT-28 型手风钻自上而下钻孔，施工过程中采取“短进尺、多循环”的施工方式，控制循环进尺为 3m；爆破采用光面爆破，周边孔间距不大于 50cm；采用手风钻钻孔爆破开挖岩体，人工辅助撬挖，以减小爆破振动对松散体的影响。

（1）布孔。根据本工程岩石特性、钻孔类型、孔径，初步进行爆破设计，施工中可根据实际情况进行优化调整。施工中现场技术人员根据测量放线，严格按照事先编制的爆破设计进行现场布孔，用红漆标出主要钻孔的孔位，以便钻孔施工。在爆破施工中，工作面采用主爆孔、光爆孔布置，具体布置如图 2 所示。

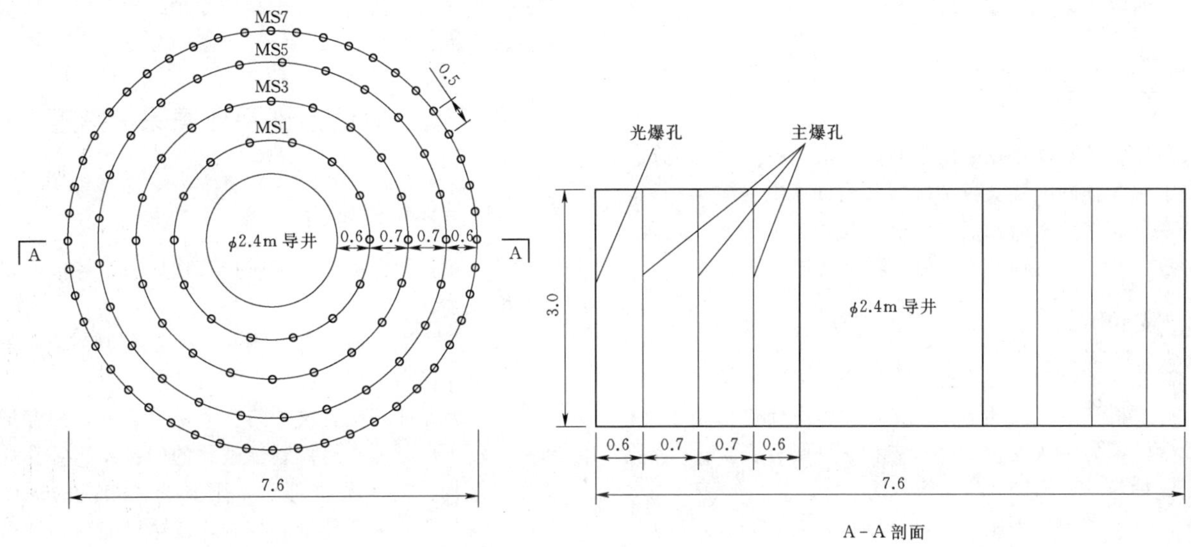

图 2 典型开挖断面爆破布孔示意图（单位：m）

（2）钻孔。在爆破结束后，清理岩壁上的挂渣及松动石块，检查清理爬梯安全，钻工进入工作面后，首先检查安全井盖是否封堵好。然后进行井壁掌子面浮石的清除，确认安全后，再按照钻孔区域进行钻机的安装定位，所有钻孔必须竖直，在打爆破孔时，遵守直线炮孔操作方法。

为了获得较好的爆破效果，同时避免爆破导井堵塞，主爆孔距离导井边线 70cm，因此要求在钻孔时需要严格遵守直线方向掘进，不得偏斜。钻孔工作完成后，要将炮孔清洗干净，并将孔内积渣吹出，然后将钻机、风水管等器具提升至井外平台上，以备下一循环使用。钻孔时应遵循以下原则：

1）钻孔孔位应根据测量定出的中线、边线及孔位轮廓线确定，并用红油漆标示在掌子面上。

2）周边孔根据围岩类别在轮廓线上或者以内开孔，沿轮廓线调整的范围偏差不宜大于 5cm，其他炮孔的炮位偏差不得大于 10cm。

3）炮孔的孔底应落在爆破图所规定的平面上。

4）炮孔方向应一致，角度应设置参照物，钻孔过程中，应经常进行检查，对周边孔应特别控制好钻孔角度。

5）相邻两炮孔间岩面的不平整度，不应大于 15cm，炮孔壁不应有明显的爆破裂隙。

6）钻孔角度应一致，保持平行，误差不宜过大，角度不得超过爆破设计的规定，否则会造成开挖轮廓面不平整。

（3）爆破。钻孔检查无误后，在安全员的监督下，严格按照爆破设计参数及起爆网络，进行装药作业。装药完成后，由爆破员检查连接爆破网络，并在安全员的监督下，进行爆破作业，特别要控制光爆孔的装药量和不耦合系数，半孔率完整岩石 85%以上，较完整和完整岩性差的岩石不小于 60%，较破碎和破碎岩石不大于 20%。并在爆后对爆破效果及时进行总结分析，及时对爆破参数进行优化调整。爆破主要参数如下：

1）主爆孔爆破参数。高压管道竖井开挖直径为 7.6m。爆破设计主要依据岩石的类别选定爆破参数，施工时由现场爆破情况确定高压管道竖井开挖的最佳爆破参数，以保证爆破后获得良好的开挖面。

①最小抵抗线 $W=K_wd=0.75\text{m}$

式中 K_w——岩质系数，一般取值范围为 15～30，坚硬岩石取小值，松软岩石取大值；

d——钻孔直径，取 42mm。

②炮孔孔距 $a=(1.0\sim2.0)W$，炮孔排距 $b=(0.8\sim1.0)W$。初步拟定 $a=0.8\text{m}$，$b=0.7\text{m}$。

2）光面爆破参数。

①光面爆破层厚度 $W_1=(10\sim20)d$，取值 0.6m；

②炮孔孔距 $a=(0.75\sim0.90)W$，取值 0.5m；

③炮孔直径采用 $d=42$mm。

2.4 出渣

爆破完成通风散烟后，采用 2t 反铲进行扒渣。高压管道竖井爆渣通过 $\phi2.4$m 导井落至引水下平段进行出渣，出渣采用反铲配合 3.0m^3 装载机装 20t 自卸车经进厂交通洞运至渣场或监理指定位置。

3 竖井扩挖支护施工

高压管道竖井扩挖采用全断面一次扩挖，及时完成井壁的永久挂网喷锚支护结构。开挖过程中为减少围岩松弛变形和保证围岩稳定，将根据现场实际情况和监理的指示，及时进行锚杆、喷射混凝土支护。

3.1 支护方式

高压管道竖井锚杆支护，采用 YT-28 型手风钻造孔，砂浆机注浆，安插锚杆。支护工程主要包括施工图纸所示的围岩永久支护及临时支护——锚杆支护、喷混凝土支护等，井内围岩支护方式为：

（1）二类围岩采用 C22 砂浆锚杆，$L=3.0$m，间排距 3m×3m，梅花形布置，入岩 2.6m，喷 C20 混凝土厚 10cm。

（2）三类围岩采用 C22 锚杆（$L=3.0$m，入岩 2.7m，3m×3m 间距）及 C22 锚杆（$L=3.0$m，入岩 2.9m，3m×3m 间距）与 C22 锚杆（$L=3.0$m，入岩 2.9m，1.5m×3m 间距）梅花型布置，系统挂网 $\phi8$@20cm×20cm，喷 10cm 厚的 C20 混凝土。同时在设计支护形式外，可根据开挖后揭露实际地质情况结合现场要求进行加强支护。

（3）四类围岩采用 C25 锚杆（$L=4.5$m，入岩 4.1m，3m×3m 间距）及 C25 锚杆（$L=4.5$m，入岩 4.3m，3m×3m 间距）与 C25 锚杆（$L=4.5$m，入岩 4.3m，1.5m×3m 间距）梅花形布置，系统挂网 $\phi8$@20cm×20cm，I20a 工字钢间距 1m 布置；喷 C20 混凝土厚 20cm。同时在设计支护型式外，可根据开挖后揭露的实际地质情况结合现场要求进行加强支护。

（4）五类围岩采用 C25 锚杆（$L=4.5$m，入岩 4.1m，3m×3m 间距）及 C25 锚杆（$L=4.5$m，入岩 4.3m，3m×3m 间距）与 C25 锚杆（$L=4.5$m，入岩 4.3m，1.5m×3m 间距）梅花形布置，系统挂网 $\phi8$@20cm×20cm，I20a 工字钢间距 0.75m 布置；喷 C20 混凝土厚 20cm。同时在设计支护型式外，可根据开挖后揭露的实际地质情况结合现场要求进行加强支护。

喷混凝土采用拌和楼统一拌制，搅拌车运至现场，采用提升系统调运至井内施工平台处，进行喷射机施喷。

3.2 不良地质段的开挖控制及支护

对于高压管道竖井不良地质段处的不稳定块体、断层及影响带严格遵循“超前支护、短进尺、弱爆破、少扰动、强支护、早封闭、勤观测”的原则。首先按照设计施工图纸要求进行开挖施工，循环进尺 1.0～1.5m，在循环进尺时，按照现场岩层揭露情况，经监理、设计、业主现场确认后可进行相应支护，并及时喷射混凝土进行支护。

4 质量安全保证措施及环境保护措施

4.1 质量保证措施

（1）建立健全项目施工质量管理体系及各项质量规章制度。

（2）开挖施工前，进行竖井开挖与支护施工质量培训和教育，提高全体施工人员的质量意识。

（3）为保证开挖岩块均匀、大块率较低，两茬炮之间错台较小，必须严格控制爆破孔的间排距、钻孔质量及装药结构。对于关键部位，则要选择相应的爆破参数，加强钻孔角度及药量的控制，以尽可能减轻和避免震动对边墙岩体的破坏。

（4）严格按爆破设计的参数进行光面爆破的施工。不允许欠挖，超挖不大于 20cm。

（5）普通砂浆锚杆安装前，进行调直、除锈和除油污处理，孔内的积水和岩粉吹洗干净。采用“先注浆后插杆”的程序安装砂浆锚杆，先将注浆管插到孔底，然后退出 50～100mm，开始注浆，注浆管随砂浆的注入缓慢匀速拔出，锚杆安装后孔内填满砂浆。

（6）严格遵循操作规范进行喷射混凝土施工，保证喷射混凝土的施工质量。

4.2 安全保证措施

（1）每道工序完成，并经过检查合格后，才能进行下道工序的施工。

（2）施工期安全监测：施工过程中在井壁布置反光片，竖井上部间隔 30m 布置，下部间隔 50m 布置。定期对反光片进行测量，对围岩变形进行观测，如发现异常情况及时报告有关人员，并立即组织施工人员及机具的撤离。

（3）严格按照监理工程师审批的施工开挖程序和技术措施进行施工。

（4）在井口及井底部应设置醒目的安全标志，扩挖时用活动盖板盖住顶部井口。

（5）作业中，任何人不能跨越正在作业的钢丝绳。

物件提升后，操作人员不得离开提升系统操作室。

（6）吊运材料时要检查提升设备及吊笼是否安全可靠，运送材料时不得超过3m/s。起吊吊笼时，为保证施工安全，无稳绳提升时的速度不得超过1m/s。竖井施工人员要系好安全带；当提升速度超过最大速度的15%时，桥机自动断电，安全制动，实现超速保护。

（7）吊笼载重量必须符合荷载要求，不得超载。

（8）定期检查钢丝绳，钢丝绳损坏时应及时更换，钢丝绳应及时刷黄油，防止钢丝绳过卷，操作人员必须专人专职持证上岗。

（9）配备对讲机和电铃两套通信设施进行人员作业联络。电铃线路沿井壁向下敷设，电铃开关随工作面活动而移动。

（10）火工材料向井下运输时，禁止将雷管、炸药等一起运送。

4.3 环境保护措施

（1）成立环境保护领导小组，制定环境保护方案。

（2）根据配置的轴流通风机及时进行通风、排烟。

（3）施工区域定时洒水以控制扬尘，保持干净、整洁的施工环境。

（4）为接触粉尘的工作人员配备防尘口罩。

（5）遵守国家和当地政府的有关环境保护法律。

4.4 文明施工措施

（1）施工现场道路和各种管、线、缆顺直畅通，场地无积水，不乱扔烟头。现场制定防火制度，落实防火责任人，配备相应的灭火器材。

（2）运输途中不发生掉渣现象。

（3）机具、设备、建筑材料按规划布置图进行摆放；场内及仓库内器材堆放整齐，且标示正确、清楚、齐全；施工现场保持清洁，做到工完场清。

（4）施工现场所有施工管理人员和操作人员必须统一着装，佩戴上岗胸牌。

（5）综合各施工岗位，制定严格的作业制度，规范施工人员作业行为，做到文明施工、科学施工，避免有害和不良行为。

4.5 消防措施

（1）成立应急救援领导小组，制定消防安全专项应急预案。

（2）施工现场配备灭火器等消防器材，并定期进行检查。

（3）对项目部及施工人员进行消防培训，包括灭火器的使用以及灭火步骤的训练、紧急情况下人员的安全疏散、现场抢救的基本知识等。

5 结语

近年来，随着抽水蓄能电站的不断兴建，越来越多的引水高压管道将开始施工，竖井开挖支护施工的重要性将不断凸显。为达到竖井开挖支护施工质量和安全预期目标，施工单位应当进一步强化施工质量控制和安全管理，优化施工工艺，确保施工质量和安全，节省工程成本，提高社会效益。

黄登水电站高重力坝坝基精细化开挖施工技术

梁守锦　王小升/中国水利水电第四工程局有限公司

【摘　要】 黄登水电站两岸地形陡峻，属于中高山侵蚀型谷坡地貌。大坝最大坝高203m，为当时在建世界最高的碾压混凝土大坝，是高山峡谷区高碾压混凝土重力坝代表性工程。大坝工程施工极具有挑战性，施工难度大。左右岸坝肩槽地质条件复杂、岩性不均一，变质凝灰岩夹层发育，分布有弱微卸荷岩体，钻孔时要穿越地层夹层带、断层带、挤压带、基体裂隙等结构面，在如此复杂的地质条件下，易出现成孔困难（卡钻、断钻头）、“飘钻”等现象。如何确保造孔精度是施工一大难点，同时降低爆破对建基面的影响深度、减小爆破振动对周边的影响（振速满足要求），以保证开挖边坡的稳定和安全。

【关键词】 高重力坝　坝基　精细化开挖　施工技术

1　工程概况

黄登水电站位于云南省兰坪县境内，采用堤坝式开发，是澜沧江上游曲孜卡至苗尾河段水电梯级开发方案的第六级水电站，以发电为主。其中挡水建筑物为碾压混凝土重力坝，坝顶高程1624.5m，建基面最低高程1422m，最大坝高203m，是当时在建的最高碾压混凝土重力坝。

左右岸坝肩坝顶高程1624.5m，坝肩槽与建基面分标高程1475.0m，其中左岸为转折坝段，布置有进水口，右岸为非溢流坝段。两岸坝肩槽为台阶式开挖，每层边坡均布置有马道或平台，边坡坡比除布置有1∶0的垂直边坡及1∶0.25～1∶1的陡坡与缓坡外，坝前坝后与坝肩槽衔接处布置有扭面和有坡比的边坡。

坝基共20个坝段，开挖工程从2013年8月开始，2014年11月全部完成，共完成土石方开挖378.41万m^3，其中左岸209.47万m^3，右岸168.94万m^3。

2　坝基开挖地质条件和特点

左右岸坝肩槽地质条件复杂、岩性不均一，变质凝灰岩夹层发育，分布有弱微卸荷岩体，钻孔时要穿越地层夹层带、断层带、挤压带、基体裂隙等结构面以及各条地勘硐。高程1475.0m以上设计体形以内岩体以Ⅱ1类～Ⅲ2类为主，局部Ⅳ1类；高程1475.0m以上设计体形以外开挖区岩体以Ⅲ1类～Ⅳ1类为主，少量Ⅴ类、局部Ⅳ2类，岩体弱风化，强卸荷裂隙发育。在如此复杂的地质条件下，易出现“卡钻”“断钻头”“飘钻”等现象，如何确保造孔精度是施工一大难点。如何降低爆破对建基面的影响深度、减小爆破振动对周边的影响（振速满足要求），以保证开挖边坡的稳定和安全是施工的第二大难点。

3　坝基精细化开挖施工技术

通过对坝基开挖精细化施工，以有效解决开挖过程中钻机“卡钻”“断钻头”“飘钻”的问题，提高钻孔精度，降低爆破对建基面的影响深度、减小爆破振动对周边的影响，保证坝基开挖的质量和安全。

3.1　爆破参数及爆破网络精细化设计

依据右岸爆破试验初步确定的爆破参数进行开挖施工，进入坝肩槽根据开挖揭露的岩石情况进行逐步调整完善。

3.1.1　预裂孔参数

（1）钻孔孔径：D=90mm。

（2）孔距a：建基面预裂孔孔距主要根据每一梯段的设计体型计算得出，一般情况下a=(7～12)D，即取值范围为63～108cm。为了保证预裂爆破质量，考虑钻孔孔底“飘钻”现象，拟开孔孔距控制在75～80cm，孔底间距控制在80～85cm。

（3）孔深 L：根据梯段高度及设计坡比计算得出，建基面一般在10～34m。

（4）堵塞长度 L_2：堵塞长度应以控制爆炸气体不过早逸出造成飞石飞散为原则，根据爆破试验，破碎岩体取1.5m，较完整岩体取1.0m。

（5）装药结构：

不耦合系数：一般为2～4，取 $D(90)/d(32)=2.8$；

根据经验公式（国际标准单位制）：

$$\Delta_{线}=0.042[R_{压}]^{0.5}a^{0.6}$$

式中 $\Delta_{线}$——线装药密度，kg/m；

$[R_{压}]$——岩体极限抗压强度，MPa，取值为212～332MPa；

a——钻孔间距，m，取值为0.7～0.75m。

线装药密度：建基面为270～350g/m（除去底部加强和孔口减弱段），预裂孔取1.0m堵塞长度，采用黄土堵塞，堵塞段底部与药卷顶端用编织带间隔，编织带距药卷顶端5cm。导爆索采用10g/m的塑料导爆索，未考虑导爆索的药量。

装药结构：标准药卷按设计药量连续或间隔用胶布绑扎于竹片上，底部1.0m范围药量加强，孔口2m药量减弱，堵塞长度1.0m。预裂孔典型装药结构见图1。

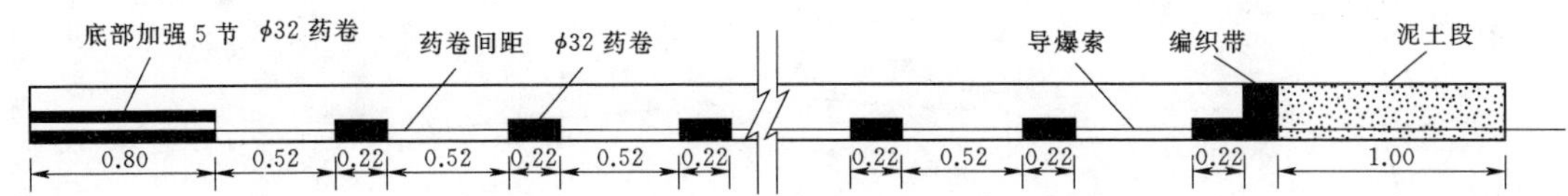

图1 预裂孔典型装药结构图（线装药密度为270g/m）（单位：m）

3.1.2 缓冲及爆破孔参数

缓冲孔孔径采用90mm，设计原则：距预裂孔排距1.5m、间距2.0m，距前排爆破孔排距2.0m。根据坝肩槽建基面每个梯段“上窄下宽”的开挖体型，采用发散式布孔形式，有利于建基面与上、下游边坡相交部位的爆破。孔口间距控制在1.8m左右，孔底间距控制在2.2m左右。缓冲孔典型装药结构见图2。

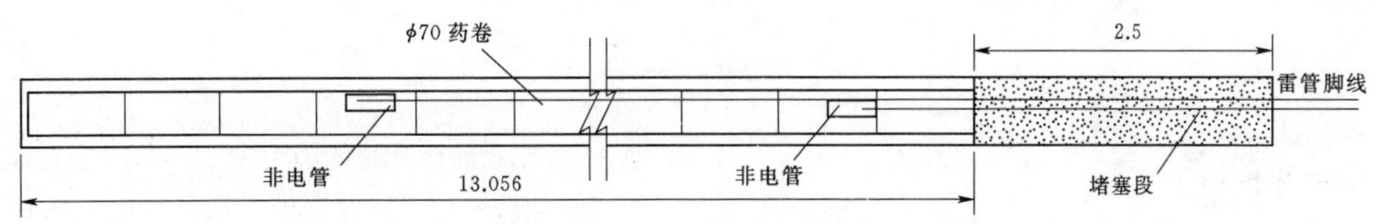

图2 缓冲孔典型装药结构图（长度单位：m；直径单位：mm）

爆破孔孔径采用110mm。一般来说抵抗线为药卷直径（$\phi90$）的25～35倍，则 $W_{抵}=2.0\sim2.8$m，取 $W_{抵}=2.0$m。根据间距、抵抗线之间的关系，间距 a 取1.5～2.0倍抵抗线，采用大值2.0倍，则间距 a 为4.0m，排距 b 为2.5m，缓冲、爆破孔的堵塞长度取0.7～1.0倍抵抗线长度；爆破孔采用 $\phi90$ 药卷连续装药，缓冲孔采用 $\phi70$ 药卷连续装药。爆破孔典型装药结构见图3。

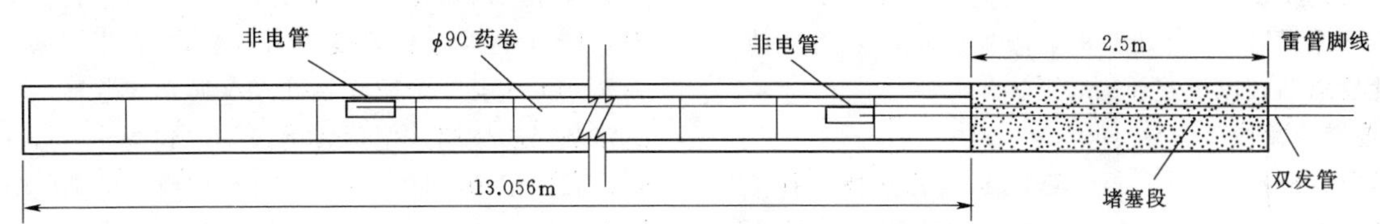

图3 爆破孔典型装药结构图（长度单位：m；直径单位：mm）

3.1.3 爆破网络

为取得良好的爆破效果，确保爆破网络的安全可靠以及质点振速满足安全规程规范要求，实际施工中采取以下措施：

（1）坝肩槽建基面每个梯段宽度限定在10～15m，在此前提下，布设一排预裂孔、一排缓冲孔，四到六排爆破孔较为合理，前沿抵抗线较大部位可根据自然边坡角度随机加密造孔，总装药量不超过6t；爆破前需将爆破区域前沿临空面清理干净，避免底部抵抗线过大；从钻孔排数上限定了爆破规模。

（2）爆破采用孔内延时、孔外接力的非电毫秒网络，由于MS15段以上的雷管延时误差较大，所以爆破网络中孔内（预裂孔除外）均采用MS15段非电雷管，排间采用MS5、MS9段非电雷管，孔间采用MS2、MS3段非电雷管。火工材料使用必须遵循“同厂家、同批次、同型号”原则，从源头上降低火工材料自身差值。

(3) 缓冲、爆破孔强制要求单孔单响，以确保质点振动速度满足要求。

(4) 为保证网络连接的安全性，排间、孔间每个节点上均采用双发非电雷管并联捆绑，采用复式网络、双向网络或增加支线等措施来提高网络的可靠性。

(5) 钻孔过程中加强对岩粉资料的收集，依据岩粉情况及时对装药结构进行调整，采用“个性化装药”，以确保爆破效果。典型爆破网络见图4。

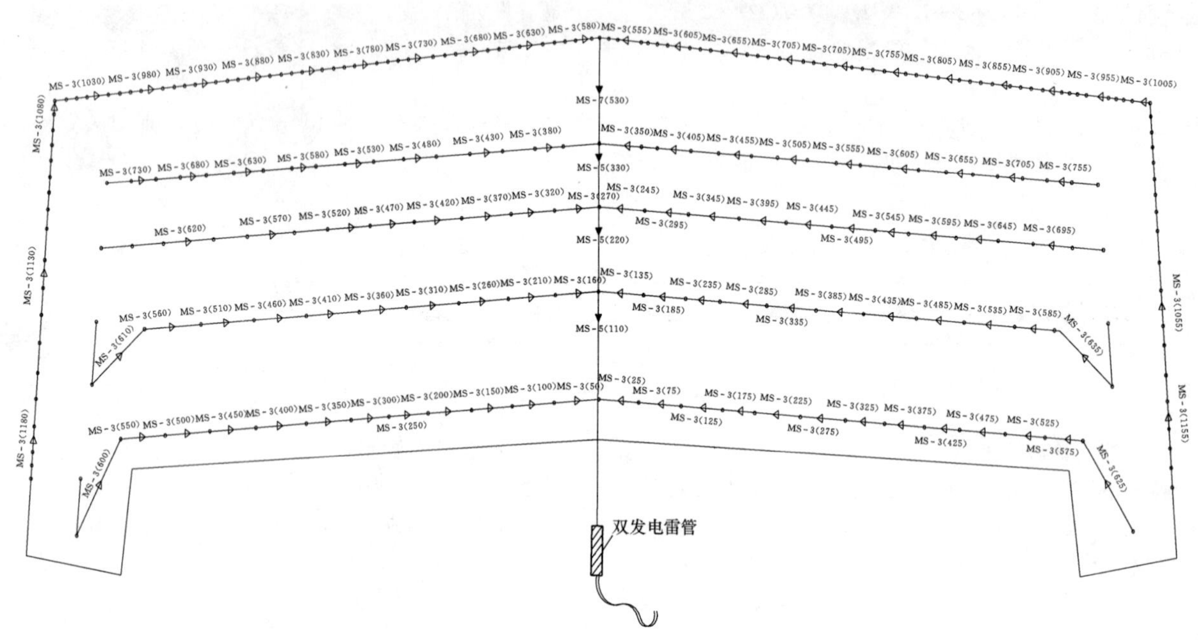

图4　建基面典型爆破网络图

3.2　精细化开挖施工

3.2.1　钻孔机具选择

CM351潜孔钻在施工坡度较缓较深的孔时，造孔精度低、不易控制，且占用上钻平台大；而100B钻机按设计坡比只需较小的上钻平台即可满足要求，且造孔精度高、易控制，利于建基面开挖施工。所以在两岸坝肩槽建基面开挖中采用了100B钻机造预裂孔。缓冲及爆破孔因造孔精度要求相对较低，且就钻容易，工作效率高，均采用CM351潜孔钻机。倾角控制均采用高精度可调性量角器，以满足施工需要。

3.2.2　垂直坡段施工方法

左岸坝肩槽高程1605.5～1550.0m梯段边坡，右岸坝肩槽高程1624.5～1613.0m梯段边坡开挖施工，均为坡比1∶0、台阶高度10.0～15.0m的垂直边坡。采用CM351潜孔钻机造孔、预裂爆破一次到位的方法进行施工。

3.2.3　陡坡与缓坡段施工方法

左岸坝肩槽建基面高程1550.0m以下，右岸坝肩槽高程1613.0m以下开挖施工，设计边坡由垂直边坡变为陡坡与缓坡，坡比1∶0.25～1∶1，台阶高度10.0～28.0m。为了保证质量，陡坡与缓坡段开挖时，对坡比不小于1∶0.6和台阶高度不大于20.0m的边坡采用100B型潜孔钻机造孔，预裂爆破一次到位的方法进行施工。但由于预裂造孔深度超过20多米后造孔精度无法保证，故台阶高度不小于20.0m时，采用超欠平衡的施工方法，即上级边坡预裂施工时坡脚底部技术性超挖20cm，下级边坡预裂施工时预裂开口欠挖20cm，从设计边坡中部分两级边坡，形成40cm宽的工作平台。

3.2.4　平台及马道施工方法

两岸坝肩槽建基面均布置有马道与平台，马道宽度为3.0m，左岸平台宽度为8～28m；右岸坝基平台宽度为7～14.05m，为防止钻孔超深破坏建基面，两岸坝肩槽建基面边坡均采用预裂爆破一次到位，主爆孔与缓冲孔孔底预留2m保护层，使用水平预裂爆破的方法进行施工，3.0m宽马道采用YT28手风钻造孔，预裂孔直径为50mm，孔间距0.5m，平台使用潜孔钻机或液压钻机造孔作业，预裂孔直径为90mm，间距0.8m，线装药密度均为270～300g/m。

3.3　精细化质量管理

(1) 为了保证边坡预裂取得良好的效果，在施工时结合边坡坡度和爆破后岩面高低不平的实际情况，由测量逐孔施放开孔孔位，在测量放孔位的同时对应放出各孔的方位点，在方位点吊垂线使钻杆的方向在孔位与方位的垂直平面内。钻孔的倾角用特制量角器校正，当孔深钻至0.2～0.3m时，校正一次，防止因震动滑移。当钻孔至1m、3m等再次校正，在整个钻孔过程中勤校正，确保钻孔质量。钻孔终孔时，吹孔，逐孔检测深度，并予以调整，确保底面平整。用钻孔侧斜仪进行抽查，做好施工记录，不合格的孔要重新钻。

（2）预裂孔造孔严格执行“三定”（定人、定机、定位）原则，每台钻机都有编号，根据每次爆破区域预裂孔数分区段固定钻机、钻工、质检人员。每次上钻前由施工队进行责任分区（根据每次爆破设计中预裂孔数量及资源设备配置情况进行合理分区），并将分区表上报质量部门，三检及监理签发《石方明挖准钻孔证》后方可开钻造孔。

（3）造孔过程当中，由现场一、二检人员按照分区表进行检查落实，三检人员对造孔过程进行巡视检查，质量部及现场监理工程师随机抽查。

（4）以分区表中的预裂孔孔号段为考核单位，每次开挖面揭露后由质量部门组织现场三级质检人员及相应的钻工根据实物质量进行检查统计，对考核结果进行通报。

4 开挖质量评价

4.1 开挖体型检测情况

高程1475.0m以上建基面超欠挖共检测414条断面，3248个测点，扣除地质超挖后，测点合格率87%；建基面开挖轮廓面残留炮孔痕迹保存率为83.8%～98%，平均为93%，且均匀分布；建基面平整度共检测286点，最大值为19cm，平均值为13.3cm，测点合格率89%，满足设计要求。

4.2 声波检测情况

1#～3#、7#坝段垂直建基面1m处波速衰减率小于10%，爆破开挖对坝基岩体无影响。其余坝段大于10%，最大波速衰减率15.2%，爆破开挖对坝基岩体影响轻微，波速衰减率偏大也与爆后测试时间间隔长、岩体松弛有关。松弛深度在0.82～1.55m，平均1.14m；松弛深度范围内的平均波速在3240～5000m/s，平均4050m/s。

4.3 质点振动速度检测情况

左岸质点振动速度在0.7～13.9cm/s，右岸质点振动速度为0.2～14.3cm/s，均未超过安全质点振动速度（质点振速控制标准为不大于15cm/s）。

5 结语

预裂爆破造孔和装药参数确定是水利水电工程高边坡坝基开挖的关键，本工程针对地质条件复杂、作业难度大的实际情况精心制定施工方案，编制工艺流程，对作业人员进行技术交底。从爆破参数确定、预裂钻孔、装药、起爆、保护层控制等方面进行一系列的精细化施工，成功解决了“卡钻”“断钻头”“飘钻”等现象，降低了爆破对建基面的影响深度，减小了爆破振动对周边的影响，有效地保证了施工质量、安全和进度，对后续同类工程的施工具有非常重要的借鉴意义。

BIM技术在阁山水库电站厂房土建工程施工中的应用

陈晨程　庄宏伟　徐凤鸿/中国水利水电第四工程局有限公司

【摘　要】阁山水库电站厂房施工涉及土建、水机、发电机、金属结构、设备安装以及给排水、采暖通风和建筑电气等多个专业，厂房内部分为主厂房、副厂房、安装间三个功能分区，每个分区又分多个结构层。面对结构复杂、专业较多的施工情况，先期土建工程施工困难较多。本文就通过BIM技术应用到电站厂房对土建工程复杂结构施工优化方案、质量管控等方面提出几点想法。

【关键词】BIM技术　电站厂房　土建施工　应用与探讨

1　工程概况

阁山水库工程位于黑龙江省绥棱县境内，水库电站厂房为坝后式厂房，位于大坝右岸0+095.00桩号。厂房结构尺寸长42.10m，宽26.40m，包括安装间、主厂房、副厂房；建基面高程203.77m，上部框架结构，下部箱型结构；内部功能分区布局较多，主要包括发电机层、水轮机层、蜗壳层等设备安装房间和通讯室、中控室、电工试验室、油化验室、工具室、电缆夹层等辅助功能用房；施工涉及土建、水机、发电机、金属结构、设备安装、给排水、采暖通风和建筑电气等。

2　电站厂房土建工程施工应用BIM技术的必要性

2.1　电站厂房内部系统、结构复杂

电站厂房从系统划分一般有五大系统，即水流系统、电流系统、电气控制设备系统和机械控制设备系统以及辅助设备系统；从竖向结构划分可分为上部结构和下部结构（以发电机层楼板面为界），下部结构多为大体积混凝土，水、电、设备均在下部结构。这五大系统以及下部结构施工均与前期土建施工密切相关，在土建施工过程中必须进行各系统、各部位孔洞预留和预埋件制作安装，这样后期各个系统对应的水机、金属结构、设备安装等施工才能与土建紧密结合。那么前期土建工程施工中如何进行准确定位来预留各个孔洞、埋件制安就是一个关键问题，仅仅从二维平面图纸上定位空间对应关系并不清晰，面对如此复杂的结构，施工管理人员和施工作业人员难以形成一个空间结构模型，因此创建一个三维模型用以指导施工是必要的。

2.2　BIM技术特性决定了工程施工应用的必要性

BIM作为一种对传统施工方式具有巨大冲击的先进技术，自身具有可见即可得、碰撞检查可协调性、模拟施工优化方案等特性，尤其可见即可得在传统的施工方式中是难以实现的，通过BIM技术可以将二维平面图纸转换成三维模型，具有可视化、仿真性等特点，这样对于施工方案选择、优化以及现场施工管理、施工质量提升具有很大促进作用，BIM技术的特性决定了它在实际项目施工中的高效性。

2.3　积累应用BIM技术施工经验

就当前BIM技术发展情况来看，以后工程项目的建设建造、运营管控等将会依托BIM技术，换而言之，BIM技术将会成为建筑行业革新的新生模式，标准化设计、工厂化生产、装配化施工、一体化装修、信息化管理、智能化应用的建造方式将会成为行业潮流。因此，我们要积极进行BIM技术的应用、研究，为一下轮行业革新积累经验。

3　BIM技术在电站厂房土建施工应用情况

本工程中电站厂房结构复杂，施工涉及土建、水机、发电机、金属结构、设备安装以及房屋建筑水暖电

等多个专业，前期土建工程施工中预留的孔洞、预埋件制作安装较多，为准确控制各个预留孔洞位置、相互对应关系、预埋件制作安装，根据设计图纸及施工通过BIM技术分层进行电站厂房三维模型创建。

3.1 基础层模型

基础层主厂房底板高程靠近上游侧为203.77m，下游侧为204.741m，上游侧顶部高程205.27m，集水坑底高程204.72m，下游侧处于尾水管安装部位，顶部高程206.505～206.713m，形成一个渐变高程，预留蜗壳处顶高程205.66m；副厂房底高程203.77m，顶高程205.27m；安装间底高程206.38m，顶高程206.84m。

3.2 主厂房尾水管层（顶高209.14m）模型

尾水管层主要构件包括管道支墩及蝶阀基础、边墙、梁、板、预留孔洞；安装间主要构件包括支墩、蝶阀基础、柱、楼梯、预留门洞。底板顶至尾水管层结构构件类型、预留孔洞增多，且各个部位、构件标高不一致，施工难度增大（如图1所示）。

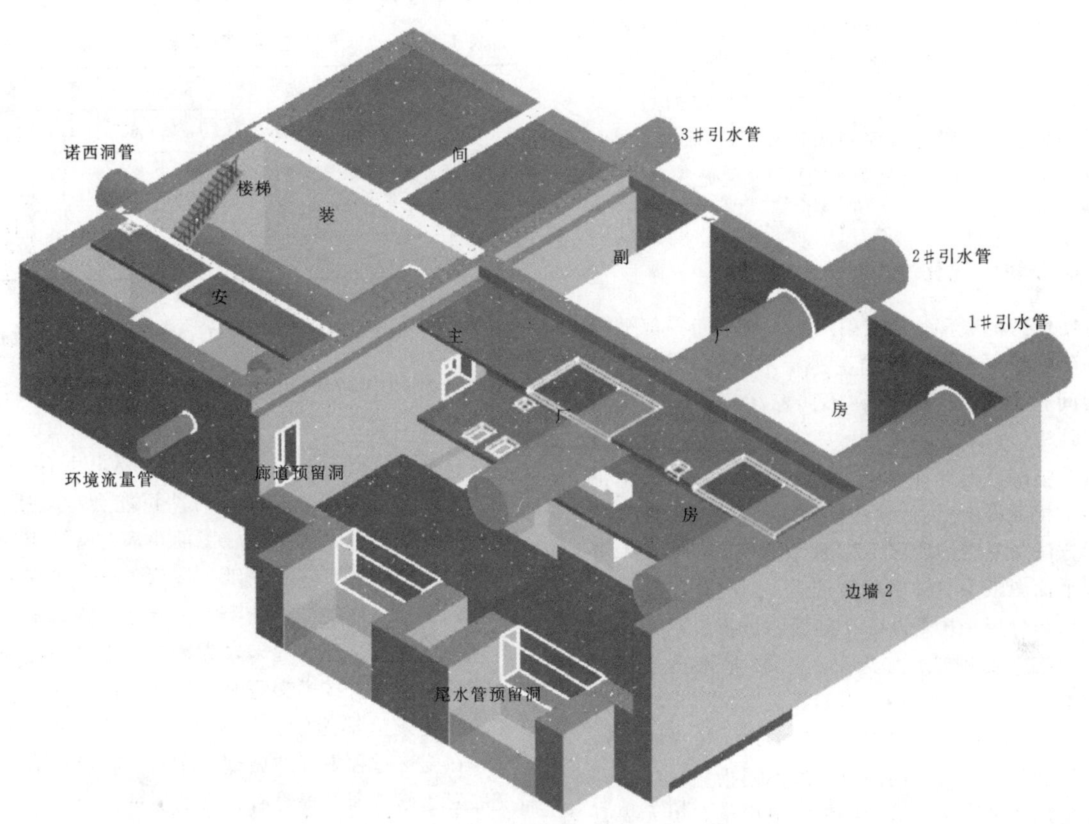

图1 尾水管层、水轮机层土建施工模型

3.3 主厂房水轮机层（顶高213.54m）模型

水轮机层主要构件包括梁、板、柱以及预留的设备安装吊孔，梁板标高安装间、副厂房部位214.24m，主厂房部位213.54m，标高不一致部位设计通过台阶进行处理，本层有蝶阀吊孔、楼梯口、进人孔、墙洞等多个预留孔洞，施工需与引水管道、水机图纸、设备图纸等多个专业图纸核对，查找相应尺寸、标高，进一步确认现场施工无误，同时涉及细部处理，施工耗时较长，通过建立模型，在模型中与其他专业图纸尺寸进行核对，其与二维平面图纸核对相比，效率有所提高。

3.4 主厂房发电机层（高程218.30～221.20m）模型

土建结构布置与水轮机层基本一致，也有较多预留孔洞，梁板标高218.30m，安装间侧楼面标高218.30m。以发电机层楼面为界，以上为上部结构，主要为吊车梁及吊车等设备安装预留的空间，无功能用房，施工相对容易。

3.5 副厂房（高程214.24～231.41m）模型

副厂房上部下部结构以221.20m高程为界，下部结构214.20～218.30m为消防、技术供水室以及高低压空压机室内和一个储藏室，218.30～221.20m为电缆夹层，221.20～226.15m为上部一层结构，226.15～

234.41m 为上部二层结构，二层含一个电缆夹层，楼面标高为 226.15～227.00m，上部结构主要还是一些功能用房房间，结构布置与房建基本一样，施工相对简单。

4 BIM 技术应用优势

4.1 创建三维模型、进行复杂部位展示

以本工程中电站厂房为例，有些结构复杂或者孔洞较多部位二维平面图纸很难表示清楚，施工人员很难形成对应的空间关系，更难在大脑里面建立起空间模型。因此一个三维可视化的模型能从不同视角随意查看或者从细部局部三维查看，这样就可以帮助施工人员更好地理解图纸，进一步明确图纸中各个构件、部位的对应关系，同时如果设计图纸存在偏差或者有误，在三维图中也更容易发现，可以提前做好沟通，避免施工过程中返工。

4.2 分层分块、优化方案

水电站厂房一般都是由主副厂房、安装间三部分组成，每一部分根据工程实际情况进行不同的细化设计，这样在层间机构上必然会存在不同标高，同时在与水机、金属结构、设备安装等专业对接后还需要预留大量的孔洞以及细部异形构件等，这样给前期土建工程施工形成较多干扰；再者当前设计图纸遵循的是较为常规的图纸表示方法，只会注明那一标高为什么结构，如本电站厂房中平面图纸上只注明尾水管层、蜗壳层、水轮机层等通常结构分层，再辅以各个剖面图进行表示，这都是受限于二维平面图纸。如果采用 BIM 技术在施工前创建整个电站厂房三维模型，不同标高、坑、孔等部位将会一目了然，将电站厂房细化分层分块，这样施工就能提前作好准备，针对不同部位采取不同措施，施工注意事项等更加清晰明了，对于施工方案优化有很大提升作用。

4.3 快速准确提取工程量，精细化施工，减少材料浪费

目前施工现场的技术管理人员受业务能力、专业知识水平、一人多岗、工作量较大等方面因素的制约，没有充足的时间计算工程量，加之后续还有施工，所以如钢筋、模板这种易存放的材料在材料计划中也是预估量，一般来说只会放大预估量，而且有些“经验丰富”的施工管理人员还会在自己预估量的基础乘以一个“系数”，钢筋下料时也是靠“经验”，其还往往不知道设计图纸、规范对不同工程、不同部位有不同要求，包括混凝土强度等级、抗震等级都会影响到钢筋下料长度，这种粗放管理在施工现场较为常见，导致后期材料浪费较为严重，工程施工材料在直接费中高达 60%～70%，这样的管理无形中增加了项目的成本。

采用 BIM 技术创建建筑物三维模型后，在软件中可以直接提取相应工程部位的工程量（见表 1）。混凝土、钢筋、模板等主要材料工程量也会随之计算而出。根据进度计划安排，不同施工时段都有一个准确的工程量表，这样对材料消耗就能有一个很好的控制，减少材料浪费；同时对于项目资金更好地进行规划也有帮助。

表 1　　主要工程量表

序号	构件名称	混凝土/m^3	模板/m^2	钢筋/t
1	基础层主副厂房墙 1	120.65	194.89	23.155
2	基础层主副厂房墙 2	99.87	161.17	21.305
3	基础层主副厂房墙 3	35.17	75.94	9.032
4	基础层主副厂房墙 4	81.48	162.64	18.821

4.4 三维可视化技术交底，促进工程质量提升

利用 BIM 技术创建建筑物三维模型后，可以进行可视化技术交底。因一线施工人员素质、知识水平、能力参差不齐，对于设计图纸、规范要求也有不同理解，施工过程中难免出现错误，有些可能会存在质量隐患。目前施工单位在工程开始施工前，都会有相应的技术交底，但是交底内容多是图纸、规范要求，工程未施工前只能停留在平面图纸讨论上，没有参照物，施工管理人员以及作业人员理解起来较为困难。当采用已经完成的三维模型来进行技术交底时，这样无论是施工管理人员还是作业人员都能较为全面地掌握设计图纸和规范要求，在施工过程更好地做到心中有数，脑中有型。这样交底对于施工质量提升有很大的促进作用。

5 结语

此次 BIM 技术在阁山水库电站厂房土建工程施工中的应用，只是从土建工程施工角度的应用，受限于 BIM 技术人员知识水平以及 BIM 相关软件操作水平和工程经验，加之本次 BIM 技术是利用广联达 BIM 土建及钢筋算量软件进行的，应用面较为狭窄，后期水机、金属结构、机电设备安装等方面没有应用，应用过程中也存在不足之处。因此还需加强 BIM 技术的学习，在实际施工过程中多应用、多研究，积累一定的经验。

本栏目审稿人：张志良

碾压混凝土施工振动碾机型选择与碾压参数研究

巨敬良　吴小会/中国水利水电第四工程局有限公司

【摘　要】碾压混凝土坝以其内部温升小、施工速度快、经济成本低、不宜裂缝等优点，近年来在水电行业混凝土大坝施工中被广泛应用。由于碾压混凝土材料的不断创新，混凝土碾压设备性能的不断提升，为确保碾压混凝土施工质量和坝体安全，使振动碾机型选择与碾压参数更适用于施工，本文论述了振动碾机型的选择与碾压参数对下层混凝土强度的影响。

【关键词】碾压混凝土　振动碾　机型选择　碾压参数　强度研究

1　引言

我国于1978年开始碾压混凝土筑坝技术的研究，1986年在福建坑口建成了我国第一座碾压混凝土坝，1994年建成了当时世界上最高的普定水电站大坝，开创了我国碾压混凝土拱坝筑坝施工的先河。目前，我国已建的碾压混凝土坝上百座。碾压混凝土坝以其快速、经济、安全等筑坝技术优势成为一种非常有竞争力的坝型。

在碾压混凝土的研究与应用过程中，从20世纪80年代的金包银、大VC值探索期，到20世纪90年代中后期全断面碾压的过渡期，发展到当前的高石粉、低VC值的高坝成熟期。碾压混凝土也在不断研究、总结和创新，其定义亦从“干硬性混凝土”发展为“无坍落度的半塑性混凝土”。

如今在碾压混凝土施工中，混凝土压实主要依靠振动碾碾压完成。《水工碾压混凝土施工规范》（以下简称《规范》）显示振动碾机型的选择，应考虑碾压效率、激振力、滚筒尺寸、振动频率、振幅、行走速度、维护要求和运行的可靠性。《规范》中对振动碾的机型选择未有明确的相关参数。

2　碾压混凝土压实机理分析

碾压混凝土的特性是无流动性、靠内部黏聚力和摩擦力保持稳定状态。碾压混凝土的密实性，取决于其上振动的激振力、振动频率和振幅。在振动力作用下，碾压混凝土拌和物内摩擦力显著减小，骨料周围的临界浆层变薄，游离浆体增多，并随之产生能变，从而使碾压混凝土内部屈服力和塑形黏度迅速下降，出现液化。液化后的碾压混凝土处于重液状态，骨料颗粒在激振力和重力共同作用下产生相对位移，相互填充，排列成致密骨架，骨架间的空隙被流动的灰浆所填充，形成致密的碾压混凝土体。

武汉大学欧珠光教授将碾压混凝土的振实过程大致分为三个阶段，即塑性阶段、弹塑性阶段和弹性阶段。在塑性阶段，振动碾对碾压混凝土施加的激振力和静压力在碾压混凝土中的分布是复杂的、非线性的，由于松散的碾压混凝土不能把振动能量有效地向碾压混凝土内部传递，此时应以无振的静碾为宜；在弹塑性阶段，碾压混凝土由塑性向弹性转化，开始具有一定的弹性模量和剪切模量，此时的碾压混凝土已能将表面的振动波有效地传递至内部，在振动碾的振动作用下，碾压混凝土中骨料与砂粒开始产生与振动频率一致的颤振，包裹在骨料周围的胶凝浆体的临界厚度变薄，骨料间游离的胶凝浆体增加，碾压混凝土中内摩阻力大大减小，碾压混凝土拌和物失去原有的稳定而液化，各种骨料颗粒在激振力与重力作用下重新排列构成骨架，骨架间的孔隙被流动的胶凝浆体充填，逐渐密实，趋向弹性。在弹塑性阶段后期，随着碾压遍数的增加，碾压混凝土将达到弹性阶段，此时容重达到设计密度，碾压混凝土不再吸收能量，只向内部传递能量。

3 已建碾压混凝土坝工程实例

3.1 国内部分工程碾压参数

国内碾压混凝土施工几乎都采用双钢轮振动碾，对部分典型大坝施工的相应参数进行了统计（见表1）。从工程实例分析，基本为介于9.43～13.8t双钢轮振动碾，碾压遍数多采用2+6+2或2+8+2。

表1　不同吨位振动碾在已建碾压混凝土坝中的应用

序号	电站名称	坝型	振动碾机型（吨位）	铺层厚度/mm	碾压遍数
1	黄登水电站	重力坝	HM138（13.8t）	33～35	2+6+2
2	大华桥水电站	重力坝	BW202AD（10.7t）和STR130-5H（13t）	33～35	2+8+2
3	丰满水电站	重力坝	BW-203AD（11.8t）	34～36	2+6+2
4	官地水电站	重力坝	CC622HF（12.5t）	33～35	2+8+2
5	三河口水利枢纽	双曲拱坝	HM138（13.8t）	35～40	2+6+2
6	功果桥水电站	重力坝	HM130大型振动碾（13t）	33～35	2+8+2
7	金安桥水电站	重力坝	HM130大型振动碾（13t）	34～36	2+8+2
8	龙滩水电站	重力坝	BW202AD振动碾（10.7t）	34～36	2+10
9	百色水电站	折线形布置	BW202AD振动碾（10.7t）	34～36	2+8
10	沙沱水电站	重力坝	BW202AD（10.7t）、YZ-12C（12.5t）	35	2+8+2
11	光照水电站	重力坝	BW202AD（10.7t）	34～36	2+8
12	观音岩水电站	重力坝	YZC12振动碾（12.5t）	33～35	2+8+2
13	龙首水电站	拱坝	BW202AD（10.7t）	34～35	2+8+2
14	大朝山水电站	重力坝	BW202AD（10.7t）	35	2+8+2
15	索风营水电站	重力坝	YZC12（12.5t）、BW202AD（10.7t）	33	2+6
16	普定水电站	拱坝	BW201AD（9.43t）和BW202AD振动碾（10.7t）	30～35	2+8+2
17	江垭水电站	重力坝	BW202AD（10.7t）	30～34	2+6
18	蔺河口水电站	拱坝	BW201AD振动碾（9.43t）	34	2+8+2
19	沙牌水电站	拱坝	BW201AD振动碾（9.43t）	34	2+8+2
20	彭水水电站	重力坝	BW202AD（10.7t）	33～35	2+8+2
21	向家坝水电站	重力坝	BW202AD（10.7t）	33～35	2+6+2

3.2 部分大坝碾压混凝土性能对比

对部分工程碾压混凝土性能汇总（见表2）。通过对压实度、设计龄期抗压强度和钻孔取芯芯样强度进行比较分析，芯样强度高于设计龄期的抗压强度，压实度平均值均在99%以上。

表2　部分已建碾压混凝土坝硬化混凝土强度对比表

序号	电站名称	压实度/%			混凝土取样强度（设计龄期）				芯样强度		
		最小值	最大值	平均值	强度等级	最小值	最大值	平均值	最小值	最大值	平均值
1	黄登水电站	98.0	103.2	99.2	$C_{90}20$ W6F50	20.2	35.4	25.5	25.5	37.5	30.4
2	三河口水利枢纽	98.1	104.9	99.3	$C_{90}25$ W6F150	25.1	35.0	29.2	28.5	41.2	33.4

续表

序号	电站名称	压实度/%			混凝土取样强度（设计龄期）				芯样强度		
		最小值	最大值	平均值	强度等级	最小值	最大值	平均值	最小值	最大值	平均值
3	功果桥水电站	98.3	102.3	99.4	$C_{180}25$ W8F100	28.6	35.5	32.3	30.1	39.8	35.3
4	金安桥水电站	98.0	102.1	99.2	$C_{90}20$ W6F50	21.0	34.9	24.9	22.5	38.6	28.6
5	向家坝水电站	98.2	102.8	99.3	$C_{180}25$ W8F100	28.4	36.6	31.6	30.4	44.2	35.5
6	大华桥水电站	98.0	103.4	99.0	$C_{180}15$ W4F50	17.8	30.4	24.9	20.5	28.4	25.0

4 碾压混凝土试验研究

4.1 工地现场振动碾压试验

某水电站在浇筑期间，在碾压混凝土中埋设了垂直方向位移计和水平方向应变计，对位移变形情况进行相应的监测，研究上层振动对下层混凝土的影响，现场使用振动碾型号为 HM138（13.8t）的双钢轮振动碾。从表 3 试验结果看出，当振动碾碾压上一层的时候，下一层混凝土还未硬化，下一层混凝土有较小的位移产生，垂直位移分别是 4.92～7.25mm，水平位移在 0.82～1.25mm。二级配混凝土第 2 层碾压完毕，第 3 层碾压的时候第 1 层的碾压混凝土位移基本不变；三级配垂直位移有较小的变化约 0.8mm。说明当振动碾进行当前铺筑层碾压时，振动碾施加的压实功对下层混凝土的影响很小，对下层混凝土结构影响不大。

表 3　现场试验不同工况水平位移和垂直位移监测成果表

工况	仪器埋设位置	位移计	埋设时间	监测时间	位移/mm	备　注
工况一	第 7 层上游面二级配混凝土	垂直方向编号 S-1	13：50	15：15	4.92	第 8 层碾压完监测
				22：15	4.93	第 9 层碾压完监测
				6：14（次日）	4.95	第 10 层碾压完监测
工况二	第 7 层上游面二级配混凝土	水平方向编号 h-1	13：50	15：16	0.82	第 8 层碾压完监测
				22：18	0.83	第 9 层碾压完监测
				6：16（次日）	0.86	第 10 层碾压完监测
工况三	第 7 层下游面三级配混凝土	垂直方向编号 S-3-1	14：20	15：15	7.25	第 8 层碾压完监测
				22：21	8.06	第 9 层碾压完监测
				6：34（次日）	8.08	第 10 层碾压完监测
工况四	第 7 层下游面三级配混凝土	水平方向编号 h-3-1	14：20	15：15	1.25	第 8 层碾压完监测
				22：21	1.36	第 9 层碾压完监测
				6：34（次日）	1.35	第 10 层碾压完监测

4.2 碾压参数对碾压混凝土碾压质量的影响

4.2.1 碾压遍数对压实质量的影响

碾压遍数是实际工程中最为关心的参数，反映了振动碾压机对被碾压混凝土混合料施加振动能量的多少。一般情况下，随着碾压遍数的增加，密实度会越来越大，但当碾压混凝土达到一定密实度后，再增加碾压遍数反而不利于碾压混凝土混合料的密实。

根据理论分析，碾压遍数可通过底层混凝土初步确定设计密实度所需要的压实能与振动碾压机对底层混凝土所提供的压实能之比，而底层混凝土达到设计密实度所需要的压实能，用 VC 值测定仪测定泛浆时所输出能量测算。碾压试验应以理论所得遍数为依据，有针对性地控制遍数变化范围，绘制遍数与密实度曲线，根据曲线确定合理的碾压遍数，保证碾压质量。

以实际工程碾压试验为例，随着碾压遍数的增加，压实密度逐渐增大，但增幅逐渐变缓，在碾压前 6 遍，密度随着碾压遍数明显增大，此时碾压混凝土密实容易，在 6 遍以后，密实越来越困难，表现为密度增加缓慢。

4.2.2 碾压速度对压实质量的影响

在碾压混凝土施工中，碾压速度是影响压实质量的重要因素。相同碾压遍数下，碾压速度低时，振动轮作用于单位面积内的碾压混凝土振动次数多，碾压速度高时振动次数少，因而作用在被压材料上的能量，前者多于后者。因此，在大型的碾压混凝土施工中，最佳的碾压速度应通过试验来确定。一般情况下，为了获得较高密实度的碾压混凝土，宜采用较低的碾压行走速度。在我国碾压混凝土施工中多采用1～2km/h的行走速度。

4.2.3 铺层厚度对压实质量的影响

碾压混凝土坝是采用分层碾压的方式填筑的，可根据气候条件，铺筑方法等条件，选用不同的碾压厚度，但碾压厚度不宜小于混凝土最大骨料粒径的3倍。施工中采用的碾压厚度应根据所用碾压机具的性能及实际碾压混凝土拌合物经试验确定，我国已建成的碾压混凝土大坝中铺层厚度以30cm居多。铺层越厚，碾压层下部碾压混凝土拌和物获得的振动能量就越少，所需要的碾压遍数也就越多。若铺层过厚，即使增加碾压遍数，下部拌和物也无法达到所要求的密实度。

4.2.4 振动频率对压实质量的影响

一般认为当振动频率接近振动碾压机的混凝土系统的固有频率，可以获得较好的压实效果，即让混凝土在共振频率下被压实，这时混凝土骨料颗粒产生的位移最大，从而使颗粒重新迅速排列构成骨架，骨架间的孔隙被流动的胶凝浆体充填，此时碾压机的频率称为最佳振动频率。因此，选择振动频率在最佳频率附近的碾压机型是保证高效碾压的关键。

4.2.5 大吨位振动碾碾压对混凝土的影响

通过资料收集，目前我国以及进口大吨位双钢轮振动碾基本在14t左右，振动频率基本都在40～50Hz，目前较大吨位HM138双钢轮振动碾已在碾压混凝土施工中得到成功应用。

4.3 不同振动时间对混凝土性能影响室内试验

4.3.1 混凝土拌和物容重及强度检测

通过室内振动台（振动频率50Hz）进行不同振动时间的比较分析试验，并成型混凝土抗压强度标准试件，分别对混凝土拌和物振动后的容重进行相应的检测，相应龄期后进行抗压强度对比，检测结果详见表4和表5。

表4　不同振动时间下混凝土的容重检测值

混凝土标号	振动15s	振动30s	振动50s	振动70s	混凝土设计容重/(kg/m³)
C9025W8F150（二级配）	2338	2394	2412	2425	2420

资料显示：振动时间15s时随着时间的推移，混凝土强度不是最优；振动时间30s时抗压强度随着时间的推移，混凝土强度增值较快；50s时强度增值减缓；70s时虽对下层混凝土影响不大，但混凝土强度反而下降。说明过长的碾压振动时间是没有必要的，是时间和成本

表5　不同振动时间下混凝土抗压强度检测值

混凝土标号	振动时间/s	抗压强度/MPa			备注
		7	28	90	
C9025W8F150（二级配）	15	12.8	19.2	27.6	
	30	13.2	20.5	29.3	
	50	13.8	21.2	31.2	
	70	13.0	20.8	30.4	

的浪费。故科学合理的选择激震时间，对保证混凝土的碾压质量、节省成本、合理地利用时间是非常必要的。

4.3.2 混凝土结合层不同时间振动对强度的影响

工况一：二级配碾压混凝土拌和物VC值经检测为3s，分别振动15s、30s、50s、70s一次成型7d、28d、90d抗压强度，室内振动台（振动频率50Hz）进行不同振动时间的试验显示，随着振动时间的延长，混凝土逐渐密实，但是随着振动时间的增加，碾压混凝土密实度逐渐变缓，随着振动时间超过VC值太多，则骨料分离，灰浆析出过多，造成内部灰浆减少、孔缝增多，因而胶结强度降低。从成型试件外观来看，随着振动时间的增加，混凝土试件逐渐密实，表面麻面逐渐减少，当超过30s时，试件整体基本达到均匀密实。

工况二：按照15s、30s、50s、70s分两层振动装入试模。先装入一半后，再过两小时后混凝土还未初凝，对其分别进行装满振动，脱模后观察底层混凝土表面状态，随着振动时间的延长，振动力的传递，下层混凝土更加密实，混凝土表面未发现裂纹。

工况三：先将试模装入一半硬化后的混凝土，分别采用15s、30s、50s、70s进行振动施压后，拆模后观察四周状态，随着振动时间的延长，新拌混凝土和硬化的混凝土交界面、黏结效果逐渐增强，硬化混凝土没有明显的受损情况。

5 结语

目前碾压混凝土坝使用的振动碾的吨位分别在9.43～13.8t，随着振动碾吨位的不同，在满足碾压混凝土压实度要求下，碾压遍数有所不同，激震时间必须优选，这种工艺选择已成功应用在碾压混凝土大坝的施工中，经检测资料显示，采取这样的工艺，混凝土各种指标性均能满足设计和施工要求。

通过室内模拟试验，振动压实能量在碾压层内的传播一般呈指数衰减，随着深度的增加振动压实能量衰减更大，对下层混凝土影响更小。

参考文献

[1] 欧珠光. 碾压混凝土振动压实的实验研究 [J]. 固体力学学报，1992 (04)：292-298.

特殊气候条件下白鹤滩缆机群运行管理

胡艳军　巨敬良/中国水利水电第四工程局有限公司

【摘　要】白鹤滩水电站缆机群设有7台型号为30－741的30t平移式缆索起重机，是当前世界最大缆机群。该文详细论述了该缆机群的管理经验，为类似工程提供了借鉴。

【关键词】白鹤滩水电站　缆机群　运行管理

1　引言

从20世纪60年代初在柘溪水电站安装使用第一台缆机，到刘家峡、万家寨、三峡、小湾、向家坝，再到白鹤滩水电站世界最大的缆机群，距今已走过五十多年的历程。21世纪初，一大批大型和特大型水电站纷纷开工兴建，对工程规模大，两岸陡立，不宜布置其他垂直起重手段的地域，缆机是混凝土大坝施工的首选，缆机的需求进入新一轮的旺盛期。

随着缆机技术的发展，其额定起重量已达30t，控制信息可以是有线或无线，具备无线热备或双无线热备；控制系统采用PLC和工业计算机相结合的方式，具有高可靠性和完善的控制安保显示性能；与相邻缆机联网还能显示相互位置，在抬吊时实现一机双控。对多台缆机群的管理，确保其效率和安全，已成为当前水电系统的关键管理问题。白鹤滩电站缆机群在特殊的自然气候条件下，在浇筑大坝混凝土中，精心管理，创新施工，取得了一套成功的管理经验。

2　白鹤滩缆机群简介

白鹤滩水电站工程为Ⅰ等大（1）型工程，大坝采用椭圆型混凝土双曲拱坝，坝顶高程834.00m，最大坝高289.0m，拱冠坝顶厚度14.0m，拱冠坝底厚度63.50m，厚高比0.22，弧高比2.45，坝体设横缝不设纵缝，共分31个坝段，为300m级特高拱坝，首次全坝采用低热混凝土浇筑，大坝混凝土浇筑方量为810万m^3，金属结构吊装量为12.6万t，电站位处干热河谷气候地域，极端最高气温42.7℃，极端最低气温0.8℃，历年最大风速26m/s，极大风速持续时间长（7级以上风速占全年总天数65.5%），多年平均雾日（水平能见度不大于1000m）27.3天，且不同位置、不同高程处，风速、风向差异极大，不但影响工程进度，还增加了缆机的运行管理风险。

白鹤滩水电站缆机群设有7台型号为30－741的30t平移式缆索起重机，为当前世界最大缆机群。缆机群采用高低双层平移式布置，其中高平台布置缆机3台，低平台布置缆机4台。其中高线3台缆机左岸采用A字塔＋平衡台车型式，右岸采用无塔架型式；低线4台缆机左岸采用高塔架型式，右岸采用无塔架型式；左右岸缆机主索铰点布置高程980.00m。左岸主塔架高度101.00m，主索铰点高度75m；右岸为副塔，采用无塔架结构；低缆跨度为1110.00m，左右岸缆机主索铰点布置高程920.00m，左岸主塔采用刚性塔架，主塔架高度30.00m，右岸为副塔，采用无塔架结构。

白鹤滩缆机群具有自身结构复杂、设备相互干扰大、作业面广、多台缆机交叉作业、吊运任务重、运行强度高等特点，这对缆机的管理和运行提出了更高的要求。

缆机群工作现场见图1。

图1　白鹤滩水电站缆机群工作现场布置

3 白鹤滩缆机群管理措施

由于白鹤滩特殊天气全年占比较大，多台缆机同时运行安全风险高，故从队伍培养、制度建设、协调组织、运行管理着手，针对特殊气候条件，规范化、标准化施工，建立应急预案，规定不同吊运工况下的具体操作。由于有针对性地采取了多项管理措施，保证了缆机运行的安全、高效，实现了年产量达 272.9 万 m^3 的强度。

3.1 队伍培养及管理体系完善

3.1.1 岗位配置

单台缆机单班配 2 名操作司机、3 名报话人员，7 台缆机单班配置 35 人，加上检修、维护人员共配置 185 人。

3.1.2 技能培养提升

为了尽快提高各岗位的操作技能，编制 400 余幅图文并茂的教学幻灯片教材，通过电脑播放幻灯片，对每个操作动作、操作环节、操作要领逐一进行分解和讲述。经过半年时间对缆机岗位操作人员的技能及理论培训，通过考试、考核，以老带青，培养了一批优秀、娴熟的缆机岗位操作工，为缆机群高效率安全运行提供了保障。

3.1.3 激励激发职工潜能

在按期进行保养，设备杜绝带病作业，确保运行安全的前提下，通过“缆机浇筑强度考核，缆机浇筑单班超产奖，混凝土‘一条龙’浇筑考核奖励，主力明星设备先进个人外出参观、劳动竞赛、科技攻关、岗位练兵、技术比武、安全一票否决制”等激励机制和控制措施推动下，较好地激发了职工的积极性，使职工的潜能不断得到释放。

3.2 建章立制

为给缆机这条混凝土的“生命线”保驾护航，缆机实现了按期定时化专业维护保养，安全规范化抢修。缆机维护保养抢修实现了科学化、制度化、精细化、标准化。为使白鹤滩缆机维护保养抢修管理得到保障，先后制定了《缆机检修维护保养手册》《缆机提升绳更换指南》《缆机牵引绳更换指南》《缆机系统钢丝绳预警制度》《缆机机长负责制》《设备完好率考核管理办法》《设备检查考核管理办法》《缆机标准化作业操作规程》《基坑报话员标准化规程》《栈桥报话员标准化规程》等 30 余项管理制度并随工程进展及缆机运行实际不断完善。

3.3 协调组织

3.3.1 严格执行检修保养制度

缆机维护保养坚持每日 1h 的架空检查、每周 2h 的周保养、每月 12h 的月检修强制保养和承码检修三检制度。明确缆机系统维护保养检修项目及内容，规定保养部位、保养时间、保养责任人，保证了保养和检修的质量。强化员工的工作岗位责任心，提高了设备的完好率。

3.3.2 加强技术改造，增强运行安全保障

缆机提升系统增加本质安全下限位，缆机牵引系统增加本质安全预限位和语音报警系统；由于缆机架空系统的固定张开式承码无线防撞功能的开发与应用，抗摇摆动能和 PLC 程序的优化，缆机大钩设置太阳能警示灯，增加机械自锁装置，增加弧门关闭监控装置，进行大罐液压系统国产化改造等技术革新与改造，增强了缆机群的运行安全保障。

通过对国内市场的调研、比较、分析，对缆机起升、牵引钢丝绳、导向滑轮、承码进行国产化替代性改造，并投入运行。改造后备件不仅完全满足缆机安全运行需要，而且供货及时充足，价格低廉，对缆机的高效运行提供了保障。

3.3.3 深挖缆机潜力，提高缆机联动效率

如何缩短不同仓号缆机联动的衔接转换时间成为效率提升的关键。通过反复进行动作分解、理论用时与实际用时对比分析，针对单罐混凝土进仓、卸料、返回 3 个环节 12 个分解动作，制定“缆机联动”标准化用时，解决了缆机以水平运输还是垂直运输为主的时间界限问题，缩短了环节转化时间，使得浇筑强度提高发生了质的飞跃。

3.3.4 增强内部管理，提高缆机利用率

根据混凝土量年度计划，控制缆机使用时间比例，制定了“平均台时入仓强度保证指标、吊运混凝土利用率保证指标、吊运零星材料利用率控制指标、闲置率控制指标、单台缆机正常月维护保养时间控制指标、缆机故障率控制指标”。红牌和黄牌警告制度，构筑了同台竞技平台。通过每日浇筑强度计划，组织“日碰头会”“仓前会”，分解浇筑目标，责任到人。对班产未达标操作者采用“说清楚”的“问责”制度，保证了小时、班、日浇筑计划强度，使缆机浇筑强度不断提高。

3.3.5 加强大坝现场缆机混凝土浇筑的“龙头”地位，保证缆机供料时间

通过自卸车 169 次和侧卸车 332 次卸料对比分析，一个卸料循环内自卸车卸料为 31s，侧卸车卸料为 87s。采用自卸车替换侧卸车进行混凝土水平运输，不但加快了卸车速度，而且节约了成本。

制定推行混凝土生产标准化，对自卸车进楼、装料、出楼、防雨措施施盖退出、准备卸料、卸料过程和离开卸料区 7 个动作作了标准化用时规定，缩短了汽车进楼、运输和卸料的时间，加快了浇筑速度。

3.4 缆机运行规划

3.4.1 优化零活吊点，减少缆机相互干扰

增设零活吊点位置和调运台车，解决由于场地限制造成缆机效率降低的问题。建立使用缆机吊零提前申请

制度，经过调度室批准后才能使用缆机；吊运零活需提前进行充分准备，限制最小吨位；调运前需提前穿好钢丝绳和卡环，报话员、摘挂钩员需提前到位等。缆机吊运零活用时，实现了缆机塔架运行在 20m 范围每钩 15min；单机吊装金属结构件每钩 2h，双机抬吊金属结构设备件每钩 4h。相邻仓号转资源采用 16t 吊车、小型材料工器具人工入仓等方法，减少了缆机干零活用时。浇筑过程中严禁摘罐钩干零活。吊零活基本安排在缆机架空前后、浇筑转仓时集中吊运。

3.4.2 仓号浇筑合理配置，仓号组织规范有序

根据单仓最大面积、单仓最小面积、复杂的孔口结构、不规则体型的岸坡坝段等不同特性，缆机入仓台数合理搭配，通过入仓缆机 7 台浇筑一仓［“3＋3”“3＋4”“4＋2”“2＋2＋2”“2＋2＋3”等组合模式（见表1)］，解决了缆机间相互干扰的问题，发挥了缆机群的最大效率。通过优化仓面工艺设计，浇筑资源标配化，浇筑组织规范化，提高浇筑强度。先后摸索出“定点卸料、条带法浇筑、无缝转仓”等特色化浇筑方法，使得浇筑强度显著提高。

表 1　　典型浇筑仓位缆机组合表

同时浇筑仓数量	平均仓面面积/m^2	缆机浇筑组合方式
一仓	1700～2000	6 台同时入仓浇筑
一仓	1900～2000	河床坝段 6 台同时入仓、岸坡坝段 7 台同时入仓
一仓	1500	5～6 台同时入仓
二仓	1500～2000	6 台“3＋3”组合、7 台“3＋4”组合和“3＋(2)＋2”组合
一仓	1500～1700	6～7 台同时入仓
二仓	1700～1800	7 台“3＋4”组合
二仓	1500～1600	6 台“3＋3”组合
二仓	1300～1400	6 台“3＋3”组合和“2＋(2)＋2”组合
一仓	1500～1900	3 台同时入仓
二仓	1200～1400	6 台“3＋3”组合
二仓	900～1300	5 台“2＋(2)＋1”组合、6 台“3＋3”组合
三仓		6 台“2＋2＋2”组合、7 台“2＋2＋3”组合
二仓	900～1000	4 台“2＋2”组合、5 台“3＋2”组合
三仓	700～800	6 台“2＋2＋2”组合、7 台“2＋2＋3”组合
二仓	500～900	4 台“2＋2”组合、5 台“3＋2”组合
三仓	500～800	6 台“2＋2＋2”组合、7 台“2＋2＋3”组合
一仓	360～600	2 台同时入仓
二仓	350～1100	3 台“2＋1”组合
三仓	350～500	3 台“1＋1＋1”组合

注　表中缆机组合栏中带括号数字表示套浇区缆机数量，例如：5 台缆机 2＋(2)＋1 组合中“(2)”表示套浇区共用 2 台缆机浇筑。

3.5 大风天气缆机运行应对措施

当风速小于等于 10.7m/s 时，缆机可正常运行。

当风速介于 10.8～13.8m/s 时，暂停金属结构大件吊装及多卡模板吊运作业，其他作业可正常进行。缆机主索间（大车）安全距离：高缆间距 12m，低缆间距 15m，高低缆间距 10m；在缆机浇筑时，吊罐和一般障碍物安全距离大于 3m，与仓面设备安全距离大于 6m，同运行范围内，存在干涉隐患的大型设备（如门机、塔机等），安全距离大于 15m。

当风速为 13.9～17.1m/s 时，缆机单动运行，暂停金属结构大件及零活吊运作业。如正在浇筑混凝土时，操作司机向现场管理人员和信号员通报大风情况，做到相互提醒，提前预防，控制缆机进仓次序，避免相邻两台缆机同进同出；在缆机浇筑时，吊罐和一般障碍物安全距离大于 8m，与仓面设备安全距离大于 10m，同运行范围内存在干涉隐患的大型设备（如门机、塔机等）安全距离大于 15m。

当风速为 17.2～20.7m/s 时，缆机单动运行，暂停金属结构大件及零活吊运作业，停止结构复杂或狭小仓面的混凝土浇筑，优化铺料的条带宽度，减小坯层厚度，仓号下料为定点式下料。

当风速大于 20.8m/s 时，立即停止一切作业，缆机进入避险状态，并按规定的应急响应机制及安全措施做好应急避险工作。将大钩与吊罐升至上限位，关闭夹轨器，并用防风铁鞋做好停机处理，人员进行避风。

3.6 缆机运行智能技术应用

3.6.1 智能监控及控制系统应用

以大坝智能化建设平台（iDam）为基础，将缆机运行管理完全纳入该平台构架内，并同步开发缆机运行智能监控系统和缆机自动化控制系统，达到缆机运行过程实时监控、统计与分析，提高缆机运行安全管理水平，实现科学高效调度，及时预警，充分发挥缆机的运行效率。

3.6.2 目标位置设定系统应用

为保证缆机不发生碰撞，安全运行，防止操作司机误操作，同时提高缆机浇筑效率，在缆机司机室人机界

面工控机操作系统中增设“目标位置设定”系统。当缆机浇筑时，由对应仓号首罐对位参数为依据，设置提升、牵引目标位置数据。设定完成后，将缆机限定在设定数据范围内运行，超出范围将强制保护，有效防范因误操作造成的安全事故。

3.6.3 防碰撞安全管理系统应用

为保证缆机安全运行，防止缆机与坝基塔机设备发生碰撞，在缆机操作系统中增设“防碰撞安全管理系统”。通过GPS采集各塔机设备静态和动态数据，各缆机服务器将收集到的数据进行实时计算和分析。当缆机与塔机之间出现碰创风险预警时，安装在塔机司机室内的触摸屏发出声光报警，同时缆机司机室内也发出报警，并自动控制缆机减速或停机，有效防止了缆机与各塔机发生碰撞事件的发生。

3.6.4 GPS定位仪系统应用

为保证白鹤滩缆机群在大风天气下的安全运行，开展缆机安全运行大风复核性试验，在缆机吊钩安装测风仪及GPS定位仪系统的帮助下，实时收集大风天气缆机运行轨迹及相关数据，研究大风天气缆机在各工况下的运行情况及吊罐摆幅情况。

3.7 白鹤滩缆机群管理成果

白鹤滩缆机群运行管理从队伍培养、制度完善、组织协调、运行规划、应对措施、智能技术应用等方面不断创新、完善，保证了缆机运行的安全、高效，并防止了特殊天气时缆机意外的发生。单台缆机混凝土浇筑强度不断提高（见表2），缆机利用率及完好率不断增强（见表3），最高日浇筑混凝土11071.5m^3，最高月浇筑混凝土295969m^3，最高年浇筑混凝土272.9万m^3，年度大坝平均上升高度达77.66m（见表4），刷新了水电行业缆索起重设备混凝土浇筑的新纪录，加快了工程进度，带来了较好的经济效益。

表2 2017—2019年度单台缆机浇筑总量汇总表

单位：m^3

年份	2017	2018	2019
1#缆机	153810	350059.5	400208
2#缆机	173757.5	360520	403655.5
3#缆机	72970.5	269271.87	422729.5

续表

年份	2017	2018	2019
4#缆机	133996	309316	288168.5
5#缆机	153871.7	376112	410468.5
6#缆机	120991	351634.5	433781
7#缆机	52196	223498	369992
合计	861592.7	2240412	2729003
年度计划	920000.81	2020000.78	2580000.34
完成率	93.65%	110.91%	105.78%

表3 2017—2019年度单台缆机利用率、完好率统计表

缆机号	2017年		2018年		2019年	
	利用率	完好率	利用率	完好率	利用率	完好率
1#缆机	59.07%	99.95%	86.37%	99.96%	89.00%	99.83%
2#缆机	66.07%	99.85%	86.28%	99.95%	88.84%	99.94%
3#缆机	54.38%	99.85%	79.68%	99.97%	87.90%	99.89%
4#缆机	53.08%	99.53%	80.73%	99.90%	88.65%	99.41%
5#缆机	64.52%	99.86%	87.21%	99.85%	89.36%	99.78%
6#缆机	59.35%	99.98%	86.77%	99.94%	89.29%	99.98%
7#缆机	47.16%	99.95%	77.78%	99.98%	86.86%	100.00%

表4 2017—2019年度大坝平均上升高度

年份	2017	2018	2019
坝体平均升高/m	35.27	64.03	77.66

4 结语

随着科学技术的不断发展，缆机安装、运行要求也会越来越高。培养一支高素质、专业化的施工队伍是基础条件；完善成套的强有力的管理体系来保障缆机的高效安全运行，不断探讨、创兴科学的协调管理机制，是必要条件，以此两个条件为先导，充分保证缆机的完好率及利用率，为施工任务的安全、顺利完成奠定基础。通过白鹤滩缆机群运行的管理，实现了连续几年的高效率运行，总结出一套成功的管理经验，可为类似工程的施工管理提供借鉴。

特高双曲拱坝混凝土智能温控综合控制技术

李　猛　许　珍/中国水利水电第四工程局有限公司

【摘　要】 白鹤滩水电站300m级特高椭圆形双曲拱坝施工中，采取智能温控等多项温控措施，降低大坝混凝土内部温度应力，避免大坝裂缝，确保按期进行封拱，总结出一套成功的经验，为高拱坝温控施工研究提供了借鉴。

【关键词】 白鹤滩水电站　特高拱坝　智能温控　综合控制　施工技术

1　引言

水电工程特高双曲拱坝混凝土内部智能通冷水冷却、表面保温等各项温控措施，是降低大体积混凝土温度应力，避免坝体开裂，达到设计封拱灌浆温度要求而必须采取的工程技术措施。该技术措施涉及的内外部因素很多，是工程设计与研究的重要内容，也是施工管理的关键问题。我国在1955年修建第一座混凝土拱坝——响洪甸拱坝时，首次采用了预埋冷却水管，取得了不错的防裂效果。随后，周公宅拱坝、二滩水电站拱坝、锦屏一级拱坝、溪洛渡水电站拱坝等众多的大型水利水电工程的拱坝在施工中得到了广泛应用，获得了较好的温控效果，避免了大坝的裂缝，保证了大坝的整体结构质量。

目前影响拱坝温度控制效果有以下几个主要因素：

(1) 不同气温、不同混凝土标号、不同浇筑温度、不同水管间距、不同的水管材质等，导致混凝土浇筑块的内部发热程度不一致，内外梯度应力不一样，要求对各浇筑块个性化控制。

(2) 同浇筑块内部温度设计要求不同，需要不同的流量控制，最好做到每组冷却支管单独控制。

(3) 人工调整通水流量操作时间长，人工采集温度和流量数据工作量大，且受主观因素以及设备运行工况影响较大。

(4) 能做到实时控制，冷却系统受工程施工传统、工程技术水平与成本的限制，难以布置足够的相关采集仪器，特别是大坝混凝土温度数据，难以做到实时动态采集。

白鹤滩水电站双曲拱坝施工中，对混凝土温控采用智能微机程序化管理，取得了较好的成果，为类似工程的施工和研究提供了借鉴。

2　工程概况

白鹤滩水电站位于金沙江下游川滇两省交界处，总装机容量16000MW，是国家“十三五”规划的重点工程，西电东送的骨干电源点之一。白鹤滩水电站拦河大坝为椭圆形混凝土双曲拱坝，坝顶高程834.00m，最大坝高289.0m，属于300m级特高型拱坝，大坝共分31个坝段，其中15～21号坝段为泄水坝段，布置有6个泄洪表孔和7个泄洪深孔；泄洪洞共3条，均布置在左岸。

白鹤滩水电站大坝混凝土浇筑采用7台缆机吊罐入仓，施工强度高，温控标准严；坝体不设纵缝，通仓薄层浇筑；拱冠坝底浇筑仓面大，建基面基岩约束强，大坝易产生贯穿裂缝。大坝混凝土内外温差易引起表面裂缝，引发劈头裂缝，影响大坝结构安全。

工程地处亚热带季风区干热河谷，冬季多风干燥，降雨稀少，大风较多；夏季炎热多雨，年内干、湿季的交替变化极其明显，昼夜温差大。施工区气候条件，对大坝混凝土施工期温控的设计与实施有较大影响。

3　白鹤滩水电站大坝混凝土温控重点及难点

(1) 坝址区平均气温普遍较高，高温持续时间长，坝体混凝土材料分为A、B、C区，混凝土标号高，胶凝材料用量大，浇筑强度高，骨料预冷降温幅度大。原材料温降工作是做好混凝土温控的首要措施。

(2) 大坝混凝土采用不设纵缝的通仓浇筑方式，单仓最大面积约 $2200m^2$，浇筑时仓面作业时间长，夏季浇筑仓面温升控制难度大，严格控制混凝土浇筑过程中的温度回升率，加快入仓速度，尽快覆盖保温是夏季混凝土温控过程控制的重点。冬季多风干燥，每年 1—5 月、11—12 月大风天气频发，防止浇筑时混凝土表面水分失水过快，是温控重点。浇筑完成后加强表面保护防止寒潮袭击，避免出现混凝土表面裂缝是混凝土施工中防护措施的关键。

(3) 坝拱冠及陡坡坝段基础约束强，允许温差小，温度控制标准要求高。基岩的约束作用明显，混凝土温降过程缓慢，内外温差引起的内部约束时间长，易产生表面裂缝并可能导致贯穿裂缝，且坝体约束区混凝土标号较高，高温季节内部温度较难控制，采取合理有效的综合温控措施，控制约束区混凝土最高温度满足设计要求并保持全过程通水冷却降温，直至接触和封拱灌浆结束，是保证大坝混凝土与大坝开裂，形成整体，防止渗漏的关键。

(4) 大坝自下而上布置导流底孔、泄洪深孔和泄洪表孔，结构复杂，施工难度较大，过孔施工时间长，且孔口坝段均视同约束区温控标准控制，内外温差控制要求严，难度大。

(5) 大坝混凝土通水冷却分为一期、中期和二期冷却三个期间，共七个阶段进行，一期冷却、中期冷却、二期冷却。一般情况下，一期冷却时间持续 21d，中期冷却时间持续不少于 69d（其中包括一次控温 19d，中冷降温 28d，二次温控 22d），二期冷却时间持续 120d（其中包括二冷降温 30d、一次控温和接缝灌浆控温 30d、二次控温 60d），共计冷却时长不小于 210d，各期通水冷却阶段互相关联、互相制约。施工过程中合理安排各期通水冷却阶段的关系，结合大坝浇筑进度、混凝土最短龄期要求及坝体最高悬臂高度，按期将坝体混凝土内部温度降低到封拱温度，保证接缝灌浆施工按期完成是本工程的重点。

4 特高拱坝大体积混凝土温控施工关键技术

4.1 技术原理

混凝土拱坝产生裂缝的影响因素十分复杂，其中一个主要原因是混凝土内外温差及内部梯度温差较大，拱坝坝体相对较薄，混凝土标号高，水泥水化热量大，受外部气温及通水水温的变化影响更加明显，同时，拱坝受到两岸坝肩及建基面的三重约束。温度变化会导致坝体内部温度拉应力变形超过混凝土允许拉伸变形，从而导致开裂，所以混凝土内部温度产生的应力是混凝土拱坝裂缝的主要原因。

外部气象条件、混凝土原材料性能、混凝土抗裂性能、混凝土配合比、胶凝材料水化热温升、大坝浇筑的工期安排、施工质量、施工工艺及坝体结构型式等，也是坝体产生裂缝的重要因素。

大坝温度控制及防裂措施主要有控制坝体内部最高温升、智能化通水冷却和大坝表面保温等综合措施。在设计坝体混凝土温控措施时，应结合本工程施工条件、水文气象、施工方案及工程特点，根据大坝混凝土技术指标、温控设计仿真计算成果、温控标准、施工工艺水平等，从混凝土配合比优化，预冷混凝土出机口温度控制，混凝土运输过程温控措施，混凝土入仓及浇筑温度控制，一期、中期、二期全过程智能测温和智能通水冷却技术，混凝土表面保护及养护等方面着手，在保证混凝土施工质量的基础上，采取有效的混凝土温度控制防裂措施，保证坝体的整体性，确保工程运行安全。

4.2 主要温控措施

白鹤滩水电站 300m 级特高拱坝混凝土温控标准高，施工期主要采取了持续优化混凝土配合比，控制拌和厂出机口温度，加强混凝土施工过程温控控制，采用智能温控系统个性化通水，依据实测数据动态调整混凝土施工方法等温度控制措施，达到了预期效果。

4.2.1 持续开展现场试验，不断优化混凝土配合比

根据大坝的浇筑进展，结合季节变化，持续跟进开展现场混凝土试验，不断优化施工配合比，保证混凝土强度、和易性等指标的同时，优化胶凝材料用量，减少水化热，降低混凝土内部温升。

4.2.2 拌制、运输过程中温控控制

加强混凝土生产系统管理，保证预冷系统制冷能力充足，确保骨料预冷至设计温度。制冷水、制冰量满足连续不间断生产温控混凝土的要求。增大骨料仓堆高并设遮阳棚，降低骨料初始温度。对水平、垂直运输设备加防雨遮阳和保温措施，减少混凝土运输时间。防止太阳直射，缩短混凝土暴晒时间，有效控制混凝土施工过程中的温度回升。

4.2.3 大坝混凝土浇筑过程管理

科学配备施工资源，施工过程中加强管理，缩短层间间歇时间，合理安排施工程序及进度，尽可能利用低温季节浇筑大坝基础、陡坡坝段、左岸垫座及坝体孔口周边混凝土；高温季节混凝土浇筑应尽量避开高温时段，利用阴天及早晚低温时段浇筑。混凝土入仓浇筑时采取仓面喷雾措施，保持仓面湿度，加强温度检测；混凝土仓面坯层下料振捣后立即覆盖保温被进行保温隔热，直至上层混凝土开始铺料时再逐步揭开。严格控制仓面坯层混凝土覆盖时间，按不超过 4h 控制；混凝土收仓后至流水养护前仓面覆盖保温，控制混凝土内部最高温升。

4.2.4 智能通水技术

严格执行拱坝混凝土全过程温度和梯度控制标准，采用智能温控通水技术，动态控制通水温度和通水时间，实现精细化、动态化的坝块温度控制；实现小温差、早冷却、缓慢冷却、连续通水控制坝体混凝土最高温升、内外温差和坝体封拱温度；同时加强混凝土内部温度监测，确保内部最高温度及降温速率、幅度符合设计要求。

智能温控通水系统技术应用可提供一种能够实时在线控制的智能温度控制方法及系统，具有实时控制、操作简单和大坝防裂好等技术优点。其主要特点如下：

（1）可建立一个独立智能远程实时、在线个性化，适合全坝段的集成温控系统和应用技术方案。

（2）突破了传统通水冷却人工控制方式和简单型通水控制方式的制约，实现了“小温差、早冷却、慢降温”的精确个性化控温模式，可大幅节省温控防裂费用。

（3）由于WEB和微信移动平台的建立，及时发布相关信息。虽进入混凝土高峰期后，仓号不断增多，海量数据累积，但仍可快速查询，系统分析，及时预警。

4.2.4.1 智能温控通水系统布置

智能温控通水系统运行、布置（见图1）。

4.2.4.2 现场设备安装、调试

根据规划提前进行现场系统硬件设备设施的安置。先铺设供水管路系统，包括冷水机组、系统供水管路、供水水包等设施。智能温控通水设备安装在坝后栈桥距离供水水包较近位置，以便于管路对接，混凝土浇筑块在施工时将引出管路接至供水水包处，最后由智能温控通水设备采用热熔焊接进行管路对接，待上述硬件设备安装完成后进行设备供电调试，测试电压及网路运行环境是否安全。

4.2.4.3 设定边界条件智能化通水

硬件设备安装完成后，在系统内进行边界条件的设定，预设特征温度曲线。系统根据设定好的边界条件调节通水流量，控制调节温度。混凝土浇筑时，在其内部埋设热交换装置（冷却水管），及时采集混凝土内部温度的数字温度计数据，数字温度计采用铠装防水装置，将数字温度计连接至智能通水设备中。仓内冷却水管垂直于水流方向布置，仓内一般采用主管进行对接，引出至智能温控设备中。待仓号浇筑完成后，全部管路闭合进行一期通水控温，控制混凝土最高温度不超出设计范围。智能温控通水系统运行图（见图2）。

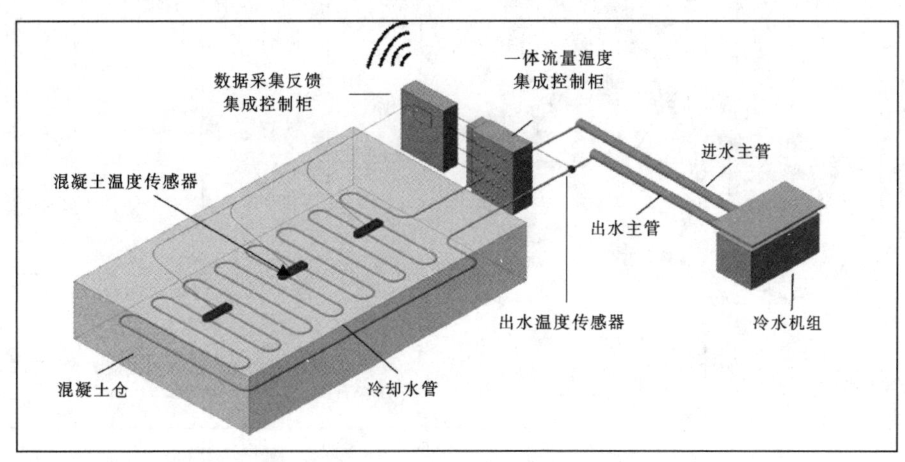

图1 智能温控通水系统运行布置示意图

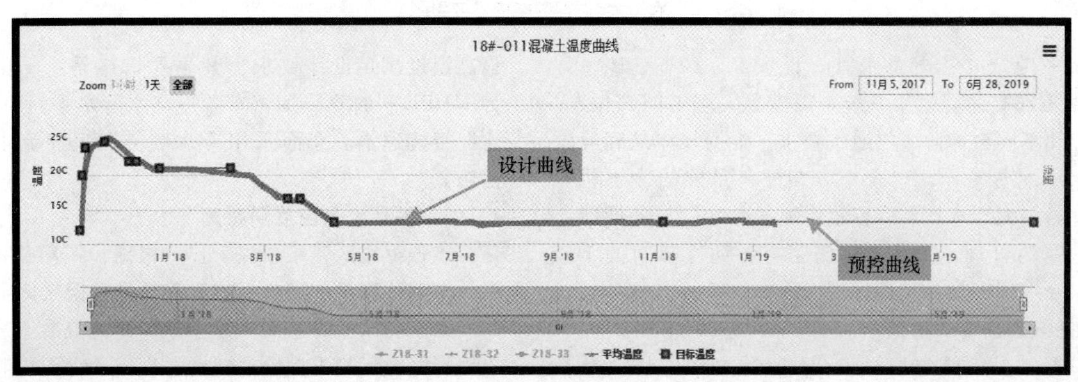

图2 智能温控通水系统运行图

通过在浇筑过程中预埋的冷却水管进行三期九阶段的全过程通水冷却。在混凝土浇筑完成后，应尽快开始一期通水冷却。一期冷却阶段是在混凝土水化热较大的前期削峰阶段，高温季节通水温度为10～12℃，低温季节通水温度为14～16℃；设置混凝土内部最高温度不超过容许最高温度后，进入一期通水冷却降温阶段；在混凝土内部温度明显下降时，根据混凝土内部温度降幅及速率动态控制通水时间。高温季节浇筑的混凝土，应按“下限水温，上限流量”通水，低温季节应按“上限水温，下限流量”通水。进入中冷控温阶段后，应结合下部接缝灌浆施工计划及温度梯度控制要求，动态控制中冷控温通水时间，并随下部灌区二冷计划安排中期冷却降温，中期冷却通水温度为14～16℃；混凝土中期冷却降温宜按灌区同拱圈同时进行，达到中期冷却目标温度后，开始中冷二次控温。

大坝混凝土温控设计曲线与系统预控曲线紧密结合，根据现场实际情况及现场试验分析结果，对最高温度控制采取低于设计目标值2℃进行提前预控，降低最高温度超标风险；一期降温，中期降温，二期降温速率均设置低于设计日降幅范围，以确保各阶段降温速率满足设计要求。

根据下部接缝灌浆施工计划、混凝土龄期及大坝悬臂高度安排混凝土二期冷却，二期冷却通水温度为8～10℃；为减小混凝土内部温度梯度，二期冷却需根据设计要求按1～2个同冷区进行，且同冷区需与拟灌区同步进行二期冷却，开始二期冷却的混凝土龄期应不小于90d，当同冷区温度达到封拱温度且龄期达到120d时，拟灌浆区允许接缝灌浆。由于接缝灌浆对混凝土龄期及大坝悬臂高度有着严格的要求，因此，一期、中期、二期冷却应结合大坝浇筑形象及接缝灌浆进度紧跟进行，保证坝体温度稳定。全过程智能控温效果（见图3）。

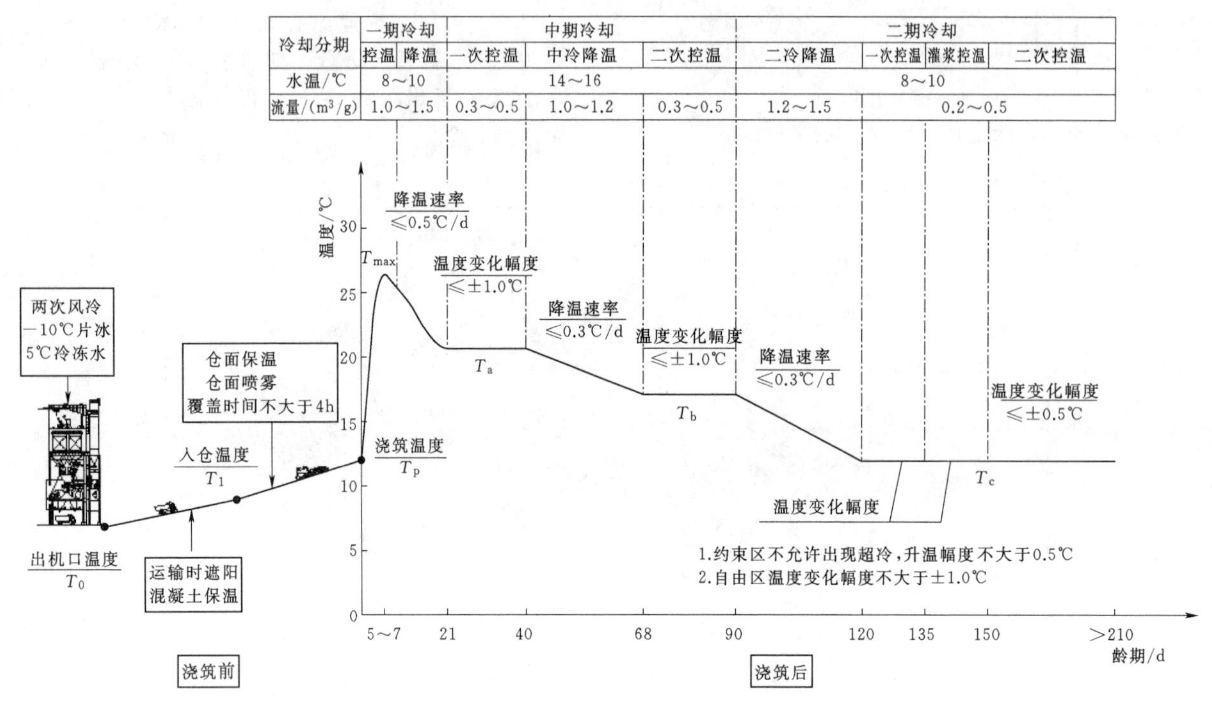

图3　全过程智能控温效果图

大坝采用全年冷却的形式，设置8～10℃、10～12℃和14～16℃多套供水系统，以满足大坝不同部位、不同季节和不同冷却阶段的通水要求。根据坝体最高峰冷却用水量配置冷水厂，合理分期配备足够的冷水机组，并适当加大冷水厂制冷容量，加强冷水厂与各期冷却供水管网的管理，减小大坝施工与各期冷却间的干扰，确保冷水厂安全稳定运行。

4.2.5　特殊部位冷却措施

孔口部位温控要求相对较严格，除合理安排浇筑时段外，可采取一系列的特殊温控措施，保证混凝土最高温度满足设计要求。其主要措施是：采用钢管代替HDPE塑料管、加密布置冷却水管水平间距、“精细化”智能通水、仓面采用冷水喷雾、表面流水养护等措施。

4.2.6　混凝土温控后期措施

加强枢纽区气象预报工作，根据长短期预报建立高温、寒潮预警机制，为坝体温控提供数据支持。

本工程区冬春季节干燥多风，新浇混凝土表面容易出现裂缝，混凝土拆模消缺后立即覆盖保温材料及时保温保湿，采取拱坝上游面喷涂4cm厚聚氨酯，下游面粘贴 3cm 厚聚苯板的方式进行全年保温。坝体横缝面拆模后立即采用 2cm 厚聚乙烯卷材进行保温，保温材料紧贴混凝土面，至相邻坝段混凝土浇筑前，才可逐步拆除。施工过程中，对孔口、廊道等部位采取整体保温材料封闭措施，防止冷空气贯穿孔口、廊道。

高温季节，对收仓后的混凝土及时养护，采取人工洒水、机具喷射、喷雾养护等措施，使混凝土表面在满足规范要求的时间内保持长时间湿润。

4.2.7 加强组织管理和制度建立

成立混凝土温控团队，专项负责混凝土温控措施的制定和实施，重点做好混凝土温度监测、数据分析，建立混凝土温度控制预警制度及混凝土层间间歇期预警制度，控制混凝土最高温度在设计容许范围内，对各坝段间歇期设专项记录，跟踪监控并及时反馈。保证所有冷却管路的畅通，做好冷却供回水管路保温工作，确保冷水机组高效运行（见图 4）。

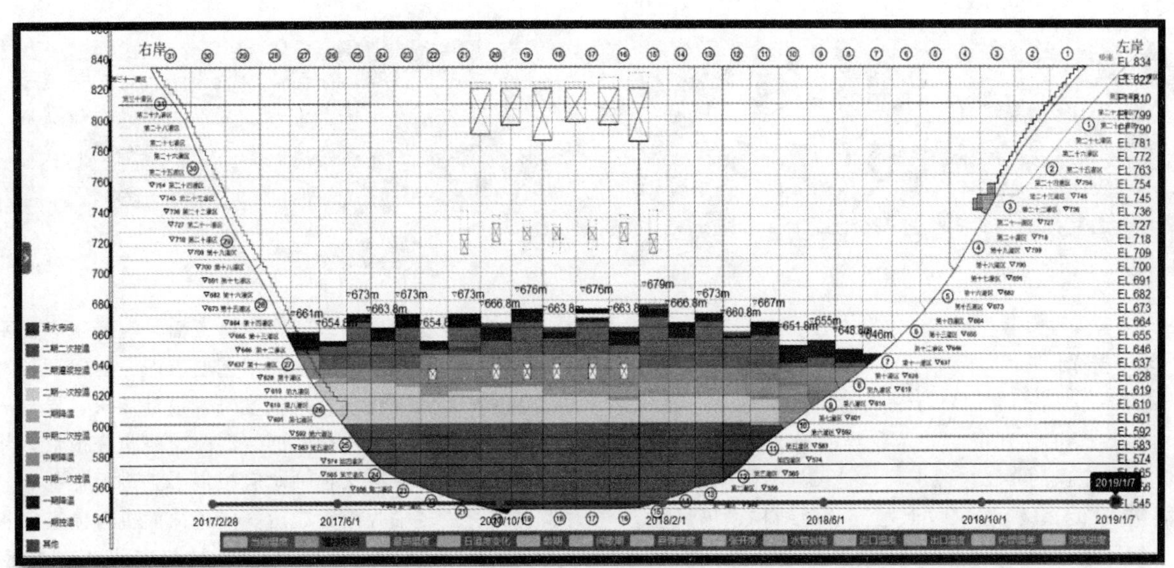

图 4 目标值控制效果图

5 结语

白鹤滩水电站特高拱坝最高坝段已施工至高程 750m，最高坝段垂直上升 205m，目前监测显示已浇筑坝体各项数据稳定，符合设计要求。结果表明通过采取提前进行坝体全面温控设计，优化混凝土配合比，通过智能温控系统个性化通水，依据实测数据反馈的温控信息，调整混凝土施工方法等综合温度控制措施，可减少混凝土内部应力，杜绝裂缝产生，可以满足特高拱坝施工前期混凝土温度控制要求，保证坝体结构的整体性。这些措施对特高拱坝的施工期温度控制研究提供了例证，可为类似工程施工提供借鉴。

白鹤滩水电站导流底孔混凝土施工技术

潘永东　高俊锋　田海洋/中国水利水电第四工程局有限公司

【摘　要】导流底孔是大坝重要的导流泄洪结构物，本文论述了该部位混凝土各工序的施工工艺，阐述了导流洞出口大牛腿混凝土预制模板、三辊轴导流洞流道底板收面、移动钢桁架抹面平台、震动刮平尺、液压爬升式模板提升等先进的施工机具，不但保证了混凝土的平整度符合设计要求，还使混凝土达到了镜面，保证了混凝土的质量，可为类似工程施工提供借鉴。

【关键词】白鹤滩水电站　导流底孔　混凝土施工　先进技术

1　工程概况

白鹤滩水电站为当今世界在建的最大水电枢纽工程，是西电东送的骨干电源工程，是长江流域防洪体系的重要组成部分，是国家“十三五”调结构、惠民生、促改革的民生项目。

金沙江白鹤滩水电站坝体导流设施由布置在高程630m的6个导流底孔组成，其中1～5号导流底孔分别布置于16～20号坝段，6号导流底孔布置于22号坝段。左岸1～3号导流底孔，分别布置于16～18号坝段，导流底孔进水口为喇叭型，其中孔顶采用椭圆曲线、孔底及侧墙均采用圆弧曲线，进口设封堵平板闸门，闸后设通气孔至高程703m廊道；孔身段为平底直线型，断面尺寸为5.5m×11.0m（宽×高），洞身不扩散，平面不偏转；出口控制断面尺寸为5.5m×10.0m（宽×高）。

由于导流底孔具有导流泄洪的重要功能，其流道流速高，磨损大，钢筋密集、异形模板多，表面平整度要求高，是历来工程施工的重点关注部位。确保其部位的质量，对工程的安全施工，顺利导流，安全度汛意义重大。

2　部位工艺特点

（1）导流底孔进口段主要包括底部圆弧段、侧墙圆弧段、顶部椭圆弧段、闸墩、胸墙及门槽部位。

（2）底孔进口底板反弧段采用翻模工艺施工，浇筑完成后在混凝土初凝前及时拆除模板，人工采用铁抹子进行压实抹光，以确保混凝土内实外光，达到镜面混凝土要求。

（3）底孔流道底板部位为过流面，混凝土表面平整度要求高，对流道区域收面工艺要求严。为保证抗冲耐磨混凝土表面高程及其平整度符合设计要求，导流底孔底板需采用三辊轴进行收面。混凝土浇筑完成后，将表面振捣密实，采用三辊轴对底板混凝土进行振捣、整平和抹光；三辊轴收面完成后，使用抹面机对流道底板表面进行压实抹光；在混凝土初凝前布设人工抹面平台（可移动式钢桁架），并由人工再次对流道底板进行压实抹光，以确保混凝土内实外光，达到镜面混凝土要求。

3　施工方法及工艺

3.1　缝面处理

水平施工缝主要采用高压水枪冲毛，冲毛枪枪嘴距混凝土面5～7cm，枪杆与缝面夹角70°～75°，局部面积较小或者钢筋密集部位及边角部位采用人工凿毛或电镐凿毛，达到了“净去浮皮，泛露粗砂，微露小石”的质量标准。

3.2　模板施工

模板共有导流底孔流道进口底槛异形模板、流道出口散钢模板，横缝液压爬升式模板、四角止水模板、流道两侧倒角模板、门槽底槛模板等模板工序的施工。

（1）导流底孔进口段模板配置：进口段模板采用翻模和2m的悬臂模板。

（2）导流底孔出口段模板配置：导流底孔出口段采用散钢模和异形模板。

（3）导流左岸大坝1～3号导流底孔出口牛腿采用

混凝土预制模板的施工方案，预制模板顶部与牛腿竖直面存在三角体，经四方研究决定出口倒角加长 11.4cm。

(4) 两侧横缝各采用悬壁模板，上游止水部位使用止水定型模板，下游止水使用散钢模+木模。

(5) 两侧横缝正常 3m 升层，流道底板按 2m 升层；避开底板 1.5m，立倒八字模板，坡比 1∶1。

3.3 钢筋制安

导流底孔进口闸门门槛预埋钢筋、进口圆弧钢筋、流道两侧侧墙预埋钢筋、流道底板钢筋、上下游抗震钢筋。钢筋安装一般要求：

(1) 钢筋安装横平竖直，上下游坝面钢筋使用钢筋间距卡。

(2) 保护层满足要求。

(3) 套筒连接规范，外露丝口不超过 2 丝。

(4) 作业人员持证上岗，焊接不咬边，饱满度和长度满足要求（单面焊长度 $L \geqslant 10d$、双面焊长度 $L \geqslant 5d$，焊缝宽度 $b \geqslant 0.7d$，厚度 $s \geqslant 0.25d$ 且≥4mm)，焊渣清理干净。

上下游抗震钢筋采用 ϕ32mm 分布筋和 ϕ36mm 立筋搭配，间距为 30cm。靠上游模板保护层为 40cm，靠横缝保护层为 50cm。随着高程拱圈线变化，钢筋根数不变，通过调整间距使其均匀。

流道底板钢筋为 3 层，断水流方向钢筋采用 ϕ32mm，顺水流方向钢筋采用 ϕ36mm，靠上游横向间距为 20cm，纵向间距为 15cm，靠下游纵横方向间距均为 20cm。

侧墙钢筋为 ϕ32mm 螺纹钢，上游间距按 15cm 控制，下游间距按 20cm 控制，靠上游为三层，靠下游为两层。两侧底部各有 3 层角筋。单仓共有钢筋 350t，门槽底槛安装完成后，施工进口段钢筋，再施工流道底板钢筋及抗震钢筋。

闸墩外侧和顶部钢筋的混凝土保护层厚度为 10cm，闸墩内侧以及流道钢筋的混凝土保护层厚度为 15cm，钢筋端头保护层厚度为 7cm；除特殊注明外，钢筋间排距均按 20cm 控制，搭接长度不小于 $35d$。

上下游抗震钢筋和流道侧墙立筋均采用间距卡控制间距，底板钢筋采用放样点控制钢筋间距。

3.4 预埋件施工

(1) 铜止水。

1) 铜止水焊接须持证上岗，专人操作。

2) 铜止水搭接的两节止水片鼻槽要对中，搭接长度不得小于 20mm。

3) 焊接接头表面应光滑、无砂眼、无裂纹、无气泡、无夹渣、无假焊、不渗水，逐个进行外观和煤油渗透检查。

4) 氯丁橡胶棒定型制作，固定牢固。

(2) 橡胶止水。

1) 橡胶止水（浆）片接头连接方式为硫化热黏结。

2) 止水（浆）片黏结时端部齐平，搭接长度不小于 20cm。

3) 施工过程做好对橡胶止水的保护。

3.5 混凝土浇筑

(1) 开仓前准备。由于底板部位具有高要求的收面质量，因此在开仓前要对防雨资源、三辊轴、抹面机、预埋件等资源投入准备充分，并且要进行联合验收。为便于现场施工，遮阳防雨棚采用底孔侧墙预埋苗子筋为支撑，使用钢管与苗子筋可靠连接，上面使用防雨布的方式进行搭设。结合已采购进场的三辊轴具体结构型式，采用槽钢 [8 和钢筋 ϕ20 作为三辊轴轨道，槽钢 [8 和钢筋 ϕ20 之间采用焊接方式固定；轨道支撑采用钢筋 ϕ32 ($L=2.0$m)，支撑钢筋与底板结构钢筋采用焊接方式固定，顺流道方向 1.5m 布置一道。

(2) 下料与振捣。由于流道部位钢筋密集，下料比较困难，因此全部采用二级配混凝土并直接下料至钢筋网，然后通过人工平仓及振捣。本仓缆机配置合理，入仓强度较高，坯层覆盖比较及时。下料后先从料堆底部开始平仓，后有序振捣，流道钢筋网下料完成后及时安排人员清理钢筋黏浆。为保证抗冲磨混凝土厚度，普通混凝土平仓后其料头距离抗冲磨设计部位不小于 60cm，抗冲磨混凝土平仓时严格控制下刀深度，严禁将普通混凝土推至抗冲磨混凝土区域。

流道底板振捣采用首先加长振捣棒拉料平仓，然后系统振捣的方式进行，施工过程中要根据混凝土入仓效率和人员施工效率，配置足够数量的振捣人员。两侧接头部位采用加长棒对称振捣，再采用 ϕ70mm 软轴棒对边墙立筋区域进行复振。

(3) 进口反弧段翻模工艺。底孔进口反弧段采用翻模工艺施工，浇筑完成后在混凝土初凝前及时拆除模板，人工采用铁抹子进行压实抹光，以确保混凝土内实外光，达到镜面混凝土要求。本仓采用一次翻模，混凝土拆模时机根据现场实际施工条件，由试验提前确定。

(4) 收面。流道底板抹面采用振捣刮尺、三辊轴、抹面机等措施进行，各设备运行过程工况良好，保证了流道整体收面质量。流道底板收面过程从上下游两侧同步开始，上游使用长振动刮尺加人工辅助收面，下游使用三辊轴与短震动刮尺加人工辅助收面。

三辊轴收面：三辊轴通电，缓慢行走，专人检查面的平整情况，多挖少补，采用前进震动，后退静滚的作业方式，不得随意踩入工作面内；振实后，料位宜高于模板顶面 5～20mm，过高时应铲除，过低时及时补料；设专人处理轴前料位的高低情况，过高时，应辅以人工铲除，轴下有间隙时，应及时找平，振动滚压完成后，应升起振动辊，再用整平轴前后静滚整平，直到平整度符合要求，表面砂浆厚度均匀为止；返浆后停止三辊轴整平，人工靠尺跟进刮平；通过抹面平台，人工进行抹面；待混凝土达到一定强度后，采用抹面机进行抹面，人工压面，抹光。

(5) 表面养护。混凝土收仓，待混凝土初凝后，仓面安装旋喷装置进行旋喷养护。施工缝面以旋喷养护为主，局部辅以人工洒水养护，直至上层混凝土开仓浇筑。

上下游坝面及牛腿闸墩侧立面模板拆除后采用钻有小孔的钢管或塑料管进行自流养护，即在直径 25mm 的塑料管上，按 100mm 的间距，钻一排 ϕ1.5～2mm 的小孔，固定在模板的下口或利用模板的爬升锥孔固定在混凝土表面上，通水后从小孔中流出的微量水流在混凝土表面形成“水膜”，保持养护面长时间湿润。

4 结语

白鹤滩水电站大坝导流洞施工中严格按混凝土施工规范和技术要求施工，大坝导流洞出口牛腿下游模板采用混凝土预制；横缝采用液压爬升式模板；大坝 1～3 号导流底孔底板施工中使用三辊轴收面，移动式钢桁架抹面平台，振动平面刮尺等先进施工机具，保证了混凝土质量，降低了施工成本，加快了施工进度，具有良好的社会和经济效益。可为类似工程提供借鉴。

椭圆型混凝土双曲拱坝铺料施工技术应用

高俊锋　贺华雄　王　辉/中国水利水电第四工程局有限公司

【摘　要】白鹤滩水电站坝区，夏季炎热多雨，秋冬季风大，气候干燥，大坝高，缆机配置多。采用标准化铺料的“条带法铺料，定点定线卸料、软着陆、楔形推进、环形铺筑，在模板或横缝边形成翘尾料头，多台机、多条带齐头并进，计算机定点安全监控”的新工艺，为加快混凝土施工速度，减少温度损失，提高混凝土的质量，确保安全施工起到了促进作用。

【关键词】白鹤滩水电站　双曲拱坝　大坝铺料　施工技术

1　工程概况

白鹤滩水电站工程为Ⅰ等大（1）型工程，以发电为主，兼顾防洪，并有拦沙、改善下游航运条件和发展库区通航等综合利用效益，是西电东送骨干电源点之一，也是构筑长江生态屏障的重要举措，与流域梯级水库群共同承担着涵养、修复长江流域生态环境的重大责任，是节能减排的生态工程。

拦河坝为椭圆型混凝土双曲拱坝，坝顶高程834.00m，最大坝高289.00m，电站正常蓄水位为825.00m，水库总库容206.27亿m^3。大坝施工所处夏季炎热多雨，秋冬季风大干燥。现场根据实际的大坝混凝土条带划分，配置了国内最大的7台单机起重能力的30t缆机群，制定了多条带同时进行混凝土铺料施工的方案。铺料施工采用“条带铺料、定点定线卸料、软着陆、楔形推进、环形铺筑、在模板或横缝边形成翘尾料头，多台机、多条带、齐头并进，计算机定点安全监控”的新工艺，保证了铺料质量，为混凝土振捣奠定了基础。其中“软着陆”有效地减少了骨料分离，避免骨料集中形成混凝土缺陷；“楔形推进”工艺可减少混凝土铺料推料次数，提高铺料效率；“环形铺筑”使浇筑作业面条理化、有序化；“多台机、多条带、齐头并进”可加快施工进度，减少温度损失；“计算机定点安全监控”可防止多台设备互相碰撞。

2　施工工艺

白鹤滩大坝混凝土铺料方法为平铺法。平铺法是混凝土入仓铺料时，将整个仓面铺满一个坯层并振捣密实后，再铺筑下一坯层，依此类推，直至按仓面设计收仓。具体下料工艺如下：

（1）仓号大面采用定点下料方式，在每台缆机入仓前提前在下料位置设置下料点标识（为红色警示墩）。

（2）首坯层或条带内的前三罐直接下至基面，其余混凝土料均实行“软着路”，下料点应设置在已浇筑的条带上，采用平仓机辅助送料，以最少铲数完成推料，推料以楔形铺筑，推料至模板周边时需翘尾料头，避免模板边形成骨料集中现象，导致在振捣过程中的困难，影响质量外观。

（3）钢筋网区域混凝土应采用从两侧卸料，人工拉料至钢筋网底部的方式，当钢筋网面积较大无法进行人工赶料时应在钢筋网上规划布置下料口，实施定点下料，下料完毕及时将钢筋网片上的黏浆清理干净。

（4）卸料时混凝土自由下落高度以不超过1.5m为宜，有水平钢筋网时不得大于1.0m，混凝土入仓下料不得冲击模板，卸料点与模板的距离保持在3.0m，竖向钢筋部位卸料时，卸料部位离开钢筋0.5～0.8m。

（5）在廊道、孔口等特殊部位下料时，两侧卸料应保持同步、均匀上升，且严禁廊道顶部等位置直接下料，需由人工填满。

（6）严禁直接在止水、冷却上引管、灌浆管路、监测仪埋等部位或已振捣与未振捣的分界线处下料。

3　工艺要点

（1）铺料方法。混凝土浇筑铺料方法为：楔形推进，条带法铺料。

（2）铺料层厚。混凝土铺料层厚，应根据混凝土允许间歇时间、仓面埋件的因素确定，一般为40～55cm

厚。铺料层厚在水平止浆带、仓内埋件等处，应做适当调整，以利于振捣密实。

(3) 铺料顺序。仓面混凝土标号、级配种类较多时，其铺料顺序应详细规划。既要减少混凝土铺料时，切换混凝土品种的次数，又要保证各种标号、级配混凝土的铺料宽度，防止错浇。一般情况下，当仓内有多种标号、级配混凝土时，宜先铺迎水面、高标号和模板附近的混凝土。

(4) 入仓设备规划。当采用两台以上的缆机浇筑仓面时，应确定各台缆机的浇筑方位和顺序，以达到铺料顺序的要求，必要时对浇筑缆机的运行方式作出限定，以确保仓内设备的安全运行。

(5) 特殊部位混凝土下料。对于仓内有止水、灌浆管路、观测仪器等不能直接下料和闸墩门槽等钢筋密集处，空间狭小、运料困难的部位，应按照相关技术要求，调整混凝土下料、平仓振捣方法。混凝土下料可采用溜槽、溜筒、人工铺料等方法。

(6) 铺料要求。

1) 以最少铲数及时完成料堆平仓。

2) 在模板周边（含廊道）推料时形成翘尾料头，避免造成骨料集中现象。

3) 铺料时禁止大小级配及高低标号混料。

4) 铺料至设计坯层厚度，铺料完成的条带应清晰，厚度均匀。

5) 提前规划平仓机运行轨迹，区域内条带推料方向应保持一致。

6) 条带铺料采用楔形端头推进，以避免大骨料集中。

(7) 混凝土入仓工艺。高拱坝混凝土浇筑一般采用缆机入仓，条带法铺料，分普通仓和钢筋密集区两种典型情况。

普通仓采用定线下料方式，即缆机在同一条带内下料时不走大车，沿仓面条带端头推进，缆机小车在左右方向运行，缆机信号工根据下料点标识直接在空中定位，待吊罐定位后实施卸料，采用平仓机辅助送料。

(8) 混凝土平仓工艺。

1) 大面平仓铺料时，每个分区（单台缆机）配置1台平仓机，每个条带规划好两个卸料点，平仓机以左右岸方向推料，原则上不允许走大车，也不应左右移动小车，推料时保证条带大小，按照“定线定点、软着陆、楔形推进”原则，同一条带内18m左右下料。

2) 事先规划平仓机吊入位置，须摆放至下料点后方，下料后可直接推料，避免在仓面行走，严禁转弯。仓内预备两条皮带，以备特殊情况时更换。

3) 分区内各条带推料方向如图1所示。

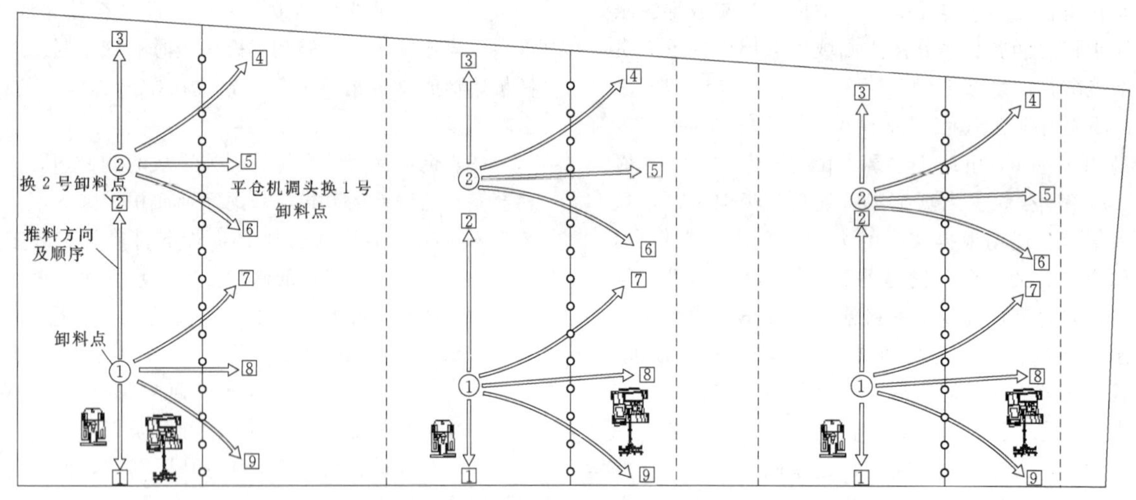

图1　分区内各条带推料方向

4) 原则上不允许平仓机在振捣完成混凝土面上行走。

5) 铺料完成的条带应清晰、整齐，条带间平顺搭接，错层搭接接头宽度大于1m。

6) 铺料厚度按照仓面设计上规定的坯层厚度控制，采用模板面、横缝面标识坯层线（贴反光条）、水平激光仪等措施控制，水平激光仪宜放置在平仓机推料的前方，每坯层铺料完成后，对坯层厚度进行检查。

7) 平仓机从料堆的边缘开始推料，每次推料以平仓机履带不打滑为原则，尽可能多地推料，以提高平仓效率。推料完成的厚度不宜小于坯层厚度。

8) 推料接近模板时，平仓机缓缓抬头，形成上翘尾料头，以其料头延伸刚接触到模板为准，以利于人工振捣时分拣集中的大骨料，禁止堆料冲击模板。

9) 每小时清理一次平仓机履带附着的混凝土，发白骨料和结块混凝土清理至仓外指定区域。

10) 平仓完成后人工将集中大骨分散至其他部位。

4 施工要求

(1) 混凝土浇筑主要表现在浇筑方式、平仓、振捣等方面，浇筑工艺直接影响着混凝土浇筑质量和浇筑强度，因此混凝土浇筑是混凝土施工最为关键的工艺。

(2) 对拱坝混凝土多台缆机入仓浇筑而言，一般采用条带法浇筑，条带法本质上也是平铺法，即浇筑完一坯层后再浇筑其上一坯层，但特点是多条带同时推进，条带宽度一般在 8～10m，条带采用楔形端头推进，以避免大骨料集中，在覆盖前，先浇条带采用保温被进行保温，以利控制浇筑温度。

(3) 单条带一般从左向右或从右向左推进，整体条带一般从上游至下游推进，待下游一台缆机浇筑至下游底边后，全部缆机统一回头，接上游相邻一台缆机的原前行位置继续浇筑，快速将先浇筑坯层端头覆盖，以确保先浇部位不初凝；条带间接头部位 1～2m 范围采用复振工艺，在条带清晰、浇筑温度受控的情况下，个别条带区域可先行覆盖。

(4) 以最少铲数及时完成料堆平仓，在模板周边（含廊道）形成翘尾料头，不同级配混凝土推到设计位置，平仓至设计坯层厚度，使混凝土条带清晰，厚度均匀。提前规划平仓机运行轨迹，区域内条带推料方向保持一致。

(5) 根据白鹤滩大坝夏季炎热多雨，秋冬季风大的气候特性和现场复杂的作业环境，采用的计算机定点安全监控（缆机防碰撞系统）能够更加精确地检测到缆机运行轨迹内干扰设备的活动轨迹，根据反馈的数据实现报警及紧急制动的目的，从而避免安全事故的发生。

5 结语

自实施条带法铺料浇筑工艺以来，通过不断创新改革，使其工艺逐步完善，浇筑质量得到有效保障，浇筑强度稳步提高，月浇筑总量和单仓浇筑强度均有大幅度提升，为年度生产计划的完成起到了积极的促进作用。

该技术在白鹤滩水电站枢纽工程实际应用过程中，提升了混凝土浇筑质量，缩短了混凝土坯层暴露时间，减少了混凝土的温度流失，避免了设备反复行走碾压混凝土和混凝土性能的流失，确保了大体积混凝土振捣的及时性和密实性，铺料工序安全有序。通过对各环节的监管、资源的合理配置，既满足了高峰浇筑强度的要求，又保证了混凝土质量。该大坝混凝土铺料浇筑技术，在小湾、溪洛渡和向家坝等水电站都进行了实践，取得了较好的成果，在白鹤滩水电站施工中通过完善创新，又有发展，通过一系列的工艺优化成熟，在混凝土卸料、铺料、振捣等方面形成了一系列相对完整成熟的浇筑工艺，大大提升了混凝土的质量水平，降低了安全风险，从而取得了安全可控、质量可观的喜人成绩。这说明大坝铺料施工采用“条带法铺料，定点定线卸料、软着陆、楔形推进、环形铺筑，在模板或横缝边形成翘尾料头，多台机、多条带齐头并进，计算机定点安全监控”的新工艺，使混凝土的铺料工序更加有序、简洁、合理，是科学高效安全可行的，具有推广价值。

碾压混凝土大坝料上坝入仓方案比选实践

王小升/中国水利水电第四工程局有限公司西南分局

【摘　要】 黄登水电站大坝高，施工工期紧，混凝土浇筑强度高，提前分析研究，确定合适的混凝土入仓方式，确保混凝土入仓的强度、连续性、可靠性，使大坝碾压混凝土在预定工期内连续均衡快速上升，是大坝技术方案的关键，也是施工管理的重点。本文通过对大坝混凝土上坝方案的对比分析，确定了科学合理的施工方案，为类似工程提供了借鉴。

【关键词】 黄登水电站　大坝碾压混凝土　上坝方案　比对实践

1　工程简介

黄登水电站大坝最大坝高 203m，混凝土量 329.6 万 m^3，其中碾压混凝土 252.0 万 m^3，为当时在建世界最高的碾压混凝土大坝，是高山峡谷区碾压混凝土重力坝代表性工程，大坝工程施工具有挑战性，建成后可提高我国碾压混凝土筑坝技术水平，在碾压混凝土大坝发展史上具有里程碑式的意义。

该水电站位于云南省兰坪县境内的营盘镇上游，坝址控制流域面积 9.19 万 km^2，多年平均流量 901m^3/s。水库正常蓄水位 1619m，总库容 15.00 亿 m^3，电站装机容量 1900MW。拦河大坝为碾压混凝土重力坝，坝顶高程 1625m，建基面最低高程 1422m，最大坝高 203m，坝顶长度 464m。大坝共分 20 个坝段，其中 1＃～7＃坝段为右岸非溢流坝段；8＃～11＃坝段为溢流表孔及泄洪放空底孔坝段；12＃～15＃坝段为河中非溢流坝段，其中 14＃坝段为转折坝段；16＃～19＃坝段为进水口坝段；20＃坝段为左岸非溢流坝段。大坝设计三维图见图 1。

该电站 2014 年 10 月中旬开始坝基开挖，2015 年 4 月开始大坝首仓混凝土浇筑，2017 年 11 月实现下闸蓄水，2018 年 4 月 11 日全线封顶，2018 年 5 月 31 日溢流表孔闸门安装完成，实际共计完成大坝混凝土浇筑 329.64 万 m^3，其中常态混凝土为 77.58 万 m^3，碾压混凝土为 252.06 万 m^3，顺利实现 2018 年 7 月首台机的发电目标，2018 年 10 月蓄水至正常蓄水位，2018 年 12 月底 4 台机组全部发电，整个大坝施工满足合同工期要求。

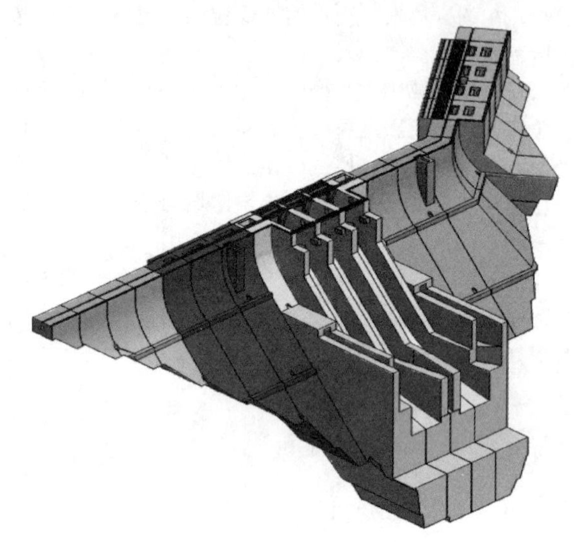

图 1　大坝设计三维图

2　大坝碾压混凝土施工上坝方案比选

黄登水电站枢纽工程规模大，地面建筑物较多，布置复杂紧凑，施工相互干扰大。工程地处高山峡谷地区，坝体两岸边坡高陡，可供利用的场地有限，道路设置、大型临建设施、施工设备等布置困难。入仓布置方案应考虑的因素多，难度大。

大坝坝顶长 464m，顶宽 12m，最大坝高 203m，最大底宽 160m，划分为 20 个坝段，坝体设计混凝土总量 351 万 m^3，其中坝体碾压混凝土 262 万 m^3，坝体常态混凝土 89 万 m^3，工期紧，强度高，不合适的混凝土入仓方式对大坝工期影响较大；合理选择碾压混凝土入仓方式，确保大坝碾压混凝土在预定工期内连续均衡快速上升，确保混凝土入仓上坝的强度，使其工艺布置连续、安全、可靠性地覆盖整个坝面，是大坝施工需要提前分析研究确定的关键问题。

本文对黄登大坝碾压混凝土的顶升式皮带机方案、塔带机方案、满管＋皮带机方案进行了比选研究，三种方案比对如下。

2.1 方案1：顶升皮带机为主方案

碾压混凝土入仓方式选用以自卸汽车直接入仓、顶升高速皮带机＋仓面自卸车、顶升高速皮带机＋倒料皮带机＋仓面自卸车、自卸车＋满管＋仓面自卸车，缆机吊立罐入仓的综合入仓方式。

在高程1474.5m以下利用下游围堰至基坑临时施工道路采用自卸车直接入仓浇筑；同时在右岸5＃坝段高程1526.0m部位布置3套800mm方满管（由右岸上游低线公路自卸车供料）作为高程1510.5m以下碾压混凝土入仓辅助补充设施；高程1474.5～1495.5m采用布置在右岸6＃坝段和13＃坝段坝后高程1500.0m部位的2套800mm方满管（左岸3套、右岸2套，共5套）入仓施工，经左、右岸下游低线公路由自卸车供料，布置在右岸5＃坝段高程1526.0m部位3套满管辅助补充；高程1495.5～1510.5m利用左、右岸下游低线公路采用自卸车直接入仓浇筑，布置在右岸5＃坝段高程1526.0m部位3套满管辅助补充。溢流坝段和左岸非溢流坝段高程1510.5～1590.0m碾压混凝土采用布置在坝后顶升皮带机供料的方式入仓浇筑；左岸非溢流坝段高程1590.0～1612.0m碾压混凝土采用布置在进水口坝段坝后的顶升皮带机供料的方式入仓浇筑，自卸车供料；溢流坝段（8＃、11＃坝段）高程1590.0～1612.0m碾压混凝土采用缆机进行入仓浇筑施工；右岸非溢流坝段高程1510.5～1612.0m碾压混凝土先后采用布置在右岸5＃坝段高程1526.0m、4＃坝段高程1560.5m和2＃坝段高程1623.0m的满管入仓浇筑施工。

2.2 方案2：塔带机为主方案

鉴于黄登大坝碾压混凝土入仓强度高，施工工艺要求高，中标以后拟租赁三峡集团公司的2台TC2400塔带机及供料线进行大坝碾压混凝土施工，1台TC2400浇筑强度按300m^3/h考虑，2台浇筑强度为600m^3/h满足强度和工期要求，采用塔带机及供料线施工相比投标方案的优点：可以连续高效地进行碾压混凝土施工，减少自卸汽车在仓内运行的干扰和对已碾混凝土面的扰动，仓内布置简洁整齐，保证碾压混凝土的施工质量；取消了从下游围堰下基坑填筑道路入仓，可使水垫塘土石方开挖一次开挖完成，提前进行水垫塘混凝土施工。塔带机具体布置型式如下：

TB1＃塔带机布置在7＃坝段，高程1470m、坝下0＋042.00、坝横0＋156.60，施工范围为高程1420.88～1626.49m、3＃～11＃坝段；TB2＃塔带机布置在13＃坝段，高程1469m、坝下0＋042.00、坝横0＋304.49，施工范围为高程1429.00～1617.49m、10＃～17＃坝段；供料线沿甸尾拌和系统→左岸高程1560m隧洞→左岸坝后边坡→左岸水垫塘边坡→塔带机，塔带机及供料线入仓强度可达200～250m^3/h，两台套最高强度可达500m^3/h。

2.3 方案3：满管＋皮带输送机为主方案

方案3是经过多种方案综合比较后，采用坝体下部（高程1422～1483m）以自卸汽车直接入仓为主，坝体中部以满管溜槽＋汽车仓内转运入仓为主，坝体上部右岸满管溜槽＋汽车仓内转运入仓为主、左岸以皮带输送＋满管溜槽＋汽车仓内转运入仓为主，进水口坝段皮带输送＋满管溜槽＋汽车仓内转运入仓为主、以门机入仓为辅的垂直运输方式，实现了大坝混凝土浇筑均衡顺利上升；该方案为大坝实施方案，后面将详细叙述。

2.4 比选结果

综合比选以上3种方案优缺点，方案1中采用顶升式皮带机方案中节环节多，保证率低，且一次性投入和运行成本均较高，入仓手段富余度也大；方案2塔带机方案为目前先进的混凝土浇筑设备，入仓强度和可靠性均较高，主要是需要增加的投资较大，运行成本也较高，经过对塔带机方案的经济对比分析，需要增加的投资较大后放弃；方案3大坝下部以自卸车、中部以满管、上部以皮带机＋满管入仓的上坝方案作为大坝碾压混凝土的浇筑手段；该方案可靠性高、入仓强度高、运行简单，成本低，皮带输送机与满管组合比较灵活，适应性强，故黄登大坝碾压混凝土采用该方案施工。

3 混凝土生产系统

根据大坝混凝土总量以及浇筑强度，混凝土生产系统布置有2个，分别是在大坝下游低高程的甸尾混凝土生产系统和大坝上游高高程的梅冲河混凝土生产系统。

甸尾混凝土生产系统位于坝址下游左岸甸尾附近的进场公路内侧，场地高程1513～1555m，配置HL360-2S6000L型强制式搅拌楼2座，系统主要担负本工程常态混凝土约10万m^3、碾压混凝土约226万m^{3}混凝土生产任务，按预冷碾压混凝土最低出机口温度12℃，生产能力600m^3/h，折合月强度为20万m^3，预冷常态混凝土最低出机口温度10℃，生产能力300m^3/h的要求，满足混凝土高峰月浇筑强度的需要。

梅冲河混凝土生产系统位于坝址上游梅冲河出口附近，场地高程1622～1663m。系统配置2座HL320-2S4500L型搅拌楼，每座搅拌楼常态混凝土铭牌生产能力 320m³/h，预冷混凝土铭牌生产能力 250m³/h，系统承担混凝土总量约 111 万 m³，其中碾压混凝土 48 万 m³，常态混凝土 63 万 m³，满足预冷碾压混凝土最低出机口温度 12℃，预冷常态混凝土最低出机口温度 10℃。

4 大坝碾压混凝土上坝实施方案

4.1 大坝碾压混凝土施工分区分层规划

大坝混凝土的仓面划分主要依据铺筑方式、层间间歇时间、系统规模、布置道路、入仓设备、上升速度等综合比较确定。大坝共分 11 个大区（不包含进水口坝段），混凝土升层高度以 3～6m 为主，特殊结构部位适当调整。为了保证施工强度及质量，结合资源配置，最大仓面面积控制在 8000m² 以内，每层从左到右分为 2～3 个区，采用平层通仓、薄层铺料、碾压，短间歇连续上升的施工方法。大坝混凝土按平铺法浇筑进行仓面规划，摊铺厚度按 33～35cm，压实厚度按 30cm 控制，胚层覆盖时间 4～9 月小于 5h、10 月至翌年 3 月小于 6h；碾压混凝土最大仓面面积为 8800m²，最大仓面浇筑强度 530m³/h；升层间歇时间 5～7d。

4.2 碾压混凝土入仓道路规划

碾压混凝土运输道路尽可能充分利用现有的左岸上游中线路（1550 路）、左岸坝顶公路（1625 路）、左岸下游低线公路（1500 路）；右岸坝顶公路（1625 路）、右岸上游低线公路（1528 路），右岸下游低线公路（1500 路）和下游围堰至坝基临时开挖及回填道路，最大限度地采用自卸车直接入仓的方式进行碾压混凝土浇筑。

4.3 大坝碾压混凝土入仓方式规划

大坝碾压混凝土根据入仓强度、拌和系统生产能力、运输能力、高低温层间间隔时间等，按照浇筑面积 8000 万 m² 左右为控制原则进行分区，大坝碾压混凝土主要采用自卸汽车直接入仓、满管溜槽入仓、供料皮带＋满管溜槽等入仓方式，具体规划见表 1。

表 1 大坝碾压混凝土分区及入仓方式汇总表

区号	高程/m	坝段号	最大面积/m²	混凝土量/万 m³	入仓设备	拌和系统
1	1425～1429.5	8～12	4672.0	6.08	自卸车直接入仓	甸尾
2-1	1429.5～1462	8～10	8437.0	57.88	自卸车直接入仓	甸尾＋梅冲河
2-2	1429.5～1462	11～14	7537.0			
2-3	1462～1470	7～9	5930.0			
2-4	1462～1470	10～11	7407.0			
2-5	1462～1470	12～15	4750.0			
3-1	1470～1497	7～9	7891.0	51.36	1500m、1528m 满管溜槽	甸尾
3-2	1470～1497	10～11	6509.0			
3-3	1470～1497	12～15	5817.0			
4-1	1497～1509	7～9	8048.0	28.59	自卸车直接入仓	甸尾＋梅冲河
4-2	1497～1509	10～11	6089.0			
4-3	1497～1509	12～15	7773.0			
5	1509～1537	5～15	6000/斜层	49.67	1528m、1570m 满管溜槽	甸尾＋梅冲河
6-1	1537～1560	4～7	4051.0	9.49	1625m、1560m 满管溜槽	甸尾
6-2	1537～1560	8～11	8170.0	12.17	1625m、1570m 满管溜槽＋跨孔皮带	甸尾＋梅冲河
6-3	1537～1560	12～15	6593.0	13.21	1570m 满管溜槽	甸尾＋梅冲河
7-1	1560～1612	3～9	6619.0	36.11	1615m、1625m 满管溜槽	甸尾＋梅冲河
7-2	1560～1612	10～15	7222.0			
进水口	1503～1557	16～19	2950.0	6.8	胎带机＋1560m 满管	甸尾＋梅冲河

4.4 大坝碾压混凝土入仓方案

（1）利用下游围堰左岸至基坑道路，对大坝 11＃～14＃坝段高程 1435～1475m 利用自卸汽车运输直接入仓，最大仓面面积 6872m²，平均入仓强度 450m³/h；利用该入仓道路及左右岸跨仓道路，对 7＃～10＃坝段高程 1440～1476m 采用自卸汽车供料入仓，最大仓面面积 5600m²，平均入仓强度 410m³/h；主要采用甸尾拌合系统供料为主，梅冲河拌和系统为辅。

（2）利用左岸与甸尾拌和系统连接的高程 1560m 皮带供料线加左岸坝顶 2 条 124m 长满管对大坝 10＃～15＃坝段高程 1500～1560m 进行供料入仓，最大仓面面积为 7200m²；平均入仓强度 490m³/h，2 条满管平均入仓强度 340m³/h，皮带机平均入仓强度 150m³/h，主要以梅冲河拌和系统供料为主，甸尾拌和系统供料为辅。

(3) 在左岸坝顶布置 2 条 64m 满管对大坝 10#～15#坝段高程 1560～1612m 进行供料，主要采用梅冲河拌和系统供料，甸尾拌和系统辅助供料，最大仓面面积 6900m²，平均入仓强度 435m³/h，10#～11#坝段高程 1598m 以上、12#～15#坝段高程 1612m 以上为常态混凝土，采用缆机分坝段浇筑。

(4) 右岸 1#、2#坝段提前浇筑至坝顶，布置两条 96m 长满管供料为主、缆机局部辅助的方式对大坝 3#～9#坝段高程 1528～1624m 入仓浇筑，最大仓面面积 8800m²；平均入仓强度 530m³/h，以甸尾拌和系统供料为主，梅冲河拌和系统为辅。

大坝实际形象图见图 2、图 3。

图 2 大坝右岸浇筑形象图

图 3 大坝左岸浇筑形象图

5 坝体碾压混凝土施工进度控制

大坝是控制发电工期的关键项目，2015 年 4 月开始大坝首仓混凝土浇筑，2017 年 11 月实现下闸蓄水，2018 年 4 月 11 日全线封顶，2018 年 5 月 31 日溢流表孔闸门安装完成，2015 年年底浇筑至 1470m 高程，坝体上升 48m，完成碾压混凝土 72.78 万 m³；2016 年年底浇筑至 1560m 高程，坝体上升 90m，完成碾压混凝土 140.02 万 m³；2017 年 10 月底浇筑至 1614m 高程；坝体上升 51m，完成碾压混凝土 39.26 万 m³；至此碾压混凝土基本全部完成。黄登水电站大坝混凝土实际完成 329.64 万 m³，其中常态混凝土为 77.58 万 m³，碾压混凝土为 252.06 万 m³，顺利实现 2018 年 7 月首台发电目标，大坝混凝土按期完成。其中碾压混凝土施工自卸汽车直接入仓为 78.04 万 m³，自卸汽车＋满管溜槽入仓 92.5 万 m³，皮带机供料线入仓 79.31 万 m³，缆机辅助入仓 2.2 万 m³。历经 37 个月将大坝连续浇筑至坝顶高程，月平均上升速度 5.49m/月，月最大上升速度 7.6m/月，月平均浇筑强度 9.49 万 m³/月，高峰时段月平均浇筑强度 19 万 m³/月。大坝碾压仓共计 154 仓次，其中最大单仓面积约为 11000m²，最大入仓强度约为 530m³/h，最大单仓碾压量超过 5 万 m³，主要采用 6m 升层平层碾压施工。

6 坝体混凝土施工质量

黄登水电站自大坝 2015 年 4 月浇筑首仓混凝土，至 2018 年 4 月 11 日全线封顶，共计完成坝体碾压混凝土浇筑约 252.06 万 m³，常态混凝土为 77.58 万 m³，取样检测混凝土强度共 9732 组（其中仓面取样 360 组），混凝土全面指标检测 532 次，检测频次及结果均满足规范和设计要求；现场仓面压实度共检测 45901 次，其中二级配检测 6221 次，三级配检测 39680 次，检测结果表明：仓面压实度均不小于 98%，合格率为 100%，各级配各标号混凝土强度保证率超过 95%，达到优良标准；施工期间，现场钻芯取样检测 99 组，检测结果满足设计要求。黄登大坝碾压混凝土参建各方精心组织，层层把关，采取精细化的施工工艺、严格的质量控制措施和数字化全过程碾压监控手段，有效保证了碾压混凝土施工质量。黄登电站自 2018 年 7 月首台机组发电以来，蓄水检验表明坝体混凝土无渗水、漏水点，大坝防渗效果良好，大坝自蓄水以来，基础廊道渗水量为 9.1L/min。

大坝完成后坝后形象见图 4。

图 4 大坝完成后坝后形象

7 结语

本工程在大坝混凝土施工过程主要应用了自卸车直接入仓、满管溜槽入仓、皮带式输送机入仓、满管溜槽+皮带式输送机入仓几种方式以及几种方式的组合成功地解决了大仓面、高强度、高陡山谷中高碾压坝施工中的难题。

自卸汽车直接入仓是国内外工程常用的方法，具有灵活机动、效率高、适应性强、运输能力大和中途无须转料等特点，汽车直接入仓是最行之有效和质量最可靠的碾压混凝土入仓途径之一；本工程成功地大量应用了超长满管溜槽入仓，垂直最长达到100m，通过中间设置中转料斗、输料皮带等装置可使垂直入仓高度进一步加大，输送强度可根据需要设计满管的内径尺寸，现常用的有800mm和1000mm方管和圆管，输入能力每条可达300～500m^3/h，输送能力和强度较高；皮带式输送机入仓方式可以解决自卸车和满管不能直接入仓的部位，用皮带机可以灵活实现跨仓跨区，皮带机可以根据浇筑强度需要灵活设计皮带的带宽和带速，现常用的有带宽600mm、800mm和1000mm，带速从2.0～4.0m/s，强度从100～300m^3/h，满管和输送式皮带机具有较强的适应性和灵活性，可以按照需要灵活布置于不同的地形条件。采用的三种方式具有经济性能好、成本低、实用性强、可靠性高的特点。

实践证明，针对黄登水电站的施工特点，结合目前国内水电站碾压混凝土大坝施工的方法，最终确定的黄登水电站碾压混凝土大坝施工方案，成功地解决了高碾压混凝土坝快速、优质施工的难题，是成功可行的；施工前采用多方案比较，是必要的；通过科学的管理，采用先进的施工技术和机械装备、合理地组织和生产协调，是保证碾压混凝土施工质量、加快施工进度的前提；在保证混凝土施工质量的前提下，不断改善施工工艺、创新技术发展，取得了成功的技术成果和良好的经济效益，为碾压混凝土筑坝技术发展积累了经验，可为类似的水电工程施工提供借鉴。

装配式建筑技术在水利水电工程大体积混凝土施工中的应用

许 珍 贾忠杰/中国水利水电第四工程局有限公司

【摘 要】水电站大坝牛腿部位混凝土钢筋密密集、承载力要求高，施工期间交叉作业多，施工时间长，是安全、质量控制的重点和难点。通过对牛腿部位采用装配式预制混凝土模板代替原有钢模板现场安装施工技术，减少了交叉作业、提高了标准化作业水平，降低了施工安全风险。此项技术实现了装配式建筑技术在水利水电工程大体积混凝土施工中的应用。

【关键词】装配式建筑技术 水利水电工程 大体积混凝土

1 引言

装配式建筑的建造速度快，而且生产成本较低，在世界各地建筑工程中广泛应用，并取得了突破性进展。装配式建筑把传统建造方式中的大量现场作业转移到工厂进行，在工厂加工制作好建筑用构件和配件，经质量检验合格后，运输到建筑施工现场，通过可靠的连接方式再在现场装配安装。这种施工方法与传统的现场作业相比，工作量和复杂程度大大减小。水利水电工程混凝土大坝施工为大体积混凝土施工，装配式建筑技术应用有一定的难度。在水电站工程大坝牛腿部位，采用装配式钢桁架预制混凝土模板，是装配式建筑技术应用在水利水电工程大体积混凝土结构中的成功实践。

2 传统的牛腿施工方法存在的问题

水利水电工程导流孔、泄洪孔、坝后栈桥牛腿部位结构复杂、钢筋密集、埋件多、对承载力的要求高，是制约混凝土大坝快速上升的一个重要因素。施工过程中作业难度大，模板安拆、钢筋安装工程量大，易形成混凝土面长间歇。传统的钢模板立模浇筑牛腿，存在诸多问题。

（1）钢模板安装、拆除施工时，需要利用临时施工悬挑脚手架，工人临空面作业量大，作业人员安全风险高，且使用周转材料多，不利于安全管理及成本控制。

（2）钢模板拆除后，混凝土永久面外观质量控制难度大，拆模时间、设备对外观质量有很大影响。出现永久面质量缺陷时，缺陷处理难度大、安全风险高。钢模板每使用一次必须维护、保养一次，损伤严重的要在加工厂修复，需要周转的模板量大、运输频次高。另外，每次浇筑前需要刷脱模剂，使用脱模剂对环境有一定的影响。

（3）钢筋安装与模板安装相互交叉作业，现场作业协调难度大，施工周期长，易造成混凝土仓面成为长间歇仓面，对大体积混凝土温度控制及上下层混凝土结合非常不利，且施工作业安全风险大。

（4）采用钢模板立模浇筑时，都在现场浇筑混凝土，施工过程中不可控因素较多，不能实现混凝土浇筑标准化作业和流水作业。

（5）牛腿下游外立面部位聚苯乙烯挤塑保温板粘贴需搭设作业平台，作业人员在平台上高空作业风险高。

（6）大体积混凝土要求控制内外温差，混凝土浇筑完成后需进行表面保温，避免产生温度裂缝。而牛腿结构为倒悬体，施工难度大，且保温施工与临时脚手架拆除在时间和空间上存在干扰，不利于施工安全，也不利质量及进度控制。

3 装配式预制模板的施工

大坝施工现场作业环境复杂，预制作业场地一般规划在离大坝施工现场约 3km 范围的综合加工厂内。综合加工厂模板预制拼装场地分四个区域，分别为面板预制区、成品堆放区、模板支撑加工区、拼装区。根据不同结构尺寸的模板要求，预制混凝土面板、加工支撑件，并完成拼装，达到强度要求后适时运输到现场安装。

水电站大坝孔口部位、坝后栈桥牛腿采用装配式钢桁架预制混凝土模板。混凝土预制模板由预制钢筋混凝土面板、支撑桁架、预埋锚固件及连接件三部分组成。预制钢筋混凝土面板通过预埋型钢（I25a 工字钢）与支撑桁架焊接连接，预制模板桁架与面板上的工字钢焊接，模板整体吊装就位后调整误差，焊接首层支座板，最后将桁架与支座板焊接。混凝土模板在综合加工厂批量预制、安装，达到质量要求后，运输至施工现场，由吊车吊装至大坝孔口及栈桥部位。该预制模板安装至孔口牛腿部位后，既是构成牛腿永久面的一部分，也是现浇混凝土的模板，无须拆模，降低了施工安全风险，也解决了牛腿永久面外观质量控制难的问题。

3.1 混凝土面板

钢筋混凝土面板预制，主要使用定型台模、专用振动平台进行浇筑。定型台模面板长 5400mm、宽 2000mm，侧板高 160mm。面板台模底座、侧板和端板采用钢板焊接结构，钢板材质选用 Q345B，表面粗糙度不低于 Ra3.2。台模端板、侧板加工完成后面板原材料最小厚度不小于 13mm，底板原材料厚度不小于 8mm。混凝土浇筑前进行钢筋及型钢的安装校核，保证预制面板的安装精度。侧板与底座、端板与底座、侧板与端板之间的接合面均装橡胶密封条，避免发生漏浆现象。预制混凝土面板时，宽度方向减小 5mm，便于后期安装。预制钢模板制造精度要求见表 1。

表 1　　预制钢模板精度要求

指　　标	精度要求/mm
钢模宽度	−5
钢模长度	±0.5
钢模内腔高度（厚度）	0～+2
钢模对角线长度差	<0.5

为了保证预制混凝土面板与现浇混凝土结合密实，在预制场采用高压水枪对面板内侧结合面进行冲毛，以利预制混凝土与现浇混凝土结合。台模与振动平台相互结合来实现混凝土的振捣作业，振动平台在使用过程中，可以通过调节振动电机激振力大小使平台上物料达到理想状态。振动平台的台面与机座采用空气弹簧连接，工作时噪声低，减振效果好，具有较好的工艺性和环保性。振动平台主要由支架、台面、振动机构、减震机构等四部分组成。振动平台的减震机构主要由减震弹簧组成，可分为钢簧、橡胶弹簧、复合弹簧等。振动平台结构简单，运行可靠、重量轻、体积小、安装简便。面板混凝土采用 $C_{28}40$ 混凝土。

3.2 支撑桁架

支撑桁架主要采用角钢、钢板焊接连接，桁架钢材主要使用 Q235 钢，焊缝高度不小于 6mm。桁架制作完成后与钢筋混凝土预制面板上的工字钢焊接连接成整体。整体钢桁架预制混凝土模板见图 1。

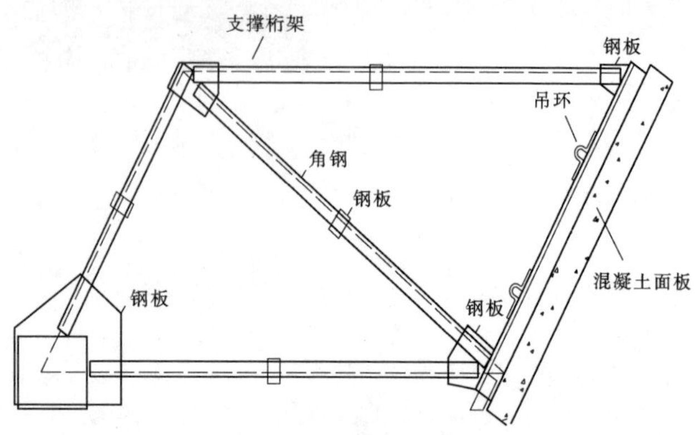

图 1　整体钢桁架预制混凝土模板

3.3 模板预制、拼装流程图

整体钢桁架预制混凝土模板的预制和拼装流程为施工准备→测量放样→模板及钢筋安装→验收→面板混凝土浇筑→拆模→养护→连接面板与支撑结构（见图 2）。

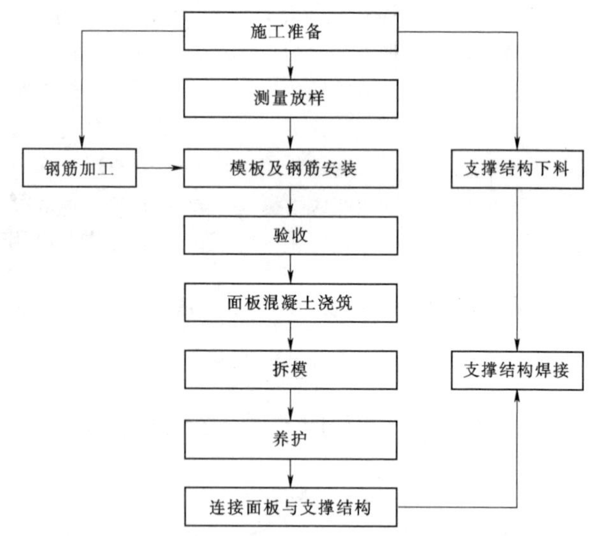

图 2　装配式钢桁架预制混凝土模板预制和拼装流程图

3.4 锚固连接件

在首层钢桁架预制混凝土模板安装过程中，与上层预埋锚固件进行焊接，焊缝高度不小于 10mm。为了实现预制模板能在现场牢固加固，保证施工安全，在先浇混凝土浇筑收面过程中，应在混凝土中预埋锚固件和连接件。在首层钢桁架预制混凝土模板安装过程中，必须与先浇层预埋锚固件进行精准连接。首层连接预埋锚固件主要包括铁板凳、钢板等，铁板凳安装前必须进行测量放点。预埋件周边混凝土浇筑过程中，安排专人使用小型振捣设备振捣，不得触碰埋件，安装位置严格按照图纸控制。桁架与预埋锚固件的连接采用焊接方式，焊缝高度不小于10mm。

3.5 运输和安装

预制模板单榀桁架制作过程中完成桁架定型加固，桁架与混凝土面板上的工字钢焊接。预埋件埋设在先浇混凝土中。预制混凝土面板达到吊装强度后，根据不同规格的预制混凝土模板采用20t或25t拖车运输至大坝施工现场。混凝土预制模板运输到现场后，在面板外侧粘贴聚苯乙烯挤塑保温板，再使用25t吊车整体吊装至模板安装位置，然后按照质量要求调整模板，最后将钢桁架与支座板焊接（见图3）。

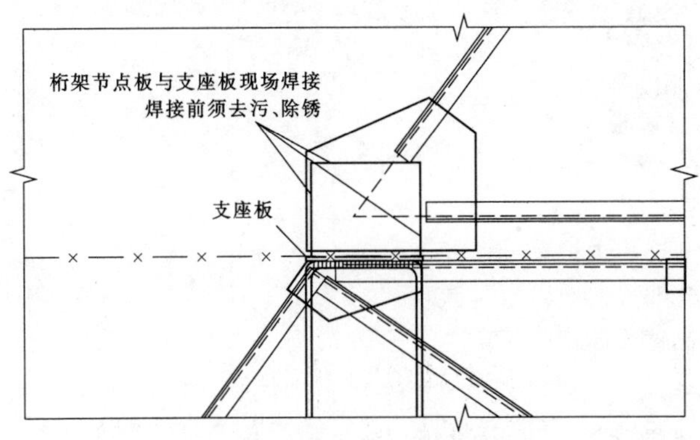

图3　钢桁架与支座板焊接细部图

4　装配式预制混凝土模板优点

（1）装配式钢桁架预制混凝土模板板面为大坝结构混凝土的一部分，钢桁架连接钢筋混凝土预制面板，钢桁架埋入牛腿混凝土内部，不需要拆模，大大降低了施工安全风险，有效提高了牛腿部位混凝土外观质量。

（2）采用装配式钢桁架预制混凝土模板后，通过综合加工厂预制、拼装，现场整体吊装的作业方式，解决了传统钢模板立模现浇施工方式中交叉作业量大、加固材料浪费大、模板损耗量大、施工周期长的问题，实现了水利水电工程大体积混凝土的标准化流水作业。

（3）牛腿部位结构复杂、钢筋密集、埋件较多，临空面混凝土预制模板在综合加工厂预制减少了临空模板安装作业量，降低了安全风险。

（4）预制混凝土模板运输至大坝施工现场后在面板外侧粘贴聚苯乙烯挤塑保温板后吊装，避免了传统施工方法粘贴聚苯乙烯挤塑保温板的高空作业风险，减少了作业平台搭设工序，有利于节约成本和控制进度。

（5）混凝土模板采用预制方式，实现了标准化作业和流水线作业，现场吊装模板，减少了传统的钢模板加固安装、临时施工悬挑脚手架搭设施工时间，避免了混凝土面长间歇的情况，有利于混凝土温度控制及上、下层混凝土可靠结合。突破了大坝牛腿部位施工进度缓慢的瓶颈，实现了水利水电工程牛腿部位优质、快速上升的目标。

5　结语

通过装配式钢桁架预制混凝土模板施工工艺在水电站工程大坝的应用，突破了装配式建筑技术在水利水电工程大体积混凝土施工中的瓶颈，实现了大体积混凝土的标准化、流程化、装配式施工方式。目前该技术在水利水电工程中应用范围较小，还需进一步研究探索装配式建筑技术在水利水电工程大体积混凝土施工中的大范围应用。

参考文献

［1］　陈云. 装配式建筑施工技术在建筑工程施工管理中的应用［J］. 建材与装饰，2020（17）：117-118.

新型全圆钢模台车在水工长隧洞混凝土施工中的应用

谢延强　李业炜　刘家宁/中国水利水电第四工程局有限公司

【摘　要】栈桥式钢模台车多成熟应用于马蹄形断面公路和铁路长隧洞工程混凝土衬砌施工中，而作为一种新型台车的自行通车栈桥全圆钢模台车是首次应用于阿尔塔什发电洞圆形水工长隧洞混凝土施工。该新型台车可以说是一种分解后的简易TBM设备，特别适合圆形水工长隧洞施工，其优点是：在不良地质段可提前发挥永久衬砌的安全保障作用；可实现边开挖、边衬砌同步平行作业，大大缩短施工工期；可满足各工况通行要求，能双向运送人员、设备和材料。

【关键词】自行通车栈桥　钢模台车　隧洞施工

1　概述

阿尔塔什水利枢纽发电洞洞身工程主要包括2条各长4.5km共9km的发电引水洞，两洞平行布置，两端相向施工，中心距50m。洞身衬砌厚度40cm和60cm，衬砌完成后断面ϕ8.5m。由于1号、2号发电洞的Ⅳ类、Ⅴ类围岩各占48.1%和50.3%，多处洞段发生疑似岩爆、突水突泥等地质问题，安全问题十分突出，并因此造成开挖支护进度滞后较多，给后期混凝土衬砌施工带来很大的工期压力。

2　钢模台车的选择

常规大中型圆形水工隧洞混凝土衬砌选用的钢模台车多为针梁式全圆钢模台车，还有先拉模衬砌底拱、后衬砌边顶拱的穿行式钢模台车。优点是应用广泛，工艺成熟。但缺点也十分突出，针梁式钢模台车不能通车通行，不能同时进行开挖支护和混凝土衬砌作业；先底拱后边顶拱穿行式钢模台车衬砌的洞轴向两条施工缝影响整体性，存在较大渗漏隐患，易形成错台且不易消除。

阿尔塔什水利枢纽作为国家兴建的172座重大水利工程项目和自治区的重点水利工程，被业内专家称为新疆的“三峡工程”，是叶尔羌河流域规划开发的重要控制性水利枢纽工程和生命工程，其重要程度不言而喻。为在保障安全的前提下，保证工程质量，确保总工期目标实现，参建各方积极作为，主动探索创新。提出了边开挖、边衬砌同步平行作业，保持安全步距理念。参建四方实地考察了陕西引汉济渭工程开挖支护与混凝土衬砌同步施工工艺，多方征询、参考借鉴了甘肃橙子沟水电站引水洞工程先衬砌边顶拱270°范围，后衬砌仰拱90°范围的施工工艺。经过几个月的不断论证、方案优化和参建各方深入细致的研究讨论及多方案技术经济比较，最终取得一致意见，采用“自行通车栈桥全圆钢模台车”衬砌工艺，以满足设计全断面衬砌的原则要求。

3　自行通车栈桥全圆钢模台车

自行通车栈桥全圆钢模台车，与常规圆形断面隧洞衬砌常用的针梁式全圆钢模台车无异，只是在它的基础上进行改良设计：一是将原不通车的针梁改为可以前后通车的栈桥，可通过总重55t的出渣车辆，栈桥的工作原理与针梁相同；二是在栈桥前部增加了一套液压履带，除了改造为自行方式，也有利于栈桥持力和自身稳定（见图1）。

4　自行通车栈桥全圆钢模台车的优势

采用自行通车栈桥全圆钢模台车，可满足阿尔塔什发电洞洞身工程施工的要求。

（1）针对阿尔塔什复杂特殊的地质条件，在不良地质段可以提前发挥永久衬砌的安全保障作用，确保施工安全和工程安全。若掌子面出现不可控的突水突泥及塌

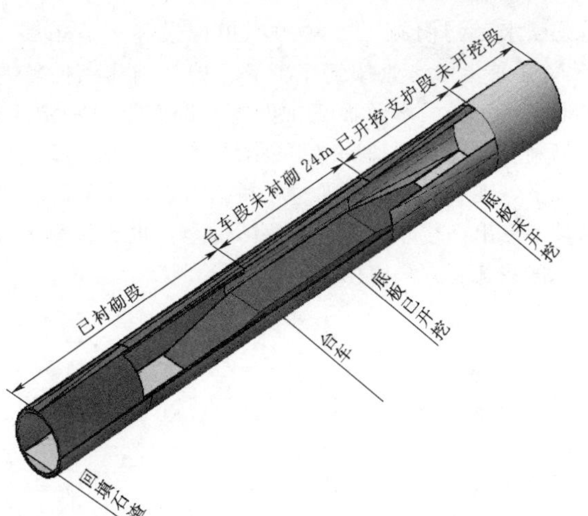

图1 自行通车栈桥全圆钢模台车衬砌示意图

方冒顶可能时，钢模台车可提前就位完成混凝土衬砌。同时，由于钢模台车可以前进，也可后退，它是抢险加固的不二之选。

(2) 满足开挖及衬砌同步施工（边开挖、边衬砌）要求，可以赶回滞后工期并有望缩短总工期。传统方法是开挖完成后再进行混凝土衬砌，而新方法是开挖与衬砌为平行作业，直线工期必将大大缩短。

(3) 在施工期能满足所有车辆的通行要求，满足隧洞各种工况连续施工的要求，即开挖支护或混凝土衬砌均可单独或者联合作业，并不互相影响。由于具备通车条件，钢筋安装时不需要将钢筋提前放置在衬砌前方，而直接通过钢模台车自身栈桥即可将钢筋提前安放在钢模台车前方，利于连续施工，克服了针梁式全圆钢模台车在前方无交通条件时无法正常衬砌，必须等到全洞贯通后才可施工，或只可倒退施工的缺点。

5 自行通车栈桥全圆钢模台车的应用和优化

5.1 钢模台车安装

自行通车栈桥全圆钢模台车单台重量达到200t以上，洞内安装用时约20d。为最大限度减少钢模台车的安装对开挖支护施工的影响，在中心距50m的2条发电洞之间，增设了垂直洞轴线、断面为4m×5m的城门洞形连通洞。

有了连通洞，两条发电洞同时开挖支护期间车辆仍可以通行，钢模台车安装期间掌子面开挖不需间断。虽然增加了连通洞本身的开挖支护和后期混凝土封堵工作量，但对工程总体进度十分有利。此外，可以不必经过可通车的钢模台车，最大限度地免除车辆通行和混凝土衬砌施工间的交叉干扰，消除了对钢筋安装人员的潜在安全风险和心理安全影响。

5.2 风筒布置改造

发电洞单条长度达4.5km，通过两端的1号和2号施工支洞进入，双向人工钻爆法掘进施工，中间无支洞。上游方向经右岸交通洞、1号施工支洞至开挖掌子面的最大通风排烟距离达3.33km，在采取边开挖、边衬砌同步平行作业后，洞内施工人员数量多出2倍以上，故采用压入式接力通风、人员集中部位风扇加强排除等方式，以解决发电洞突出的通风排烟问题。

通过沃罗宁公式进行风量计算，每个主洞工作面均选择132kW轴流调速风机配ϕ1300mm的PVC增强维纶布拉链式风筒通风。1号施工支洞开挖断面7.7m×6.4m，4个工作面4条风筒布置使空间不足，在不通风时段车辆极易挂断和刮破风筒，影响正常通风的掌子面钻爆作业，不得不将支洞内的1条ϕ1300mm风筒改为2条ϕ800mm风筒，在进入主洞后再并联到ϕ1300mm风筒。过钢模台车和前部钢筋台车部分，则分别制作了固定在台车上、直径比风筒稍大的钢风筒，布风筒穿过钢风筒自由移动，随钢筋台车和钢模台车前进可分段拆解和二次张挂，确保不影响开挖掌子面通风质量。

5.3 钢筋安装工程量大的处理

在单层和双层主筋的Ⅲ类围岩段衬砌速度已达10仓/月，但隧洞衬砌中，由于Ⅳ类、Ⅴ类围岩段单仓钢筋制安量高达50t和90t。即便是单纯完成底拱部分约1/4的工程量，还将有20t左右的钢筋安装量需突击完成，这会直接影响单仓钢筋制安速度和效率。提前安装可有效缩短单仓钢筋制安时间，但由于履带自行栈桥的长度不能太长，也不能提前安装底拱钢筋以免影响行走。钢筋未一次安装形成环状整体，增加了吊挂在边顶拱的架立筋和插筋失效带来塌落的风险，需要增加与锚杆等长插筋二次加固。

5.4 衬砌后的道路回填

圆形隧洞衬砌完成后的底拱行车存在安全隐患和重车损坏的风险。为此，为保护现浇的混凝土面，在混凝土面上二次铺设砂、砂砾石（源自洞外冲沟）及骨料形成路面。二次铺设高度60cm，以满足洞内车辆通行和错车需要。但这将影响后期底拱范围灌浆钻孔施工，且必须二次清理。清理施工可能会损坏底拱局部混凝土永久面，也会对施工期交通产生影响。

5.5 混凝土养护

在4个衬砌面每台钢模台车尾部布置一台小功率炮雾机，脱模后及时喷雾养护，并保证养护时间，以保持混凝土表面湿润。相比传统洒水养护和花管自流养护，炮雾机喷雾养护可节约用水，且由于减少了养护用水排放，有利已衬砌段回填道路维护。机械养护能节约人工费用，在洞内还有降尘化烟、改善作业人员工作环境和促进身心健康的作用。

6 结语

通过自行通车栈桥全圆钢模台车在阿尔塔什发电洞施工中的应用，虽与预期目标有不小的差距，但自行通车栈桥全圆钢模台车已经具有简易 TBM 设备的属性，也是长水工隧洞施工方法的积极探索和有益拓展。将 TBM 系统流水作业按工序分解，即在地质条件较差的圆形长水工隧洞掌子面正常开挖；距掌子面一定距离，由特制管片运输设备后续跟进对接管片，及时灌注细石混凝土，现装底拱部分通过栈桥通行，出渣期间管片运输设备退出。这样既能有效保障安全，也不影响正常通行。这些施工方法值得探索和实践。

高海拔地区大跨度空腹桁架C50混凝土配合比研究

胡宏峡/中国水利水电第四工程局有限公司勘测设计研究院

【摘　要】 青海高海拔地区日温差大，气候干燥，对C50大跨度空腹桁架混凝土而言，由于配筋率高，钢筋间距小，浇筑困难。为提高混凝土流动性，一般用水量和水泥用量都很高，易出现温度裂缝和干缩裂缝。通过精心研究、设计和试验，控制配合比水泥用量在400kg/m³以内，降低了混凝土开裂风险，并在施工中加强质控和养护，混凝土未出现明显裂缝。

【关键词】 大跨度空腹桁架 C50混凝土　温度裂缝　质量控制

1 引言

随着国家对水利基础设施建设进程的推进和建设力度的不断加大，在青海高海拔地区已建设很多重大水利工程项目，还有一些项目正在兴建或规划待建中。受高海拔地区复杂地形及地质条件的制约，一些引水工程输水线路中除明渠之外，还有暗渠、隧洞、渡槽及倒虹吸等各种结构形式。有些特殊地段的渡槽工程采用较高强度等级的大跨度空腹桁架混凝土支撑结构，比如拉西瓦灌溉工程的4号渡槽和6号渡槽、引大济湟西干渠工程4号渡槽和39号渡槽等。

青海高海拔地区日温差大，气候干燥，蒸发量大，降雨量少，冬季干冷，夏季光照时间长，气候条件恶劣。C50大跨度空腹桁架混凝土的配筋率高，钢筋间距小，浇筑就会困难。为了提高混凝土流动性，一般用水量和水泥用量都很高，受干燥、多风、高温差等恶劣气候条件的影响，混凝土结构开裂风险较大。

针对青海高海拔地区空腹桁架混凝土特点，为了满足混凝土设计要求，提高混凝土施工性能和结构抗裂耐久性，结合拉西瓦灌溉工程6号渡槽大跨度空腹桁架C50混凝土施工配合比设计，开展了相关的试验研究。

2 工程概况

拉西瓦灌溉工程位于黄河上游拉西瓦水电站大坝和李家峡水电站水库库尾之间，在黄河南岸，海拔高程为2560～2190m，属于Ⅲ等中型工程，建成后可改善并新增20.02万亩灌溉面积。拉西瓦灌溉工程6号渡槽长1130m，其中有19跨为预制吊装C50预应力大跨度空腹桁架和上承式预制吊装渡槽。空腹桁架每跨长度为39.96m，垂直高度8.65m，需配置钢筋36.2t，浇筑C50混凝土72.96m³，在桁架两头各浇筑0.3m二期混凝土，预制成型后每跨空腹桁架重量为200t左右。该项目也是在青海高原寒冷干燥地区，采用高排架大跨度拱式空腹桁架渡槽工程的先例。

3 混凝土配合比试验研究

3.1 空腹桁架混凝土特点

首先，6号渡槽空腹桁架为大跨度预应力混凝土结构，混凝土强度等级为C50，力学指标比较高，同时要具备较高的抗弯拉强度。由于预应力张拉及施工进度方面的要求，混凝土还应具有较高的早期强度。其次，每跨空腹桁架钢筋用量36.2t，需要浇筑混凝土72.96m³，钢筋体积约占到整个混凝土结构6%，配筋率高，钢筋间距很小，混凝土浇筑难度比较大，对混凝土拌合物和易性及稳定性要求很高。最后，青海高海拔地区日温差大、寒潮出现次数多，受高温差、寒冷干燥多风等恶劣环境影响，在水泥用量较高条件下，混凝土应当具有很好的抗裂性。6号渡槽空腹桁架混凝土在配合比设计过程中主要存在以下问题。

（1）一般情况下，在水泥品种确定的情况下，混凝土强度越高，需要的水泥用量越高。目前内地有很多工程采用空腹桁架混凝土结构，其C50混凝土水泥用量超过 500kg/m³，有的甚至超过 550kg/m³。但胶材用量越多，混凝土开裂风险越大。

(2) 空腹桁架配筋率高，钢筋间距小。一方面，为了提高混凝土流动性，就要采用较多的用水量。另一方面，高强度混凝土水胶比小，浆液流动性差，浆液需求相对较多，混凝土结构开裂风险也就较大。

(3) 工程所在地气候干燥，蒸发量大，寒潮出现次数多，日温差大。这些不利的环境因素都会促使混凝土出现温度裂缝和干缩裂缝，而 C50 混凝土胶材用量多、水化温升高、体积变形大，极易产生温度裂缝和干缩裂缝。

3.2 配合比设计思路

为了配制出综合性能优良的混凝土，以分析空腹桁架混凝土特点为切入点，从混凝土施工的环境条件和施工单位的施工手段为出发点，认真研究影响混凝土力学性能、抗裂耐久性和影响混凝土和易性、拌合物性能稳定性、单位用水量等主要因素，明确了以下设计思路。

(1) 对浇筑混凝土的施工环境、场地、气候条件和施工手段进行调查，作为混凝土配合比设计的基础信息资料，为混凝土拌合物性能如坍落度、保坍性、凝结时间以及个别原材料的选择提供依据。

(2) 减少骨料针片状含量，不采用棱角尖锐的粗细骨料，而采用级配合理，空隙率低的粗细骨料。

(3) 采用高效、高性能减水剂，降低混凝土单位用水量和胶材用量，提高混凝土工作性能和拌合物性能的稳定性。

(4) 空腹桁架为预应力混凝土有早强需求，配合比设计考虑不掺粉煤灰，以保证早期强度，降低徐变，减少预应力损失。

3.3 原材料选择

(1) 水泥：考虑到混凝土设计强度等级为 C50，并有早强需求，选用连山水泥有限公司 P·Ⅱ52.5 硅酸盐水泥。

(2) 骨料：使用拉西瓦灌溉工程团结砂场天然砂和人工骨料。骨料品质较好，其中细骨料细度模数 2.85，含泥量 1.3%，坚固性 3%；粗骨料含泥量 0.3%～0.4%，坚固性 3%，压碎指标 4.1%，针片状含量 7%～8%，各项性能指标均符合《水工混凝土施工规范》(SL 677—2014) 要求。

(3) 减水剂：由于需要较大幅度降低空腹桁架混凝土用水量和水泥用量，除从施工性能、强度、抗裂性等方面考虑外，还要考虑减水剂与水泥和粗细骨料的相容性，要求减水率应在 25%以上，且保坍性良好。通过与施工单位调查研究，选择西宁不冻泉建材有限公司 HA-HPC 型聚羧酸高性能减水剂，减水率测试结果为 27.9%，其他各项性能检测结果满足《水工混凝土外加剂技术规程》(DL/T 5100—2014) 的相关要求。

(4) 拌和水为贵德县生活及灌溉用水。

3.4 配合比参数选择试验

3.4.1 粗骨料最优级配试验

通过对不同级配组合的粗骨料混合后进行紧密密度对比试验，确定二级配粗骨料的最优级配为小石：中石=40：60。

3.4.2 单位用水量、砂率选择试验

试验条件：采用祁连山 P·Ⅱ52.5 硅酸盐水泥，水胶比 0.35；减水剂 HA-HPC 掺量为 0.8%～1.2%，并根据试验情况确定；混凝土级配为小石：中石=40：60。考虑到空腹桁架钢筋间距小，混凝土浇筑施工难度大，采用中低流态混凝土，控制混凝土坍落度在 9～11cm 范围内。试验结果：在混凝土和易性良好、坍落度合适的条件下，混凝土最优砂率为 34%，单位用水量 135kg/m³，减水剂 HA-HPC 最佳掺量为 0.8%。

3.4.3 水胶比与抗压强度关系

根据混凝土单位用水量、砂率、外加剂掺量选择试验的结果和混凝土设计施工特点，选择了不同水胶比进行水胶比与抗压强度关系试验。试验参数及结果见表 1。混凝土级配为二级配。

表 1　水胶比与抗压强度关系

编号	坍落度/m	水胶比	砂率/%	用水量/(kg/m³)	HA-HPC/%	容重/(kg/m³)	抗压强度/MPa		
							3d	7d	28d
KF-1	9～11	0.40	36	135	0.8	2450	35.7	43.0	51.5
KF-2	9～11	0.35	34	135	0.8	2450	39.5	47.6	57.3
KF-3	9～11	0.30	32	135	0.8	2450	46.2	55.4	66.9

根据表 1 试验参数和试验结果，混凝土抗压强度与水胶比关系拟合方程分别见式 (1)、式 (2) 和式 (3)。

$$Ry_{3d}=12.68C/W+3.763 \quad (r=0.9971) \tag{1}$$

$$Ry_{7d}=14.96C/W+5.327 \quad (r=0.9978) \tag{2}$$

$$Ry_{28d}=18.57C/W+4.770 \quad (r=0.9982) \tag{3}$$

式中　Ry_{3d}、Ry_{7d}、Ry_{28d}——混凝土 3d、7d 和 28d 龄期抗压强度；

C/W——灰水比；

r——相关系数。

3.4.4 混凝土配合比设计

从混凝土抗压强度与水胶比关系拟合方程可以看出，不同龄期混凝土抗压强度与灰水比呈线性关系，相关性较好，通过抗压强度与灰水比关系可以确定满足设计要求的混凝土水灰比。

C50混凝土强度保证率为95%，概率度系数为1.645，根据《水工混凝土施工规范》（SL 677—2014），标准差取5.5MPa，得到C50混凝土配制强度为：50＋1.645×5.5＝59.0(MPa)，根据式（3）水胶比与抗压强度关系回归方程，求得C50混凝土水胶比为0.34。根据砂率和单位用水量试验结果，得到C50混凝土单位用水量为135kg/m³，最优砂率为34%，HA-HPC减水剂最佳掺量为0.8%。初选的C50混凝土配合比及各种材料用量见表2。

表2　C50混凝土配合比

级配	坍落度/cm	水胶比	砂率/%	HA-HPC/%	材料用量/(kg/m³)						容重/(kg/m³)
					用水量	水泥	砂	粗骨料		HA-HPC	
								5～20mm	20～40mm		
二	9～11	0.34	34	0.8	135	397	648	503	754	3.18	2450

3.5 混凝土性能复核试验

3.5.1 拌合物性能复核试验结果

按照表2中的混凝土配合比，依据《水工混凝土试验规程》（SL 352—2006），拌合物性能复核情况如下：混凝土具有较好的和易性，流动性好，能够适用于小间距钢筋混凝土浇筑施工；混凝土出机坍落度为10.4cm，20min后为10.8cm，保坍性能良好，能够适应高温及干燥环境浇筑施工；混凝土容重2450kg/m³，初凝时间7h39min，终凝时间10h36min，能够满足施工要求。

3.5.2 力学性能复核试验结果

C50混凝土力学性能复核试验结果如表3所列。由表3中可以看出，混凝土28d龄期抗压强度为61.4MPa，达到了配制强度；强度发展速度较快，3d抗压强度达到设计龄期的69%，7d达到了设计龄期的83%。经过回归分析，得到混凝土强度发展系数m(%)与龄期t(d)的相关性拟合方程：

$$m=13.72\ln t+54.8 \quad (r=0.9966)$$

C50混凝土28d龄期劈裂抗拉强度试验结果为4.93MPa，约为抗压强度的1/12，断面处破坏形式以骨料拉断破坏为主，说明混凝土劈拉强度受骨料抗拉强度的限制。

表3　抗压强度和劈拉强度复合试验结果

试验项目	抗压强度			28d劈拉强度
	3d	7d	28d	
试验结果/MPa	42.2	50.9	61.4	4.93
强度发展系数/%	69	83	100	—

4 施工应用及质量抽检情况

拉西瓦灌溉工程6号渡槽C50空腹桁架预应力混凝土于2016年8月初开始浇筑施工，2017年7月底浇筑结束，冬季未施工。在施工过程中，严格按照《水工混凝土施工规范》（SL 677—2014）的相关要求进行质量控制，使用的水泥、砂石骨料和减水剂等各种原材料抽检结果均符合规范要求，从而保证了混凝土质量的稳定性。在施工过程中，监督抽检成型混凝土试件14组，检测的强度及波动情况见图1，强度统计结果见表4。可以看出，施工过程中混凝土强度波动不大，标准差2.48MPa，平均强度为54.9MPa。

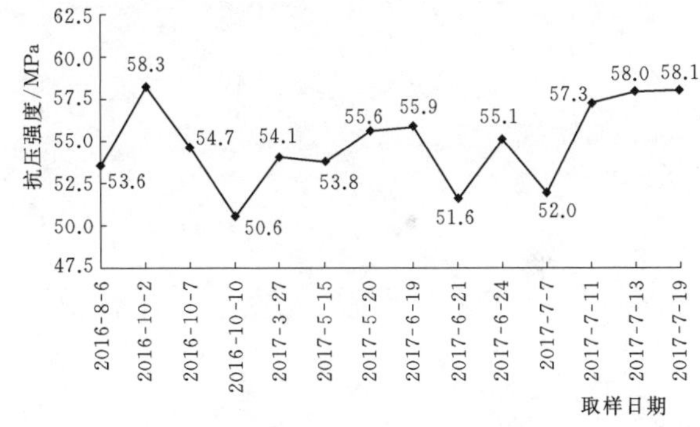

图1　抽检的混凝土强度及波动情况

表4　C50空腹桁架混凝土抽检强度统计表

设计强度 $R_{标}$/MPa	抽检组数 n/组	平均强度 R_n/MPa	最小值 R_{min}/MPa	标准差 S_n/MPa
50	14	54.9	50.6	2.48

由于C50空腹桁架混凝土28d龄期抗压强度检测组数$5<n<30$，根据表4统计结果，对抽检的混凝土强度按照《水利水电工程施工质量检验与评定规程》（SL 176—2007）进行评定，经计算：

$$R_n-0.7S_n=53.2\text{MPa}>R_{标}=50\text{MPa}$$

且 $$R_n-1.60S_n=50.9>0.83R_{标}=41.5\text{MPa}$$

判定结果符合《水利水电工程施工质量检验与评定规程》（SL 176—2007）的相关质量要求。

对混凝土劈裂抗拉强度抽检2次，检测结果分别为

4.97MPa 和 4.08MPa，平均 4.53MPa，约为混凝土平均抗压强度的 1/12，其比值与配合比验证试验结论基本一致。

在施工过程中对各环节进行严格质量控制，施工完毕后加强保温、保湿等方面养护工作，浇筑的混凝土性能指标满足设计要求，外观较好，截至目前，6 号渡槽 C50 空腹桁架混凝土结构没有发现明显开裂现象。

5 结语

(1) 空腹桁架混凝土的各项性能关系大跨度结构的安全性与稳定性，高性能混凝土必须具备良好的施工和易性、较高的力学指标和较好的抗裂性能，能够抵御西北高海拔地区日温差大、气候干燥、蒸发量大等恶劣气候条件对混凝土收缩和开裂的不利影响，以及对其他各项性能的不利影响。

(2) C50 大跨度空腹桁架混凝土由于配筋率高，钢筋间距小，浇筑困难，一般用水量和水泥用量都很高，容易出现温度裂缝和干缩裂缝。为了获得综合性能优良的施工配合比，以分析空腹桁架混凝土性能特点为出发点，选择了适应混凝土性能特点的原材料，提出了满足设计要求及施工要求的配合比。

(3) 在科学的配合比设计思想指导下，采用现代混凝土配合比设计技术，通过精心研究、设计和试验，确定的 C50 空腹桁架混凝土配合比满足设计和施工要求，水泥用量控制在 400kg/m^3 以内，只有一些类似工程的 80%左右，大大降低了混凝土结构收缩开裂的风险。

(4) 在施工过程中，严格按照相关规范要求进行质量控制，使用的水泥、砂石骨料和减水剂等各种原材料质量相对稳定，从而保证了混凝土质量稳定性。施工完毕后加强对空腹桁架结构实体的保湿和保温养护工作，使得混凝土性能指标满足设计要求，外观较好。截至目前，6 号渡槽 C50 空腹桁架混凝土结构已经过 2 年多时间，未发现明显开裂现象。

周宁电站上水库工程砂石系统设备设计及安装

廖　峰/中国水利水电第四工程局有限公司

【摘　要】砂石系统的设备主要根据系统生产任务、设计规模、生产工艺流程、主要设备生产能力等因素配置，并对关键工艺技术进行综合分析考虑。设备的安装与调整主要根据厂方的设备技术资料、现场条件及类似工程施工经验进行。本文主要总结福建周宁抽水蓄能电站砂石系统设备设计及安装情况，为类似工程提供借鉴。

【关键词】砂石系统　抽水蓄能电站

1　工程概况

周宁抽水蓄能电站位于福建省宁德市周宁县七步镇境内，电站装机容量 1200MW（4×300MW），枢纽工程主要由上水库、输水系统、地下厂房系统、地面开关站及下水库等建筑物组成。上水库工程混凝土共计约 20.5 万 m^3，喷护混凝土约 1.4 万 m^3，垫层料约 3.93 万 m^3，特殊垫层料约 0.52 万 m^3，反滤料约 0.52 万 m^3，上下库连接公路级配碎石、上库公路级配碎石等骨料约 1.50 万 m^3，总计需要生产成品骨料约 64.65 万 t。

2　砂石系统设计及安装

2.1　砂石生产系统设计

2.1.1　砂石系统设计生产能力

根据工程施工进度计划安排，混凝土高峰期月平均浇筑强度约 2.3 万 m^3/月，其中碾压混凝土强度 1.465 万 m^3/月。经设计计算砂石系统成品料生产能力应不小于 210t/h，其中人工砂生产能力 76t/h，毛料处理能力约 250t/h。

2.1.2　砂石加工系统设计

砂石加工系统设计包括总体规划、工艺流程设计、系统设备选型、系统工艺布置设计、系统供排水设计及环保设计、系统辅助设施设计等。具体情况如下。

（1）根据提供骨料的特点，设计应满足不同工况时的产品级配要求。

（2）考虑到实际生产中砂的需要量有增加的可能，砂石加工系统设计应按不低于 35％的成品砂产量确定生产工艺。

（3）砂石加工系统工艺应成熟、适用、可靠，并保证所有砂石料成品的级配和质量。生产运行功能必须与工程施工需要相适应，设备配置必须保证在整个生产期内安全可靠地运行。

（4）毛料最大粒径小于 750mm。

（5）根据料源情况，粗碎采用颚式破碎机，中碎、细碎采用圆锥破碎机破碎，制砂采用棒磨机。

（6）成品料的生产采用粗碎开路生产，中碎、细碎闭路生产采用立轴破和棒磨机配合制砂，粗骨料、常态混凝土用砂采用湿法生产，碾压混凝土用砂采用干法生产工艺。同时，对粗碎车间棒条给料机筛下料（<80mm 的料）进入洗石机清洗，以解决毛料中可能裹有泥团的问题，以保证所有半成品骨料的洁净度。

（7）根据工艺流程的需要，系统设置了粗碎加工、粗碎洗料、半成品堆场、第一筛分车间、中细碎车间、第二筛分车间、制砂车间、成品料堆、供排水及污水处理、供配电控制系统等设施。砂石系统工艺流程见图 1。

2.1.3　砂石系统技术指标和设备配置

主要技术指标如下。

（1）设计能力：系统处理能力 250t/h，系统生产能力 210t/h。

（2）粗碎车间 250t/h，第一筛分车间 450t/h，中碎车间 130t/h，细碎车间 80t/h，立轴破 200t/h，第二筛车间 375t/h，豆石筛分车间 80t/h，棒磨机制砂车间 40t/h。

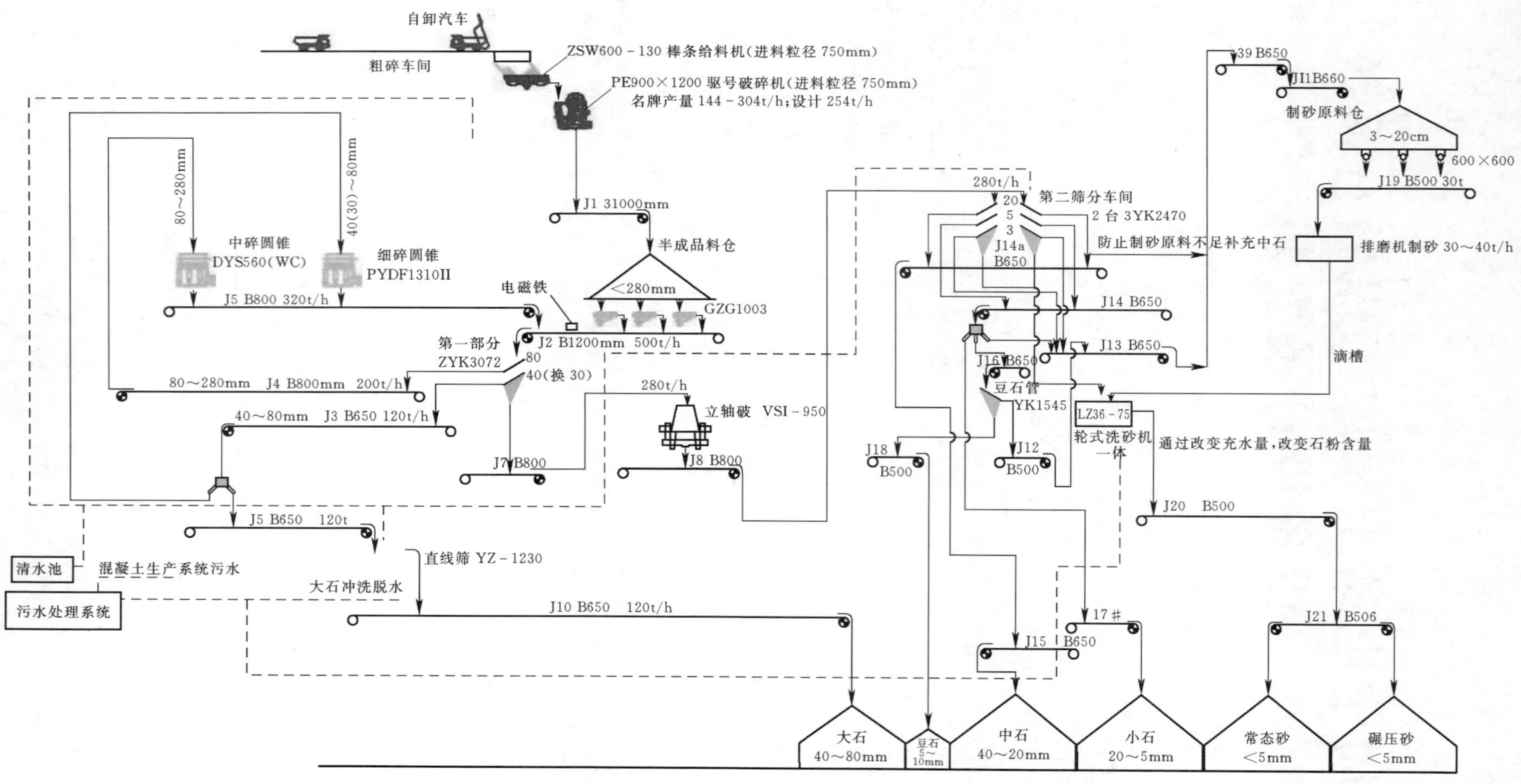

图 1 砂石系统工艺流程示意图

（3）生产能力：大石 28t/h，中石 49t/h，小石 50t/h，豆石 8t/h，常态砂 47t/h，碾压砂 29t/h。

（4）系统用水量 160t/h，污水处理能力 160t/h。

（5）系统设备电机容量 1523kW，含收尘系统供水及水处理废水处理。

主要设备配置见表 1。

表 1　　砂石系统配置设备

序号	车间名称	设备名称	型号规格	功率/kW	单位	数量	质量/t
1	粗碎车间	棒条给料机	ZSW600－130	22	台	1	7.6
2		颚式破碎机	PE900×1200	160	台	1	43
3	第一筛分车间	二层圆振动筛	2YK3072	30	台	2	8.97
4	中碎车间	圆锥破碎机	DYS560	160	台	1	21
5	细碎车间	圆锥破碎机	PYFD1310	110	台	1	24.8
6	第二筛分车间	三层筛	3YK－2470	30	台	2	15.9
7	立轴破	立轴破碎机	YSI950	123×2	台	1	18.9
8	制砂车间	棒磨机	MBZ2136	180	台	1	56
9		洗砂回收一体机	LZ36－75	60	台	1	16.6
10	大石冲洗	直线筛	YZ－1230	6	台	1	2
11	豆石筛分	单层圆振动筛	YK－1545	11	台	1	3.8

2.1.4　平面布置

砂石系统主要由粗碎车间、半成品料堆、第一筛分车间、中碎和细碎车间、第二筛分车间、制砂车间、成品料堆存场、供排水及废水处理系统、供配电系统等组成。砂石系统平面布置见图 2。

2.2　砂石系统安装

2.2.1　安装工艺流程

设备到货验收→基础埋件安装→设备机座或支架安装→设备各部件安装和调整→单机调试→空载试验→联动调试。

2.2.2　安装前准备

（1）安装前的检查。

1）对运到工地的设备部件按到货清单进行清点，检查各部件在运输过程中有无缺件、损伤，清点设备部件及技术资料是否齐全，检查设备及零部件的完整性和完好性。

2）对基础混凝土面进行检查验收，基础结构强度、完整性、预埋件尺寸和位置、埋件标高需符合要求，能够满足设备正常安装、运行，检查验收合格后方可进行安装。

3）对电机等电气设备进行检查，按要求进行检查性测试。

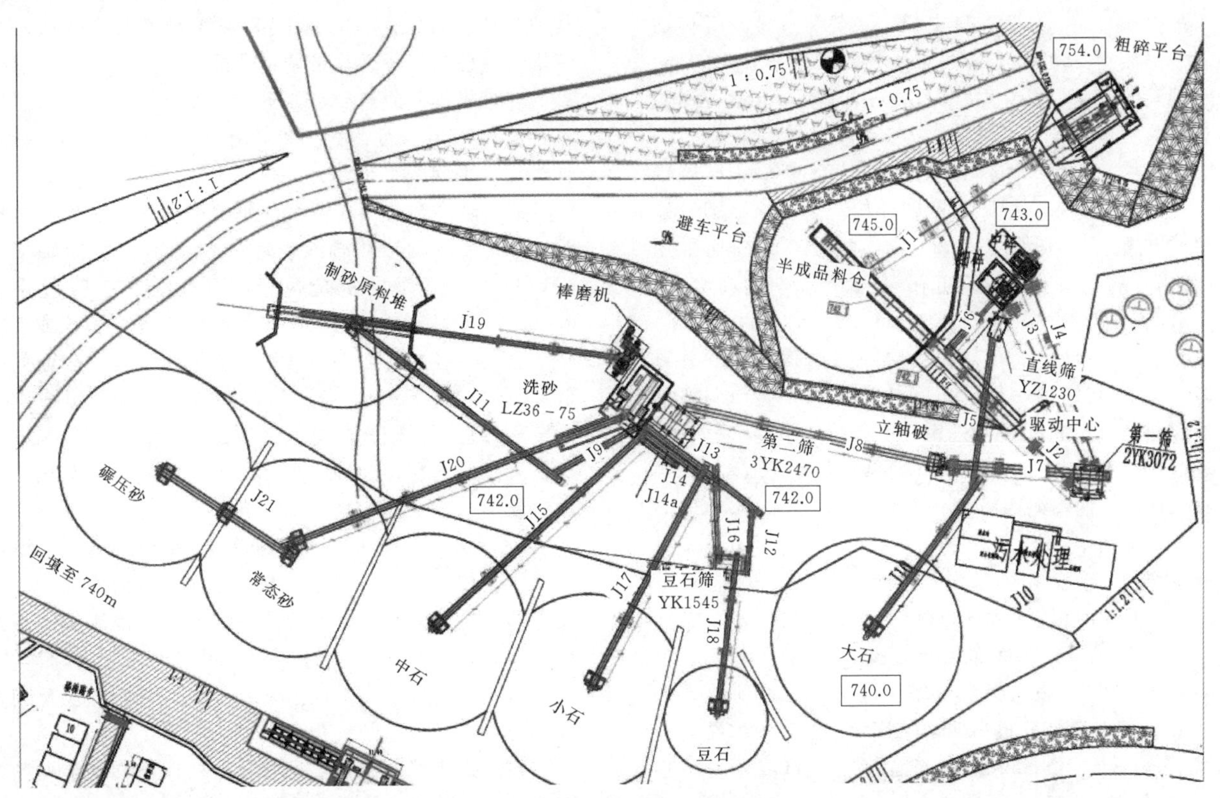

图 2　砂石系统平面布置图

4）安装前需清理装配件表面，去除锈迹及污垢，液压管道清洗后、安装前应封口保护，开式齿轮进行清洗后，涂上合适的润滑油脂加以保护。

5）对减速箱进行检查并注入规定的润滑油。

（2）设备基础定位及设置垫铁。

1）按施工图纸和有关建筑物的轴线或边缘线及标高线，准备好安装基准线、基准点。设备定位基准面、线或点对安装基准线的平面位置允许偏差为±2mm，标高允许偏差为±1mm，或按设计图纸的技术要求调整。

2）设置垫铁，垫铁是设备安装调平时采用的辅助手段，调平用的垫铁应符合安装规范。每一组垫铁按照上下厚中间薄的原则放置，要求平稳，接触良好。

3）安装后的找正、调平，需依据设备安装说明书进行检测。

4）在测量设备的直线度、平行度和同轴度时，可用专用量具测量。

2.2.3 安装施工作业方法

本系统共设有设备11台套、皮带运输机22条，吊装和安装场地比较宽敞，可满足汽车吊的站位。根据各设备的重量、外型尺寸、吊装位置，设备采用单台汽车吊吊装即可，皮带机使用两台汽车吊抬吊安装。具体作业如下。

（1）粗碎车间有ZSW600－130棒条式给料机和PE900×1200颚式破碎机2台设备。颚式破碎机动、静颚分开发货，总重43t，最大吊装重量23.6t，采用130t汽车吊分次吊装，然后吊装电机、飞轮、皮带轮等传动装置。吊装时130t汽车吊起重半径10m，杆长12.8m，额定载荷36t，可吊高度8m，用两根ϕ28mm钢丝绳四吊点吊装。其他设备部件采用25t汽车吊吊装即可。

（2）中碎、细碎车间分别布置有DYS560中碎圆锥破碎机、PYFD1310细碎圆锥破碎机。中、细碎圆锥破碎机整机重量分别为21t、24.8t，两台破碎机均采用50t汽车吊进行整机吊装，起吊半径6m，杆长10.2m，额定载荷28.5t，选用两根ϕ28mm钢丝绳四吊点吊装。

（3）第一筛分车间布置双层圆振动筛，设备总重8.97t。先安装好第一筛分车间的钢结构平台，调整加固后再进行筛分机吊装。采用25t汽车吊吊装筛分机就位，起吊半径7m，杆长15.2m，额定载荷10.2t，选用两根ϕ16mm钢丝绳四吊点吊装。

（4）立轴破碎机整机重量18.9t，采用25t汽车吊整机吊装，起吊半径4.5m，杆长8.9m，额定载荷21.35t，选用两根ϕ28mm钢丝绳四吊点吊装。

（5）第二筛分车间布置有3YK2470圆振动筛，设备重量15.9t，先安装好第二筛分车间钢结构平台，调整加固后再进行筛分机吊装，采用25t汽车吊吊装，起吊半径5m，杆长8.9m，额定载荷18.7t，选用两根ϕ24mm钢丝绳四吊点吊装。

（6）制砂车间主要设备有棒磨机、洗砂回收一体机。棒磨机总重量约56t，最重件为棒磨机筒体组件重量为25.2t。筒体组件采用130t汽车吊吊装（与颚破设备吊装同一天进行），起吊半径10m，杆长12.8m，额定载荷36t，用两根ϕ28mm钢丝绳四吊点吊装。其他部件单重最大为3.7t，使用25t汽车吊吊装。

轮斗式洗砂回收一体机总重16.6t，分为上下两部分吊装，其中最重部件为下半部分重6.7t，采用25t汽车吊吊装，起吊半径8m，杆长13.6m，额定载荷8.7t，选用两根ϕ24mm钢丝绳四吊点吊装。

（7）直线筛重量为2t，先安装好直线筛分车间的钢结构平台，调整加固后再进行直线筛吊装，采用25t汽车吊吊装。

（8）豆石筛重量为3.8t，先安装好豆石筛分车间的钢结构平台，调整加固后再进行豆石筛分机吊装，采用25t汽车吊吊装。

（9）砂石系统共配置了22条皮带输送机，在皮带机支柱安装焊接牢固后，再进行皮带机的安装。为减少高空作业，皮带机的桁架及部件都在地面组拼完成后，采用两台吊车抬吊安装，合理地分配每台吊车的荷载，并选好吊点，使皮带机桁架有一定的上拱，严禁下挠。皮带机设备吊装工艺如下。

皮带机吊装顺序：放中心线→安装机架（头部→中间架→尾架）→安装下托辊及改向滚筒→安装上托辊→拉紧装置、传动滚筒、驱动装置→安装输送带→黏结输送带接头→张紧输送带→安装清扫器、逆止器、导料槽及护罩等辅助装置（地面组拼）→抬吊安装皮带机→皮带机与立柱连接→运输带调整及试运行。

皮带机安装质量要求如下：①皮带机机架中心线偏差在任意25m长度内的直线度不大于5mm；②滚筒机轴线与水平面的平行度为滚筒轴线长度的1/1000；③滚筒轴线对输送机机架中心线的垂直度为滚筒轴线长度的2/1000；④驱动滚筒轴线与减速器低速轴的同轴交按GB 1184中10级的规定执行，两轴线的平行度小于0.4mm；⑤托辊辊子上表面保持在同一平面上，或者在一个公共半径的弧面上，其相邻3组托辊辊子表面的高低差不得超过2mm；⑥清扫器安装后，其刮板或刷子与输送带在滚筒轴方向上的接触长度不小于85%；⑦输送带采用成套黏合剂进行胶接，施工时皮带的剥层、打磨、黏结按黏结工艺执行。

（10）电气安装根据电气布线图敷设走线。根据电器接线图连接电气柜、电机等电器件之间的连线，并根据电器原理图复查，确保接线正确。要求接线头处用绝缘胶布包好，以防外露；多根线处用尼龙线扎捆扎成束；电缆线连接及布线依据电气布线图有关要求及相关标准。

系统采用接地保护作为安全保护，要求安装现场要有良好的接地保护措施，接好接地电缆，挂好各种标志牌。电机电缆的保护线、电器箱的外壳接地端子等均与主接地极做电气连接，且保护线不允许串联。如果外部电源允许接零保护，保护线 PE 与电机电缆的保护线、电器箱的外壳、设备主接地螺栓连接。

3 设备调试及试运行

3.1 皮带机调试

调整驱动滚筒和改向滚筒轴线垂直于皮带输送机中心线。调整上、下托辊轴线垂直于皮带机中心线。调整拉紧装置，使运输带具有一定张力，使之在运行时与驱动滚筒间无相对滑动现象。皮带机空载运行 20min，检查轴承、电动滚筒及其他部件有无异常现象。皮带不得跑偏，如有跑偏可调节调心托辊和尾部张紧装置。

3.2 破碎机、筛分机、洗砂机调试

（1）检查各部位紧固螺栓是否拧紧，焊缝是否符合图纸要求，各部位连接是否符合相应的技术要求。检查传动轴承等部位是否按要求加注所需要的润滑油。三角带、挠性连接器是否按要求连接好。筛分机、洗砂机手动盘车应无异常现象。检查各电机接线是否正确，绝缘及接地是否良好可靠，检查电机的转动方向是否正确。检查现场紧急停车控制是否按要求安装就位。

（2）单机试车：破碎机、筛分机、洗砂机各部件安装完毕并经上述检查后，进行空载试运转，首次运行时间不超过 15min。运行后停机检查有无异常现象，如有异常必须处理后再进行试运行。再次启动后运转时间不得小于 2h，并对各部件进行观察、检验及调整，为负载试运转作好准备，并做好试运行记录。试运行过程中，要仔细观察设备各部分的运转情况，发现问题及时调整。

3.3 系统试运行

在系统金属结构、设备及附属设施安装完毕，各部位经自检符合安装质量要求，经空载运行符合产品设计有关要求，经过初验后进行负荷试运行。

试运行程序为先部件、再组件、再部分、后全系统。

4 运行中的问题及改正措施

周宁抽水蓄能电站砂石系统经满负荷工艺运行，证明了破碎、制砂设备在生产能力及粒度要求方面均满足选型的要求。但在系统投入运行阶段出现了一些不足。

（1）个别皮带机出现皮带跑偏的现象，皮带的跑偏有以下几种情况。

1）空载时皮带在两端跑偏，原因为滚筒表面积尘太厚，由圆柱面变为回锥面。改正措施为，在容易积尘的滚筒处增设刮泥板，及时清除积尘。

2）空载时皮带在中间跑偏，原因为托轮组安装不合格或皮带接头不正。改正措施为，调整托轮组、增设防偏托轮、修整皮带接头。

3）负载运转后向一侧跑偏，原因为物料集中加于皮带的一侧。改正措施为，调整下料斗方向。

（2）颚破基础及地脚螺栓埋设安装设计不合理。颚破基础设计为混凝土廊道，廊道上部安装颚破，颚破基础廊道未设计框架结构横梁，颚破地脚螺栓预留预埋孔尺寸偏小，增加了颚破设备安装难度。

（3）洗沙一体机基础平台设计不够完美。洗砂机平台设计的排污水孔偏小，排污水孔容易被堵，污水及泥浆污染了平台，增加了平台的清洁工作量，应将平台设计成高低两个不等高程平台，并在洗沙一体机周边设计集水沟，既方便溢出的污水收集，也方便平台的清洁。

（4）皮带机机头料斗设计缺陷。在经过一段时间的运行后，部分料斗因长时间受到砂石料的撞击磨损严重。为此，对料斗进行优化改造，在料斗磨损处设置存料、兜料槽，避免砂石料直接撞击各料斗，从而延长料斗的使用寿命。

5 结语

砂石系统作为建设施工不可缺少的一部分，采取科学的、合理的设计和安装，是保证工程建设的基本保障，通过对周宁抽水蓄能电站砂石系统施工的总结，为后续的类似施工提供了更加合理的设计和正确的施工顺序，施工更加科学、合理、安全、快捷、可靠，从而节约成本。

本栏目审稿人：张志良

白鹤滩水电站拱坝特大灌区接缝灌浆施工工艺

贺华雄　孙德炳　狄正莹/中国水利水电第四工程局有限公司

【摘　要】 白鹤滩水电站大坝为椭圆型混凝土双曲拱坝，坝体设横缝不设纵缝，共有30条横缝。缝面结构采用“灌浆槽＋升浆管＋球面键槽＋排气槽”的形式，单个灌区面积最大为1000余m^2，远超出规范300m^2要求。本文介绍拱坝横缝特大灌区接缝灌浆施工工艺、施工中可能存在的主要问题和处理方法，以及在接缝灌浆中使用的创新工艺。

【关键词】 白鹤滩水电站　接缝灌浆施工工艺　灌浆槽升浆管

1　工程概述

白鹤滩水电站位于金沙江下游四川省宁南县和云南省巧家县境内，以发电为主，兼顾防洪，并有拦沙、发展库区航运和改善下游通航条件等综合利用效益，是西电东送骨干电源点之一。水库总库容206.27亿m^3。电站装机容量16000MW，多年平均发电量625.21亿kW·h，为Ⅰ等大（1）型工程。枢纽工程由拦河坝、泄洪消能建筑物和引水发电系统等主要建筑物组成。

拱坝坝顶高程834m，最大坝高289m，拱坝冠顶厚度14m，拱坝坝底厚度63.5m，共31个坝段，设30条横缝，横缝总灌浆面积约为30.2万m^2。为适应混凝土施工要求，灌区高度为9～12m。根据灌浆区面积及横缝宽度分为A型、B型灌区。灌浆区面积小于450m^2，且底线长度小于30m时，为A型单区单灌浆回路，其余灌浆区为B型单区双灌浆回路。左岸大坝1～18号横缝接缝灌浆划分为31个灌浆层，共布置393个灌区，接缝灌浆面积共185055.89m^2。

2　施工特点

（1）接缝灌浆工程量大，工期长，施工强度高。不受季节影响，可全年连续施工。适用范围广，实用性和可操作性强。

（2）缝面结构采用“灌浆槽＋升浆管＋球面键槽＋排气槽”的型式，单个灌区面积最大为1000余平方米，远超规范300m^2要求。

（3）当灌浆区面积小于450m^2且底线长度小于30m时，为A型单区单灌浆回路，即单区布置1根进浆管、1根回浆管和2根排气管；当灌浆区面积大于450m^2且底线长度大于30m时，为B型单区双灌浆回路，即单区布置2根进浆管、2根回浆管和4根排气管。

（4）拱坝混凝土浇筑要求坝体连续均匀上升，相邻坝段高差控制在12m以内，最高与最低坝块高差控制在30m以内，坝段最大悬臂高度不超过60m。接缝灌浆除顶层外，拟灌区上部设1～2个同冷区、1个过渡区和1个盖重区，合理安排混凝土通水冷却及二期冷却。

3　施工工艺

3.1　总体施工流程

灌浆管路连接安装与通试→灌浆系统检查和维护→混凝土通水冷却→闷温检查→封闭性通水检查→缺陷灌区处理→预灌性压水检查→缝面浸泡冲洗→接缝灌浆→灌后检查→冷却水管封堵。

3.2 灌前施工工序及操作流程

接缝灌浆前主要测定灌区两侧和上部各同冷区混凝土温度、测定缝面张开度，并对灌区进行通水检查、封闭性压水检查、预灌性压水检查、缝面浸泡冲洗等，然后进行接缝灌浆。

（1）混凝土温度测定。灌浆前，测定灌区缝面两侧和上部坝块的混凝土温度，通过坝体预埋温度计测量和冷却水管充水闷温法量测。测得的闷温温度结合温度计测温成果综合判定是否达到设计封拱温度，不满足要求的灌区应继续通水冷却。

预埋温度计量测：灌浆前，通过收集埋设在灌区缝面两侧和上部坝块的温度计量测混凝土温度资料，将最接近计划灌浆时间量测的温度作为该坝块混凝土温度。

冷却管通水闷温法量测：需在灌区缝面两侧和上部坝块混凝土内至少选取3～4个冷却参数相同的浇筑层同时对其进行闷水测温，闷温时间3～5d，使混凝土与管内的水充分进行热交换。

（2）横缝张开度测量。灌浆前需测量灌区缝面张开度，通过参考埋设在坝体内部的测缝计张开数据和廊道、坝后表面测缝计测量的缝面张开度测定。若灌区无测缝计，可依据塞尺（厚薄规）、刻度放大镜、混凝土测宽仪等直接量测，无法直接量测的灌区，缝面张开度可用通水测定灌区体积并反推估算确定。

（3）缝面增开度测量。在压水检查、灌浆过程中按技术要求及监理工程师指示在具备观测的缝面上布置变形观测装置，进行增开度观测。增开度监测仪器主要有测缝计或千分表，增开度控制标准按设计要求执行（缝面顶部最大增开度不大于0.5mm）。

（4）灌区通水检查。灌浆前对灌区的灌浆系统进行通水检查。通水检查包括单开式和封闭式两种，封闭性压力为设计灌浆压力的80%，主要查明灌浆管路和缝面畅通情况及灌区密封情况。

单开式通水检查主要检查灌浆管路（灌浆管、排气管等）及缝面（上游缝面和下游缝面）的畅通情况。具体做法是：从进浆管进水，通水后依次打开其他管（每次只打开1根管，其他管关闭），测定各管口的单开出水量，通过进水流量及各出水管的出水流量判断灌浆管路系统及缝面的畅通情况。管路单开流量大于30L/min，排气管单开出水量均应大于25L/min。

封闭式压水检查主要检查灌区的密封情况。从灌浆管进水，关闭出水管口，待排气管口压力达到设计压力的80%，稳定条件下测量灌区注水量，并观察外漏情况，从而查明灌区的密封性。缝面漏水量应小于15L/min，发现外漏，及时处理。

（5）预灌性压水检查。通水检查合格后，进行预灌性压水检查。压水压力等同于灌浆压力，其目的是验证封闭性压水检查和预测灌浆过程中可能发生的问题，并针对特殊情况进行分析和研究，制定相应的处理措施，是接缝灌浆前一个重要的工序。

预灌性压水需测量灌区容积，即通水前将缝面内的积水吹干，从进浆管进水开始计量到最后一个排气管出水，计算出灌区容积，然后升压至灌浆压力检查封闭情况和总漏水率。白鹤滩水电站接缝灌浆优化压水施工工艺，在灌区具备压水条件、横缝张开度良好、灌区密闭性好等情况下，现场采用封闭性通水检查后即可进行预灌性压水检查，从而在灌区较多，时间较紧情况下缩短压水总耗时。

（6）缝面浸泡冲洗。灌浆前缝面需充水浸泡24h以上，待放净或通入洁净压缩空气排除缝内积水，灌区才具备灌浆条件。

3.3 接缝灌浆作业

3.3.1 灌浆顺序

（1）接缝灌浆自下而上分层、分区进行，待下层全部灌浆完成形成拱圈条件后，才进行上层接缝灌浆。同一高程灌区应从大坝中部向两岸推进灌注。

（2）同一高程的灌区，前一个灌区灌浆结束3d后，其相邻灌区方可灌浆。若相邻的灌区已具备灌浆条件，可采用同时灌浆方式，也可采用逐区连续灌浆方式。当采用连续灌浆时，前一灌区灌浆结束后8h以内，必须开始后一灌区的灌浆，否则仍应间隔3d。

（3）若上、下灌区均已具备灌浆条件，报监理工程师审核批准后可采用连续灌浆方式，但上层灌区灌浆应在下层灌区灌浆结束后4h以内进行，否则仍应间隔7d后再进行灌浆。

3.3.2 灌浆工艺流程

单个灌区接缝灌浆施工工艺流程见图1。

3.3.3 灌浆压力及其控制

灌浆压力以灌区顶部排气槽压力作为控制值，以灌区底部进浆槽压力作为辅助控制值。

控制标准为有盖重灌区层顶（排气槽）压力为0.25～0.35MPa；无盖重灌区层顶（排气槽）压力为0.1～0.15MPa。灌浆过程中控制灌区顶部缝面增开度不超过0.5mm。缝面增开度的观测与灌浆压力同步进行，并以缝面增开度控制为主。若压力达不到设计值而缝面增开度达到了设计规定值，则应以缝面增开度为准限制灌浆压力。

灌区施灌前，邻缝必须进行通水平压，平压压力保证灌区顶部压力不超过0.2MPa。

3.3.4 浆液水灰比

接缝灌浆浆液水灰比采用2、1、0.5（重量比）三个比级，但可根据横缝张开情况调整。白鹤滩水电站的接缝灌浆，当横缝的张开度大于0.5mm以上，管路、缝面畅通性良好情况下使用0.5：1单一水灰比普通硅酸盐水泥浆液灌注；张开度在0.5mm以下，使用湿磨

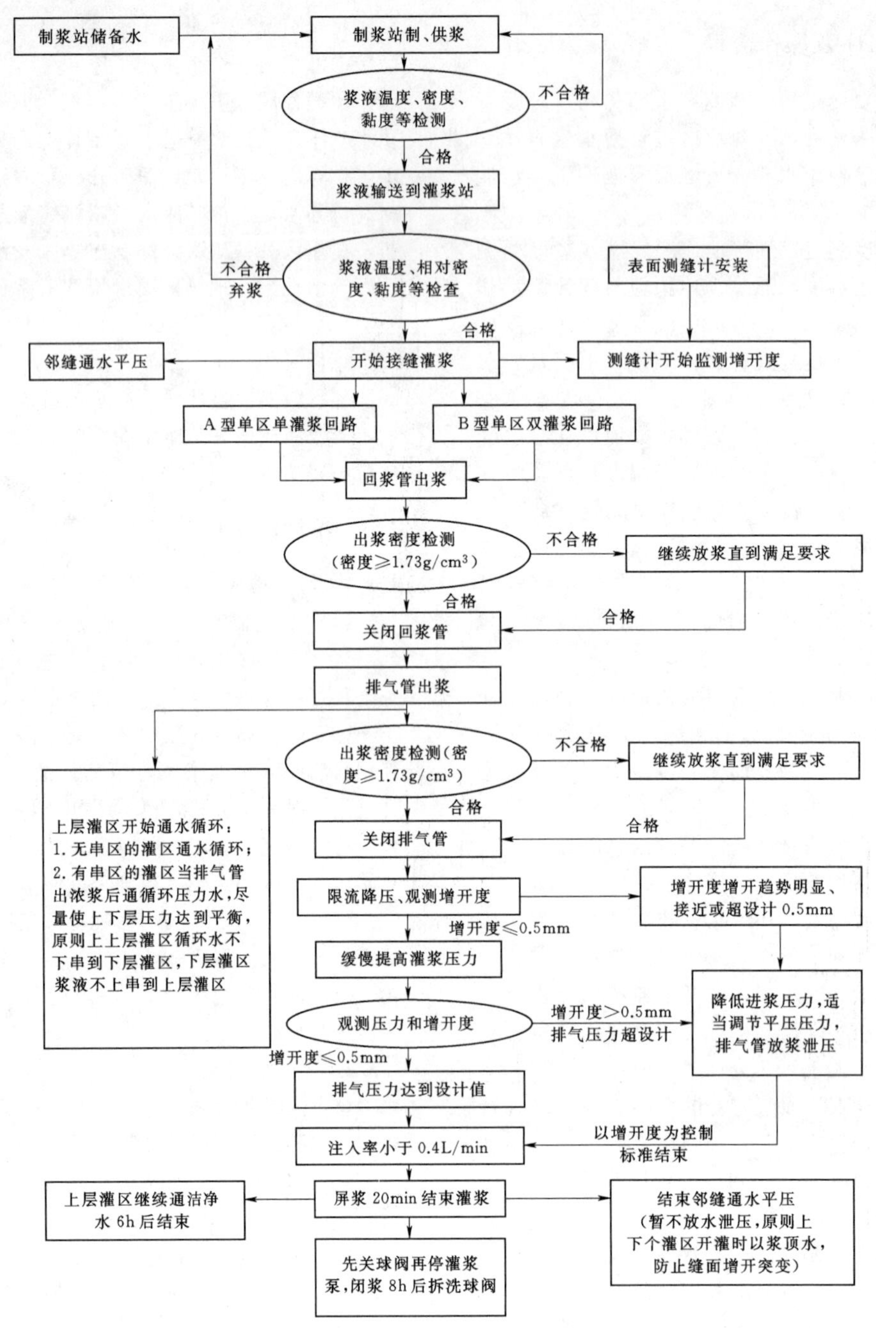

图 1　单个灌区接缝灌浆施工工艺流程图

细水泥浆液灌注，1∶1、0.5∶1 两级水灰比，并根据现场灌入理论量或排气管出浆情况进行逐级变换。

3.3.5　灌浆结束条件

当排气管排浆达到或接近最浓比级浆液，且管口压力或缝面增开度达到设计规定值，注入率不大于 0.4L/min 时，持续 20min，灌浆即可结束。结束时，先关闭管口阀门再关停灌浆泵，闭浆时间不少于 8h。

4　特殊情况处理

在接缝灌浆施工过程中，因各种原因发生特殊情况时，按以下方法进行处理。

(1) 管路堵塞处理。灌浆前若发现灌浆管路堵塞（同组），先采用压水或风水联合冲洗，力求贯通，若无效则采用钻孔等方法恢复管路畅通。灌浆时当进浆管发生堵塞，应先打开所有管口放浆，然后暂改用回浆管进浆，在控制缝面增开度限值内提高进浆压力，疏通进浆管路。若无效，可按回浆管控制灌浆压力，直至灌浆结束；当排气管出浆不畅或堵塞时，在缝面增开度限制内，适当提高进浆压力促使排浆；若无效则在灌浆结束后，立即从排气管中进行倒灌，倒灌使用最浓比级的浆液。

（2）串区的处理。同一高程的灌区相互串通采用同时灌浆方式时，应一区一泵进行灌浆。灌浆过程中应保持灌区的灌浆压力基本一致，加强通讯协调各灌区浆液的变换；同一坝段上下层灌区相互串通，若具备灌浆条件可同时灌浆，应先灌下层灌区，待上层灌区有浆液串出时，开始采用另一泵进行上层灌浆。灌浆过程中以控制上层灌浆压力为主，调节下层灌浆压力。下层灌浆应待上层开始灌注最浓比级浆液后再结束，且上、下层灌区结束相差时间控制在 1h 之内；若不具备同灌条件，应采用以下措施：当施灌灌区排气管出浓浆后，进行上层灌区通水循环，调节灌浆压力与上层灌区循环水压力，尽量使上下层压力达到平衡，原则上下层灌区浆液不串至上层灌区，上层灌区压力水不下串到下层灌区稀释浆液。并考虑增加浆液的浓度，使之自行将止浆片附近的渗漏通道堵塞，上层灌区通水循环水需保证回水洁净并继续通水 6h 后结束。

（3）灌浆中断的处理。灌浆因故中断，应短时间恢复灌浆，若无效，立即用清水冲洗管路和灌区，直至灌浆系统通畅为止。恢复灌浆前，应再作一次压水检查，若发现灌浆管路不通畅或排气管“单开流量”明显减少，应采取补救措施。

（4）浆液外漏处理。灌浆过程中若发现浆液外漏，应及时组织施工人员从外部对漏浆点进行封堵。堵漏材料可选用堵漏王、掺加速凝剂的水泥砂浆、环氧砂浆等；并及时降低灌浆压力，限制进浆流量，使用最浓浆液灌注等。

5 施工工艺创新

白鹤滩水电站接缝灌浆缝面结合形式为“灌浆槽＋升浆管＋球面键槽＋排气槽”，升浆和出浆设施采用塑料拔管方式，为线面结合出浆，回浆管与多根升浆拔管形成的通道等间距连接，有利于浆液均匀上升，在个别升浆通道堵塞时可保证灌浆效果，能灵活反灌。缝面采用球面键槽，缝面进浆方式以面进浆方式为主，连续性、浆液扩散性较好，有利于浆液在缝面内均匀扩散上升。

横缝张开度大于 0.5mm 时，采用 0.5：1 单一水灰比的普通硅酸盐水泥浆液，开灌可先采用 200L 水灰比为 1：1 浆液润管后改换浓浆灌注；张开度小于 0.5mm 时，采用湿磨细水泥浆液灌浆，分两级灌注，先采用 1：1 水灰比灌注，根据灌注理论量或排气管出浆等情况改换 0.5：1 浆液灌注。本工艺通过优化灌浆水灰比级，有效减少不必要的弃浆，增加灌浆时间，节约施工成本。

先前缝面增开度观测采用常规千分表人工观测，本工艺缝面增开度采用坝体内预埋的横缝测缝计结合在廊道和下游坝面相应的横缝位置安装表面测缝计，两者数据互为参考，有助于压水、灌浆时增开度同步监测，防止因压力过大等造成缝面破坏。

白鹤滩水电站拱坝横缝特大灌区的接缝灌浆系统布置中，取消了设在灌区中部的竖向止浆片，自上游坝面到下游坝面形成了一个特大灌区，与以前常规的灌区布置相比，既节省了止浆片等材料的耗用量，又避免了同高程同缝内上、下游灌区串区的风险，且简化了混凝土施工工序，降低了施工成本，加快了施工进度，具有良好的经济效益。

本工艺针对 B 型单区双灌浆回路的灌区，因灌区面积较大，布置上、下游两套灌浆系统，接缝灌浆时进浆管安装三通，将进浆管分为“Y”形的两趟进浆支管接至灌区预埋的 2 根进浆管，有利于上下游灌浆槽同时进浆，并可根据进浆压力或上下游回浆管及排气管出浆情况判断进浆速率及浆液填充情况，现场及时进行调整进浆方式，防止浆液单向进浆。

接缝灌浆前配备 3 套管口装置（包括压力表、球阀、“Y”形支管等），整个灌浆管路布置形式为大循环，在单区管口引出位置接三通为纯压式，有效缩短灌浆时倒运管路安装时间，提高工作效率，防止长时间灌浆造成堵管，堵泵风险；缩短了灌区衔接时间，降低灌浆故障发生频率，提高整体作业效率，加快施工进度。

6 结语

白鹤滩水电站大坝为目前在建最大混凝土双曲拱坝，大坝接缝灌浆施工质量对坝体的整体性、坝体传力和安全运行等意义重要。本施工工艺于 2018 年年初开始应用于白鹤滩水电站大坝横缝接缝灌浆，截至 2020 年年初，完成 16 层灌区接缝灌浆，共 158 个灌区，其中灌浆质量检查 13 个灌浆层，共 19 个灌区。灌浆、钻孔取芯、孔内全景电视、压浆试验等成果表明，接缝灌浆质量满足设计和相关技术规程要求，芯样结石填充饱满，坝块之间胶结良好。此项施工工艺进行拱坝横缝接缝灌浆施工，既保证了施工质量，又加快了施工进度，且降低了施工成本投入，为白鹤滩水电站建设“精品工程、创新工程”提供了坚实基础。

灰土挤密桩在湿陷性黄土路基中的应用

周建龙/中国水利水电第四工程局有限公司

【摘　要】灰土挤密桩施工可消除湿陷性黄土的湿陷性，提高承载力，降低压缩性；不需大量开挖回填，可缩短工期；处理深度较大，可降低工程造价；机具简单，施工方便，工效高。本文结合工程实例，介绍了灰土挤密桩的施工准备、灰土挤密桩成孔、桩孔回填夯实、施工常见问题及处理对策、施工质量控制等施工工艺。

【关键词】灰土挤密桩　湿陷性黄土公路路基

1　工程概况

西宁南绕城公路工程第十合同段（起止里程为K43+600～K48+000）处于湟水河南岸Ⅱ级阶地后缘山前地带。地层主要由Ⅱ～Ⅲ级自重湿陷性粉土、粉质黏土混合卵石和碎石组成，厚度约20～30m，下部为泥岩，全强风化层厚度5～10m。该段主要以桥、路基形式通过，由于粉土、粉质黏土具有湿陷性，施工采用灰土挤密桩进行处理。

灰土挤密桩桩径为40cm，等边三角形布置，桩长度一般为6～8m（Ⅱ级、Ⅲ级为6m，Ⅳ级填土高度小于等于4m时，桩长为6m；填土高度大于4m时，桩长为8m）。桩身为12%石灰土，桩顶设置12%石灰土封层，厚度35cm。灰土挤密桩平面布置见图1。

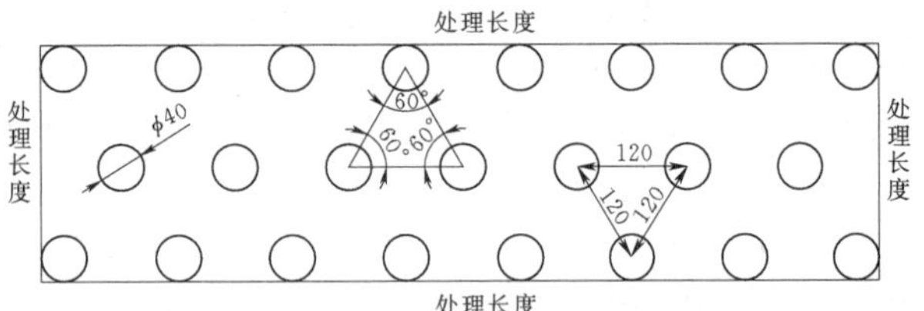

图1　挤密桩平面布置（单位：cm）

桩体不允许含有机物，土颗粒不得大于15mm。石灰为新鲜的消石灰，其颗粒不得大于5mm。施工时注意将灰土拌和均匀，分层回填并夯实，压实度不小于96%。挤密填孔后，桩间土平均密实系数不小于0.93。

2　施工准备

2.1　场地工程地质和环境条件

（1）施工场地的工程地质勘察报告及相应的地质资料，土的均匀性和含水量变化情况资料。

（2）施工平面定位图，桩孔布置施工图。测量放线，定出控制轴线、打桩场地边线并标识。

（3）建筑场地和邻近区域的净空、地下埋藏物、管线等资料。

（4）水电布置。工程用水在当地打浅井取水和城市供水系统供水相结合。

（5）设备进场后，先安装并调试好，做好施工准备，熟识场地地层，确定桩机的施工参数，并按已定参数调试设备。

2.2　制定施工技术措施

施工前做好场地清基、整平工作，清理地上和地下障碍物。进行测量放线和桩孔定位。桩孔中心点可用钢钎插入土中20cm。

（1）绘制施工平面图，标明桩孔位置和编号、施工顺序、机械运行路线、材料堆放位置等。

（2）制定成孔夯实措施，检查机具，编制施工作业、材料供应和劳动组织规划。

（3）制定保证施工质量、安全施工和冬（雨）季施工技术措施。

（4）进行成孔、夯填和挤密效果试验，确定有关施工参数，并测试桩的承载力和挤密效果。对含水率较大桩孔应特别关注缩孔问题。因缩孔影响桩长及桩径时，及时与设计单位协商解决。进行填料轻型击实试验，确定最佳干密度、最佳含水量（施工时实际最佳含水量低于轻型击实试验得出的最佳含水量）、配合比等施工参数。

2.3　材料准备

（1）土：土料从取土场开采，用20t自卸车运至施工现场。土的有机质含量不超过5%，土粒必须过筛，颗粒满足规范要求。

(2) 石灰：选用新鲜块灰，在使用前1～2d进行消解并过筛，石灰颗粒不得大于5mm，且不得含有未熟化的生石灰颗粒及其他杂质。

(3) 拌和：12%灰土料按设计要求采用厂拌，经试验确定土料合理含水率。灰土经拌和后应基本达到最佳含水率的要求，每天施工前测定土的含水率是否为合理值，以保证拌和后灰土的含水率接近最佳含水量。

(4) 拌制要求：根据回填要求灰土随拌随用，已拌成的灰土不得超过24h或隔夜使用。土料和石灰应尽量就近堆放并防止雨淋、日晒。下雨期间不进行灰土拌制。

2.4 机械准备

成孔设备：采用DZJ-90振动沉管机，D=40cm。

夯实机：采用卷扬机提升夯实机，架体高度不小于5m，夯锤重不小于4kN，数量与成孔设备按1∶5配置。

灰土拌制机械：根据实际情况采用厂拌。

3 施工方法

3.1 灰土挤密桩施工工艺流程

灰土挤密桩施工流程见图2。

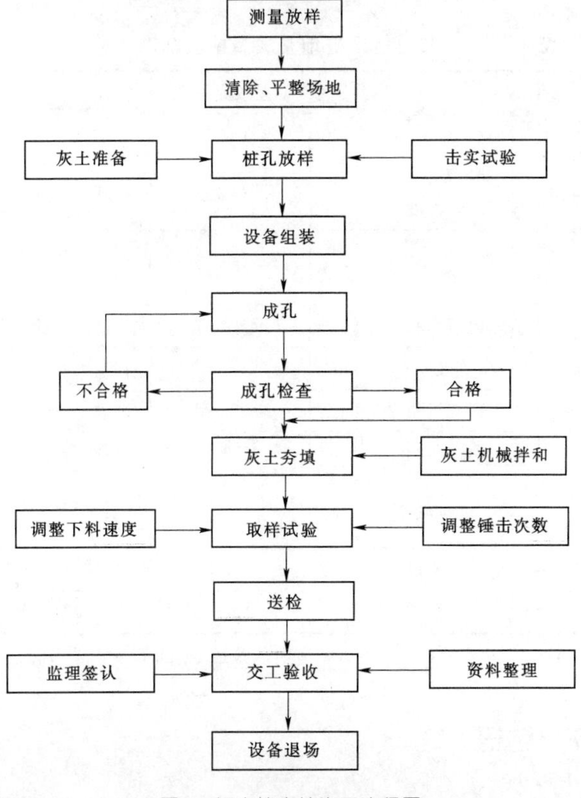

图2 灰土挤密桩施工流程图

3.2 灰土挤密桩试桩施工

试桩目的是通过轻便触探试验求得检定锤击数N10。成桩后48h内对桩体分层进行轻便触探检验，记录每击入30cm的锤击数N10。同一层的3个N10值应基本接近，取平均值即为该层填料在该层的下料夯实的锤击数。轻便触探检验后，分层取样，沿桩身每隔1m用环刀取出原状夯实试样，分别测定其干密度，计算该层填料平均压实系数Dy。设计要求灰土桩桩身的干密度不小于15.5kN/m^3，桩间土干容重不小于15kN/m^3。挤密填孔后，桩间土平均密实系数不小于0.93。

根据试验结果绘制轻便触探锤击数N10与填料压实系数Dy的关系曲线，验证设计要求的施工工艺。分析说明含水量、施工工艺、机具的不同与测定的桩体干密度和轻便触探锤击数之间的相互关系，为灰土挤密桩大面积施工提供依据。

3.3 灰土挤密桩成孔施工

灰土挤密桩施工，应按设计要求和现场条件选用沉管法进行成孔，使土向孔周围挤密。

使用振动或锤击打桩机，将带有特制桩尖的钢制桩管打入土层中至设计深度，然后慢慢拔出桩管即成桩孔。桩孔壁光滑规整，挤密效果和施工技术都较容易控制和掌握，沉管是最常用的成孔方法。

3.4 桩孔回填夯实

回填夯实施工前，进行回填试验，以确定每次合理的填料数量和夯击数。根据回填夯实质量标准确定检测应达到的指标，例如轻便触探的“检定锤击数”。

向孔内填料前，孔底必须夯实，回填夯实时，单点夯击能不得小于20kN·m，分层填料厚度不得大于35cm。

回填桩孔用的夯锤，宜采用倒置抛物线形椎体或尖锥形，锤重不宜小于100kg。夯锤最大直径比桩孔直径小100～160mm，使夯锤自由落下时能将填料夯实。填料时每一锹料夯击一次或二次，夯击25～30次/min，6m长的桩孔在15～20min内夯击完成。

4 施工常见问题与处理

灰土挤密桩法施工常见问题、产生原因、预防措施及处理方法，见表1。

5 特殊问题及处理

(1) 桩基施工中如果出现橡皮土时，可将上层翻起进行晾晒，使橡皮土含水量逐步降低。或挖去橡皮土，重新换填好土或级配砂石等。

表1 挤密桩法施工常见问题、预防措施及处理方法

常见问题	产生原因	预制措施及处理方法
缩孔或坍孔（缩颈或堵塞）	①地基土含水率过大或过小；②未按规定顺序进行；③已成孔未及时回填夯实；④桩孔较密，受震后造成相邻孔缩孔或坍孔	①含水率过大可往孔内灌入干土或石灰粉以吸去部分水分，或边成孔边下套管，含水率过小，可预先浸湿加固范围内土层；②成孔顺序为先外围，后里圈，并间隔进行；③已成孔应防止受水浸湿，且应当天回填夯实；④为避免夯打造成缩颈堵塞，应打一孔填一孔；当桩孔较密、土质松软时，间隔跳打夯实
桩孔回填不均，夯击不密实，桩身疏松、断裂，或出现松散夹层	①未按施工规定操作，回填速度过快，夯击次数不够；②填料未拌均匀，含水率过大或过小；③填料实际用量未达到成孔体积的计算用量；④锤重、锤形和落距选择不当	①桩孔填料前应先夯击孔底3～4锤，根据试验测定的密实度要求，随填随夯，严控下料速度和夯击次数；②回填料应拌和均匀，并控制其含水量；③每孔填料用量应与计算用量基本相符，夯锤重不宜小于100kg，形状为梨形或枣核形，不宜用平头夯锤，落距一般大于2m，地下水位较高，应降低后再回填夯实；④疏松、断裂或出现夹层，用洛阳铲全部取出，重新填夯，直到达到设计要求为止
干密度不匀，密实度达不到设计要求	①违反操作规程，土或灰计量不准，翻拌不均，干湿不一；②下土或灰土厚度不一；③夯击高度、次数不一；④抽样检查只检查上部，未检查下部	①认真按操作规程施工；②灰土按配合比称量，搅拌均匀；③每次下土或灰土厚度、数量、落锤高度、夯击次数按试验规定做到前后一致；④施工中严格按质量评定标准进行抽样检验

（2）施工中出现缩颈的原因：在饱和含水量软土层中打桩时，土受强制扰动挤压产生空隙水压，桩管拔出后，挤向一侧未回填孔，使未填孔身局部直径缩小。处理时可控制拔管速度，采取“慢拔”方法。缩颈可能因为桩间距过小，临近桩施工时挤压已成孔桩。处理方法：可采用跳打法加大桩的施工间距。对缩孔严重者，采用复打法修护缩孔处。

6 施工质量控制

6.1 灰土挤密桩成孔

（1）成孔质量控制。桩机就位时必须平稳，不能移动或倾斜，桩管应对正桩孔。沉管开始阶段应轻击慢沉，待桩管方向稳定后再按正常速度沉管。当桩管沉至设计深度后应及时拔出，不要在土中搁置时间过久，拔管困难时可用水浸润桩管周围土层或将桩管旋转后再拔出，以防孔口破坏。成孔后若发生桩孔严重缩颈和回淤，应填入干砂等，重新沉管成孔。

（2）成孔监测。监测孔深、孔径、垂度、位移及其他安全内容，还要密切注意土质情况，如发现异常现象立即停工，待查明情况后再继续施工。

（3）石灰计量控制。每批进场的石灰要及时进行试验室检测，严禁使用不合格的原材料。灰土拌制时根据试验配比准确量取石灰和土的体积，在现场采用装载机进行多次翻拌，直至拌和均匀。

6.2 桩孔回填夯实施工

在夯实机就位后应保持平稳，使夯锤对准桩孔，能自由落入孔底。桩孔内有杂物和积水应清除干净，填料前应先夯实孔底。人工填料时指定专人按规定数量均匀填入，不得乱填，更不能用送料车直接倒料入孔。基础地面以上应预留0.7～1.0m厚的土层，待施工结束后，将表层挤松的土挖除或分层夯实。

雨期或冬期施工，应采取防雨、防冻措施，防止土料或灰土受雨水淋湿或冻结。

6.3 施工质量检验

灰土挤密桩地基的质量检验标准见表2。

表2 灰土挤密桩地基质量检验标准

检验项目	序号	检查项目	允许偏差或允许值		检查方法
			单位	数值或要求	
主控项目	1	桩体及桩间土干密度		设计要求	现场取样
	2	桩长	mm	+500，0	测桩管长度或垂球测孔深
	3	地基承载力		设计要求	荷载试验
	4	桩径	mm	+0，−20	尺量
一般项目	1	土料有机质含量	%	≤5	试验室焙烧法
	2	石灰粒径	mm	≤5	筛分法
	3	桩位偏差		满堂布桩≤0.4D，条基布桩≤0.25D	尺量
	4	垂直度	%	≤1.5	用经纬仪测桩管
	5	桩径	mm	+0，−20	尺量

注 D为桩径，桩径允许偏差负值是指个别断面。

7 结语

灰土挤密桩在西宁南绕城公路工程中的应用，成功

达到了消除黄土湿陷性，提高了地基承载力。采用灰土挤密桩进行湿陷性黄土地基处理，具有以下优点：

（1）土挤密桩法处理后可达到所要求的最大干密度指标。

（2）与素土垫层相比，无须开挖回填，节约了开挖回填土方的工程量，与换填法相比，工期缩短约一半。

（3）由于不受开挖和回填的限制，处理深度比换填法大。

超厚覆盖层锚固工程钻孔工艺研究

李战伟/中国水利水电第四工程局有限公司

【摘　要】依托官地水电站1490m高程以上及开挖线下游边坡超厚覆盖层锚固工程施工，对锚固钻机技术改造，创新钻孔工艺，总结形成了直锤和偏心跟管钻孔工艺、变径多级跟管钻孔工艺、直锤和变径多级跟管钻孔组合工艺等锚固钻孔工艺，很好地解决了超厚覆盖层锚固工程钻孔的技术难题。

【关键词】覆盖层　锚固工程　钻孔工艺

1　工程概况

官地水电站位于雅砻江干流下游，四川省凉山州彝族自治州西昌市和盐源县交界的打罗村境内。官地水电站大坝为碾压混凝土重力坝，坝顶高程1334m，最低建基面高程1166m，最大坝高168m。

官地水电站1490m高程以上及开挖线下游边坡覆盖层组成物质为崩坡积堆积的大孤石、含孤石块的碎石土及坡残积碎砾石土等，其中以崩坡积堆积的孤石、含孤石块碎石土及碎砾石土为主，覆盖层厚度0～24m。岩体风化沿节理裂隙、错动带及断层扩展，由表及里由强变弱，岩体强风化深度26～52.3m。边坡出露岩体岩性为P2β15-2角砾集块熔岩，完整性差，结构松散，多为碎裂结构，卸荷裂隙、节理发育，错动带多，岩体为松散～松弛状态，自稳能力较差。

1490m高程以上及开挖线下游边坡覆盖层厚度大，锚固孔深度达到75m，岩石风化深度大，破碎，裂隙发育，孔洞、孤石多。锚固钻机跟管钻进过程中，钻具磨损快、塌孔卡钻多、成孔困难，施工进度缓慢，效率低。为此，根据覆盖层岩石条件，从钻孔工艺、钻具结构、材质等方面入手，对钻机、跟管钻具和钻孔工艺进行了研究、改进，旨在解决超厚覆盖层锚固工程钻孔设备、钻孔工艺等技术难题。

2　研究方法

（1）通过技术改造，选择适合超厚覆盖层岩体条件的锚固钻孔设备和钻探参数，在保证施工质量的前提下，加快钻孔进度，降低施工成本。

（2）针对覆盖层破碎岩体造孔过程中管靴或跟管断裂频繁、孔内事故多等问题，通过现场试验、改进钻孔工艺，形成符合大厚度覆盖层破碎岩体的钻孔工艺，降低钻孔过程中管靴或跟管断裂而发生孔内事故的风险和施工成本。

3　钻孔设备选型及技术改造

3.1　钻机选型

1490m高程以上及开挖线下游边坡坡度较大，锚固孔在排架上施工，钻机在钻进能力满足设计深度的条件下，应体积小、重量轻，移动方便，能远距离操作。但国内适用于排架上施工且具有搬迁方便、操作灵活的锚固钻机，其钻孔深度、转速、扭矩等性能不能满足深孔（本工程设计孔深75m）和大口径（168～240mm）锚固孔需要。相反，要满足锚固孔孔径和深度要求的钻机，一般体积大、重量重、搬迁困难，不适合高边坡脚手架狭窄工作平台和频繁移位的要求。表1为国内常用锚固钻机型号及参数。

由表1可知，YG-80型全液压钻机钻孔深度80m，钻孔直径130～220mm，钻孔倾角0°～120°，电动机功率30kW，钻机质量1700kg，最大部件质量200kg。该钻机为分体式，由主机、泵站和操纵台等组成，作业过程性能稳定、可靠、搬运、安装方便，可较远距离操作。可通过技术改造来满足高边坡脚手架狭窄工作平台和钻机频繁移位的施工环境，故选用分体式YG-80型全液压钻机为边坡破碎岩体锚固孔钻机。

3.2　钻机技术改造

根据试验性施工中暴露的问题，对YG-80型全液压钻机进行了以下技术改造。

表 1　　锚固钻机型号及相关参数表

技术参数	设备型号			
	YG-60	YG-80	YG-100	YGS-100
钻孔深度/m	60～70	80～100	60～120	80～120
钻孔直径/mm	110～180	130～220	110～250	110～250
钻杆直径/mm	73/89	89/114	89/114	89/114
钻孔角度范围/(°)	0～360	0～360	0～360	0～360
钻孔倾角/(°)	0～120	0～120	0～180	0～180
动力头输出转速/rpm	5～130	5～180	5～90	5～180
动力头输出扭矩/(N・m)	2500	3500	6000	6000
动力头行程/mm	1800	1800	1800	1800
动力头最大起拔力/kN	45	45	40	45
动力头最大给进力/kN	30	30	55	55
液压系统额定压力/MPa	18	18	18	18
电击型号/功率/kW	Y180L-4/22	Y200L-4/30	Y220L-4/35	Y240L-4/44
钻机重量/kg	1300	1700	2500	2500

(1) 钻机动力头变速箱小，齿轮磨损严重，影响钻机扭矩有效传递。原钻机小齿轮材质为 40Cr，大齿轮材质为 45 号钢，安全系数较低。经过分析计算，需更换齿轮材质，小齿轮材质为 20CrMnTi，大齿轮材质为 40Cr。

(2) 钻机体积大，重量重，排架上移动困难。原钻机主机桅杆配有滑移部件和机架，去除桅杆滑移部件和机架不影响钻机功能发挥，将主机桅杆直接固定在施工排架上，减轻钻机重量、缩小体积、简化油路，并适当增加主机液压管路长度，能远距离操作钻机。

3.3　钻孔参数确定

通过高低连接线 3 个深度 75m 锚固钻孔偏心跟管钻进过程中数据统计分析，覆盖层钻进压力为 38～85kg/cm，平均为 68.1kg/cm；钻机转速为 35～62r/min，平均为 53r/min；钻进风压为 0.8～1.5MPa。结合钻孔深度因素，经施工应用验证，覆盖层适宜的钻孔参数为钻进压力 50～75kg/cm、转速 50～60r/min、钻进风压 0.9～1.2MPa。

4　钻孔工艺研究

4.1　直锤与偏心跟管钻孔组合工艺

将普通直锤钻孔和偏心跟管钻孔相结合，即在开孔 1～2m 和完整岩层中采用不同直径的普通直锤钻孔工艺，破碎岩层采用偏心跟管钻孔工艺。

4.2　变径多级跟管钻孔工艺

先以大孔径普通直锤钻具冲击开孔，然后偏心钻具套管跟进。当套管难以跟进时起钻，改换小一号偏心钻具在该套管内跟进配套小套管继续钻进。大直径跟管进行偏心跟管钻进进尺达到 15m 后，取出偏心钻具，更换小直径跟管和钻具在大直径跟管内继续进行偏心跟管钻进，直至钻至完整岩石面停止偏心跟管钻进，取出偏心钻具，更换常用潜孔锤进行后续钻进作业，直至达到设计钻孔深度。待终孔验收合格且预应力锚索索体或检测仪器安装完成以后，拔出全部跟管。此举在于通过大口径跟管的扩孔、保护，减小小口径跟管扭矩和套管与岩层摩擦阻力，及套管跟进和拔出阻力，相应提高了钻孔效率，保证成孔质量（见图 1）。

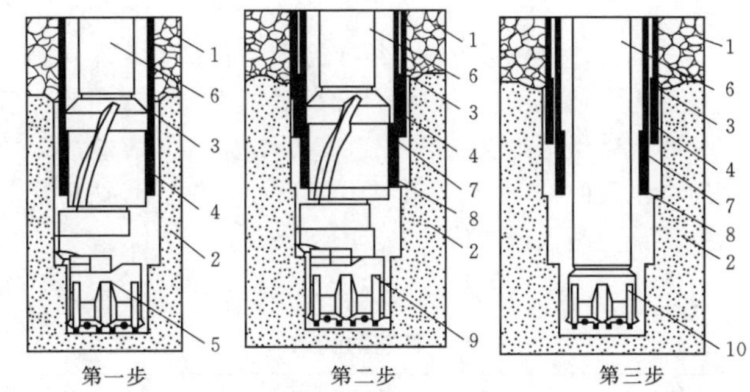

图 1　变径多级跟管钻进工艺示意图

1—覆盖层；2—破碎岩石层；3—直径 178mm 跟管；4—直径 178mm 管靴；5—直径 178mm 偏心钻头；6—冲击器；7—直径 146mm 跟管；8—直径 146mm 管靴；9—直径 146mm 偏心钻头；10—潜孔锤

4.3　直锤和变径多级跟管钻孔组合工艺

直锤和变径多级跟管钻孔组合工艺是直锤与偏心跟管钻孔工艺和变径多级跟管钻孔工艺的组合（见图 2）。

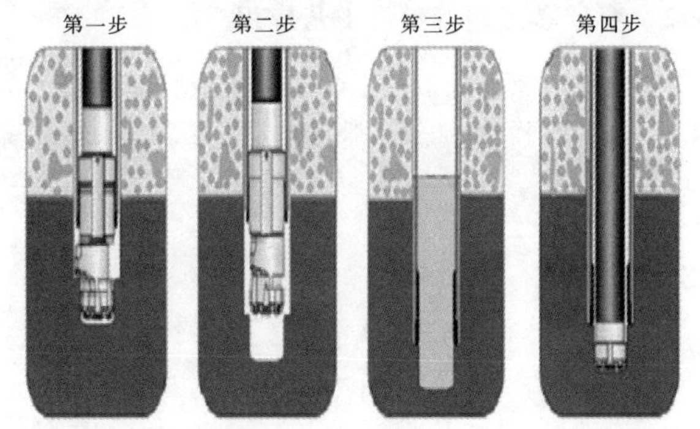

图 2　直锤和变径多级跟管钻孔组合工艺示意图

第一步：采用偏心跟管钻孔工艺钻穿覆盖层到达岩石部位后，改用普通直锤工艺钻进至设计孔深后结束。若不能采用普通直锤钻进至设计孔深时（如卡钻、塌孔等）改为第二步。

第二步：第一步钻至岩石无法继续钻进时，采用大直径偏心跟管钻孔工艺，当钻孔深度达到 15m 后，取出偏心钻具，更换小直径跟管和钻具在大直径跟管内继续偏心跟管钻进至完整岩石面，停止偏心跟管钻进，将偏心钻具取出，更换常用潜孔锤进行后续钻进，钻至设计孔深后结束。

第三、四步：主要在钻孔深度大于50m时实施，施工工艺与变径多级跟管钻进工艺相同。

5 施工应用

官地水电站边坡锚固工程自2011年4月开工至2011年10月结束，应用偏心跟管钻孔工艺完成覆盖层钻孔15000m。

5.1 直锤与偏心跟管钻孔组合工艺应用

在高低连接线塌方段进行了锚固钻孔试验，区域地质条件为滑坡堆积层，以块石和砂砾石为主。使用直锤与偏心跟管钻孔组合工艺施工25个锚索孔。表2为采用组合工艺的25个锚固孔钻孔速度、卡钻、起钻后成孔率统计与类似地层传统工艺的对比表。

表2　直锤与偏心跟管钻孔组合工艺与传统工艺对比表

钻孔工艺	工程量/孔	钻孔平均速度/(m/h)	卡钻次数/次	重复扫孔次数/次	孔斜合格率/%
传统工艺	25	2.0	37	24	96
组合工艺	25	3.2	5	7	98

从表2可知，直锤与偏心跟管钻孔组合工艺较传统工艺钻孔速度明显提高，卡钻次数及重复扫孔次数大幅降低。

5.2 变径多级跟管钻进工艺应用

高低连接线2-18～2-22号锚固孔钻孔时，均在孔深10～20m遇特大孤石，孤石与岩石层之间有较厚夹层。2个孔采用常规偏心跟管钻进工艺穿过孤石后出现管靴断裂5次，无法继续跟管钻进1次，4个孔应用变径多级跟管钻孔工艺，管靴断裂2孔次，未出现无法继续跟管钻进现象。

5.3 直锤和变径多级跟管钻孔组合工艺应用

在高低连接线锚固1～16号孔设计孔深75m，覆盖层碎砾石土中厚达24m，含孤石夹层，岩层地质条件复杂，应用直锤和变径多级跟管钻孔组合工艺，钻孔过程仅出现卡钻1次。

5.4 应用成果分析

锚固工程施工结束后，对施工期质量检测和运行监测等成果进行了全面分析和评价，各项指标均满足设计要求。表明采用直锤和偏心跟管钻孔工艺、变径多级跟管钻孔工艺、直锤和变径多级跟管钻孔组合工艺，很好地解决了超厚覆盖层、破碎岩层等复杂地层条件下深锚固钻孔的技术难题。

6 结语

技术改造后的YG-80型全液压钻机体积小、重量轻、在排架上移动方便，适应高边坡钻孔条件，变速箱齿轮材质改变后齿轮使用寿命延长，降低了施工成本。

直锤和偏心跟管钻孔组合工艺、变径多级跟管钻孔工艺、直锤和变径多级跟管钻孔组合工艺等钻孔工艺在官地水电站边坡覆盖层锚固工程应用的成功，很好地解决了超厚覆盖层破碎岩石条件下深锚固孔钻进的技术难题，为类似工程施工提供了技术参考，可广泛应用于水利水电、铁路和高速公路等施工领域及地质灾害防治、边坡加固等工程领域。

白鹤滩水电站岩石盖重固结灌浆试验

郭长安/中国水利水电第四工程局有限公司

【摘　要】本文介绍了白鹤滩水电站岩石盖重固结灌浆试验目的、试验参数。通过岩体透水率、单位注入量、岩体声波等试验成果分析了灌浆效果，验证了白鹤滩水电站坝基岩石盖重固结灌浆参数的合理性，灌浆试验的成功为河床坝段岩石盖重固结灌浆施工提供了可靠的施工参数。

【关键词】白鹤滩水电站　岩石盖重固结灌浆　灌浆试验

1　概述

岩石盖重固结灌浆试验区位于白鹤滩水电站大坝左岸的7号、8号坝段，灌浆高程628～650m。出露的岩层为$P_2\beta_3$层第一类柱状节理玄武岩，柱体发育不规整，单个柱体长度1～3m不等，柱体直径15～25cm，柱体内微裂隙发育。地质构造主要为层内错动带LS3319、LS3319-1，其中LS3319总体产状N24°E/SE∠23°，厚度5～30cm不等，总体较平直，错动面粗糙，局部见逆冲擦痕。试验区下部埋深27～30m发育层内错动带LS3318，产状N33°E/SE∠28°，带宽5～50cm，带内以角砾、岩屑为主。2015年8月—2016年1月，对白鹤滩水电站左岸大坝7号、8号坝段进行岩石盖重固结灌浆试验，完成各类固结灌浆孔1138个，共计33367.9m。

2　灌浆试验目的

验证岩石盖重固结灌浆对坝基柱状节理玄武岩防松弛保护效果，同时为河床坝段岩石盖重固结灌浆施工提供经验，岩石盖重层爆破开挖对已灌岩体的影响等。通过灌浆试验验证岩石盖重固结灌浆施工工艺及灌浆材料、浆液配比、布孔形式、孔排距、灌浆压力等灌浆参数，为坝基固结灌浆施工提供可靠的资料。

3　灌浆试验参数

3.1　试验孔布置及灌浆方法

试验孔矩形布置，孔排距为2m×2m，分为三序施工，建基面以下入岩深度20～30m。7号坝段（高程640～650m）岩石盖重厚度2～5m，进行一次性低压灌浆。8号坝段（高程628～640m）岩石厚度5m，不灌浆。Ⅰ、Ⅱ序孔采用自上而下分段孔内循环灌浆法，Ⅲ序采用综合灌浆法，建基面以下岩体分段钻孔灌浆，灌前测试孔从Ⅰ序灌浆孔中选取，并进行分段压水及物探测试，物探测试结束后自下而上分段灌浆。

3.2　浆液

错动带部位和灌前压水透水率大于10Lu的Ⅰ、Ⅱ序孔段采用普通水泥浆液灌注；小于10Lu的灌浆孔段采用湿磨水泥浆液灌注，Ⅲ序孔全部采用湿磨细水泥浆液。

3.3　灌浆段长和灌浆压力

错动带位置灌浆段长按3m控制，同一错动带内同时灌浆的孔数不超过2段，其他部位段长5m。

灌浆孔段次和压力见表1。

表1　灌浆孔段次和压力表

坝段	段次		1	2	3	4	5	6	7	8
7号	孔深/m		盖重	5～10	10～15	15～18	18～21	21～26	26～30	30～35
	压力/MPa	Ⅰ序孔	0.5	1.0	2.0	2.0	2.5	2.5	2.5	2.5
		Ⅱ序孔	0.5	1.5	2.0	2.0	2.5	3.0	3.0	3.0
		Ⅲ序孔	0.5	2.0	2.5	3.0	3.0	3.0	3.0	3.0
8号	孔深/m		盖重	5～10	10～15	15～20	20～25	25～30	30～35	—
	压力/MPa	Ⅰ序孔	—	0.8	1.5	2.0	2.5	2.5	3.0	—
		Ⅱ序孔	—	0.8	2.0	2.5	3.0	3.0	3.0	—
		Ⅲ序孔	—	1.5	2.5	3.0	3.0	3.0	3.0	—

3.4 抬动变形允许值

基岩段累计抬动变形值不允许超过 200μm。

3.5 灌浆浆液水灰比

普通硅酸盐水泥浆液：2∶1、1∶1、0.8∶1、0.5∶1（重量比）四级，开灌水灰比 2∶1。

湿磨细水泥浆液：3∶1、2∶1、1∶1、0.8∶1、0.5∶1（重量比）五级，开灌水灰比 3∶1。

错动带灌浆孔段施工过程中出现无压无回水、无回浆的孔段，可采用 0.5∶1 浆液开灌。

3.6 结束条件

在设计压力下，注入率不大于 1L/min 时，延续灌注 30min 后结束。

3.7 质量检查标准

灌浆质量检查以声波测量岩体波速为主，结合钻孔压水试验、灌浆前后物探成果、有关灌浆施工资料（单位注入量）以及钻孔取芯资料等综合评定。

（1）压水试验合格标准：在该部位灌浆结束 7d 后进行压水试验检查，合格标准为检查孔 85%以上压水试验段透水率不大于 3Lu，其余段透水率不大于设计规定值的 1.5 倍，且不集中。

（2）声波检查合格标准：相应部位灌浆结束 14d 后进行声波测试，角砾熔岩和柱状节理玄武岩坝基分别在岩石盖重固结灌浆后和盖重层开挖后进行灌浆质量检查，声波检查合格标准见表 2。

表 2　声波检查合格标准

时段	岩性	孔段	合格标准	
岩石盖重层开挖前	柱状节理玄武岩	建基面以下	90%以上测点波速≥4700m/s (85%以上测点波速≥4500m/s)	<4200m/s 占比不大于 5%
岩石盖重层开挖后	柱状节理玄武岩	0～5m	90%以上测点波速≥4200m/s (85%以上测点波速≥4200m/s)	<4000m/s 占比不大于 5%
岩石盖重层开挖后	柱状节理玄武岩	5m 以下	90%以上测点波速≥4700m/s (85%以上测点波速≥4700m/s)	<4200m/s 占比不大于 5%

注　表中括号内为某一单独检查孔的检查标准，坝段检查标准为必须满足条件，单独检查孔标准作为施工过程控制条件。

4 试验和检查完成情况

岩石盖重固结灌浆试验，完成各类固结灌浆孔 1138 个，共计 33367.9m，灌浆 26993.2m，注入水泥 684507.2kg，单位注入量 25.36kg/m。灌后检查孔 51 个，压水试验 276 段，单位透水率 0.54Lu；灌前、灌后单孔声波测孔 101 个，并进行钻孔全景成像，共计钻孔 2729.8m；岩石盖重层开挖后施工 47 个检查孔，压水试验 47 段，声波测试 235m。

5 试验成果分析

5.1 单位透水率分析

单位透水率统计见表 3。

表 3　单位透水率统计表

孔序	孔数	压水试验长度/m	单位透水率/Lu	单位透水率频率（区间段数/频率%）					
				段数/%	<1	1～5	5～10	10～50	>50
Ⅰ	270	6703	6.23	1260/100	653/51.8	334/26.5	118/9.4	125/9.9	30/2.4
Ⅱ	516	12599.5	2.09	2720/100	1774/65	708/26.3	150/5.5	74/2.7	14/0.5
Ⅲ	242	5848	0.76	1267/100	963/76	263/20.8	27/2.1	11/0.9	3/0.2
合计	1028	25150.5		5247/100	3390/65	1305/25	295/5.9	210/4	47/0.1

由表 3 可知，单位透水率 $q_{Ⅰ}>q_{Ⅱ}>q_{Ⅲ}$，Ⅱ序孔较Ⅰ序孔透水率降低了 66.5%，Ⅲ序孔较Ⅱ序孔透水率降低了 63.6%，随着孔序增加，单位透水率递减明显。

灌前 50 个孔物探测试孔压水试验 250 段，单位透水率小于 3Lu 占 23.8%、大于 3Lu 占 76.2%。灌后 51 个检查孔压水试验 276 段，单位透水率均小于 3Lu，平均为 0.54Lu，其中小于 1Lu 占 76.4%，1～3Lu 占 23.6%。岩体单位透水率灌后与灌浆前对比降低 99.1%，小于 3Lu 岩体占比提高了 76.2%，说明通过灌浆降低了岩体的透水性，改善了岩体结构。

5.2 单位注入量分析

单位注入量分析见表 4。

表 4　　单位注入量分析表

孔序	孔数	灌浆长度/m	单位注入量/(kg/m)	单位注入量频率（区间段数/频率%）					
				段数/%	<10	10～50	50～100	100～500	>500
Ⅰ	270	6703	45.5	1448/100	853/58.9	251/17.3	146/10.1	180/12.5	18/1.2
Ⅱ	516	12599.5	23.24	2746/100	1946/70.9	465/16.9	168/6.1	156/5.6	11/0.5
Ⅲ	242	5848	9.31	1271/100	1106/87	105/8.3	35/2.8	20/1.5	5/0.4
合计	1028	25150.5	25.93	5465/100	3905/71.5	821/15	349/6.4	356/6.5	34/0.6

由表 4 可知，Ⅰ、Ⅱ、Ⅲ序孔单位注入量分别为 45.5kg/m、23.24kg/m、9.31kg/m，逐序分别降低 48.9%、60%，单位水泥注入量Ⅰ序孔>Ⅱ序孔>Ⅲ序孔，随着孔序递增单位注入量递减，符合灌浆规律。

5.3　抬动变形分析

洗孔、压水试验、灌浆作业过程中均对岩石抬动变形进行了监控，洗孔、压水试验过程未发生抬动变形，灌浆过程观测到的最大变形值为 82μm，未超过设计 200μm 规定值。

5.4　物探测试成果分析

5.4.1　钻孔全景成像

灌前对 50 个钻孔进行了全景成像。观察灌前测试孔全景图像，岩体中存在 3 条错动带，结合地质资料分别与 LS3319、LS3319－1、LS3318 错动带对应，其中 LS3319 在 15 个钻孔中出露，宽度 4.87～28.45cm；LS3319－1 在 41 个钻孔中出露，宽度 2.78～50.00cm；LS3318 在 31 个钻孔中出露，宽度 3.84～36.00cm。

灌后对 51 个钻孔进行了全景成像。观察灌后测试孔全景图像，在不同深度的裂隙或节理中均有水泥结石存在，有 175 处水泥结石。

灌后 51 个全景成像孔中 LS3319 错动带在 18 个钻孔中出露，其中 16 个孔错动带中充填了水泥结石，厚度 2.88～34.06cm，1 个孔不明显；LS3319－1 错动带在 40 个钻孔中出露，其中 33 个孔错动带充填了水泥结石，厚度 2.6～35cm，7 个孔不明显；LS3318 错动带在 40 个钻孔中出露，其中 23 个孔错动带充填了水泥结石，厚度 2.0～44.96cm，17 个不明显。

5.4.2　单孔波速

灌浆前 50 个孔进行了波速测试，灌后 51 个进行了波速测试。灌浆前后岩体波速对比见表 5。

表 5　　灌浆前后岩体波速对比表

地层	次序	孔数	点数	波速/(m/s)			波速占比/%					
				最小值	最大值	平均值	<3800m/s	3800～4000m/s	4000～4200m/s	4200～4700m/s	4700～5000m/s	>5000
盖重层	灌前	14	302	3252	5982	4809	19.9	2.3	3.0	10.3	10.3	54.3
	灌后	25	449	3509	6061	4959	4.6	8.6	5.4	6.6	7.4	67.3
基岩	灌前	50	5815	3515	6349	5281	2.8	1.2	0.8	4.4	7.4	83.3
	灌后	51	6268	3704	5970	5296	0.6	1.2	1.0	3.7	6.9	86.6
错动带	灌前	50	214	2941	4545	3685						
	灌后	51	153	3640	5405	4000						
全部	灌前	50	6117	3150	6349	5258	3.7	1.2	0.9	4.7	7.6	81.9
	灌后	51	6767	3509	6061	5272	0.9	1.8	1.3	3.9	6.9	85.2

由表 5 可知，岩石盖重层岩体波速小于 4700m/s，灌前占比为 35.5%，灌后占比为 25.2%，降低 10.1%；错动带岩体波速灌前平均值为 3685m/s，灌后平均值 4000m/s，灌后整体提高了 8.5%；建基面以下岩体波速平均值灌前为 5281m/s，灌后为 5296m/s，变化较小，灌前和灌后波速均呈近正态分布特征，岩体波速大于 4700m/s，灌前占比为 90.7%，灌后占比为 93.5%，提高 2.8%；试验区整体岩体波速平均值灌前为 5258m/s，灌后为 5272m/s，变化较小，大于 4700m/s 波速灌前占比为 89.5%，灌后占比为 92.1%，提高 2.6%。

5.5　挖除盖重后浅层质量检查成果分析

岩石盖重层挖除后在距离原灌后检查孔 0.5m 的位置布设检查孔 47 个，进行了建基面浅层质量检查，其中 7 号坝段 21 个，8 号坝段 26 个。

通过对岩石盖重层挖除后建基面以下岩体压水试验成果分析得出，岩石盖重层挖除对 0～5m 段岩体压水成果有一定影响，0～5m 段爆破后压水成果大于 3Lu 占比

55.3%，未达到设计要求标准，5m以下爆后压水成果大于3Lu占比8.8%，说明爆破影响建基面浅层（0～5m）岩体灌浆质量，未影响建基面5m以下岩体灌浆质量。

通过对建基面以下0～5m段岩体爆前爆后声波成果对比可知，爆破对建基面浅层岩体造成松弛，松弛范围0.4～3.4m，平均松弛深度1.21m，波速降低22.6%，未松弛岩体波速影响不明显，未影响岩体完整性。

通过对岩石盖重层开挖前后建基面以下0～5m段岩体声波成果分析可知，岩石盖重层开挖前，坝基0～5m岩体声波大于4700m/s占比为92.7%（大于90%），满足坝基声波检查标准；岩石盖重层开挖后，坝基0～5m大于4200m/s占比为82.6%（小于90%），未满足坝基声波检查标准。

由上述分析可知，爆破影响建基面浅层0～5m岩体灌浆质量，未影响建基面5m以下岩体灌浆质量。

6 质量评价

（1）灌后51个全景成像孔中明显见水泥结石有175处，厚度在2～6mm，结石非常密实；岩石盖重层开挖过程中，在建基面上使用绳锯切割在2个部位形成光面，一个切割面上裂隙中填充的水泥结石达6mm，另一个切割面上显示灌浆孔附近柱状节理中填充的水泥结石非常显著，且密实，灌浆效果显著。

（2）试验区岩石盖重开挖前，建基面以下灌后岩体透水率、单位水泥注入量均随孔序增加而递减，符合灌浆规律；灌后检查孔压水试验透水率均小于3Lu、灌后岩体波速大于4700m/s占比为90.7%（大于90%），均达到坝基质量标准；表明随着孔序的递增，浆液充填由大缝隙向细小缝隙推进，浆液扩散由填充型变为挤密型，浆液凝结后改善了岩体结构，提高了岩体完整性，达到了试验目的。

（3）岩石盖重层开挖后，爆破对建基面浅层0～5m岩体造成了松弛，平均松弛深度1.21m，波速降低22.6%，0～5m岩体压水试验岩体透水率大于3Lu占比55.3%，岩体波速大于4200m/s占比为82.6%（小于90%），未完全达到坝基质量标准；未松弛岩体波速影响不明显，未影响岩体完整性，灌浆质量达标。

7 质量检查不达标部位处理

灌浆试验质量检查不达标区分布在岩石盖重层挖出后建基面以下0～5m浅层，采取引管灌浆处理。即在不合格部位钻引管灌浆孔，孔深6m，安装灌浆管路，三孔一引，进浆管、回浆管引至廊道内或坝后栈桥，待引管部位混凝土厚度达到一定厚度后使用较高压力进行引管灌浆。

8 结语

岩石盖重固结灌浆试验结束后，建设单位组织了验收会议。会议认为岩石盖重固结灌浆试验取得了成功，灌浆效果显著，灌浆数据真实可靠，灌浆成果符合一般灌浆规律，灌后质量检查满足设计要求；岩石盖重层开挖后，部分区域声波值和透水率未达标，主要分布在浅层0～2m范围，爆破及松弛影响深度符合预期；对坝基浅层不合格部位埋设引管，待混凝土浇筑上升到一定高度进行适当高压灌浆的处理是恰当的；经过灌浆试验验证，灌浆试验参数满足白鹤滩水电站坝基特有地质条件灌浆要求，作为白鹤滩水电站坝基固结灌浆施工参数是合理的、可行的。

周边环境复杂的富砂承压水地层沉井施工技术

刘　坤　张耀文　王　磊/中国水利水电第四工程局有限公司

【摘　要】地表复杂的环境和富砂承压水地层的影响，是车陂涌大观厂进场主干管截污工程沉井实施考虑的主要问题。本文利用全方位电法全断面地质探测和取芯复核、深基坑一级监测预警、沉井断面结构优化及洞口加固措施的试验论证，以广州市车陂涌棠下涌治理工程——车陂涌二期大观厂进场主干管截污工程为例，研究了周边构筑物和地质水文条件的变化，讨论了构筑物功能、砂层厚度和地下水压力的变化对沉井施工的影响，比较了五种加固方案的优劣，对沉井施工技术进行了优化。

【关键词】全方位电法　深基坑监测　截污工程　沉井

1　研究背景

沉井技术在广州地区富砂承压水底层中的应用已经有多年的实际案例。近年来，沉井技术施工造成的井内涌水涌沙、地表坍塌、周边构筑物损坏等不良影响也愈来愈受到广泛的关注。涌水涌沙带来的问题尤其复杂。例如，沪通长江大桥超大沉井施工发生坍塌事故，银川市西夏区文昌南街（南环高速—观平路）道路、给水、路灯工程及银川市第九污水处理厂配套进出厂管道工程沉井加固时发生塌方。井内涌水涌沙将导致周边地层的变化，对周边的市政道路、建筑物及地下管网等造成损坏。

以往对沉井施工造成的安全事故分析及相关应急措施的研究总结较多，对沉井技术可行性及沉井结构因地制宜优化的研究较少。本文以广州市车陂涌棠下涌治理工程——车陂涌二期大观厂西侧进厂主干管 DW9－DW17 段截污工程为例，利用全方位电法配合地质取芯复核方法，对沉井技术的可行性进行论证；通过沉井刃脚、预留顶管洞口和沉井上部 3m 井壁等的改造优化，减少施工成本；通过深基坑一级预警监测和双液浆提前加固防护等措施，提前预防和动态防护，保证沉井技术在工程中安全高效地应用。

2　研究区域概况

车陂涌是广州市天河区的重要水域，源于龙眼洞筲箕窝，流经广州畜牧场、华南植物园、广州氮肥厂等单位和村落，注入珠江。车陂涌的流域面积 80km²，干流长度 18.6km（见图 1）。车陂涌治理前水质为劣Ⅴ类，广州市政府积极响应国家环保政策，还广州市天河区人

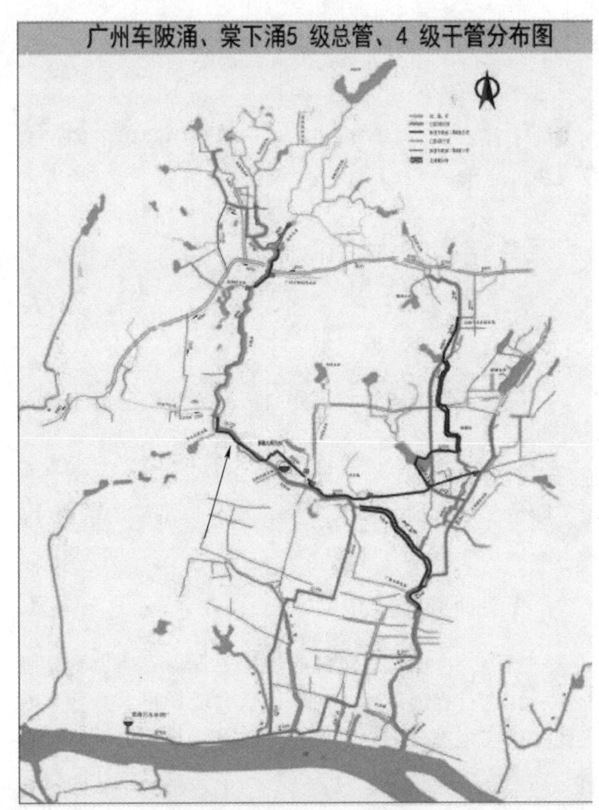

图 1　车陂涌治理工程示意图

民一片碧水蓝天，通过集采网公开招标河涌治理项目。通过前期的科研、立项等一系列的筹建工作，车陂涌治理工程应运而生，在富砂承压水地层中沿河涌实现截污纳管工程，进行控源截污。

大观厂进厂主干管工程DW9-DW17段位于华南农业大学启林北学生公寓区。该区间有试验种植田、沈海高速跨涌桥、羽毛球场、篮球场、学生公寓和水稻实验基地等地表建（构）筑物；地下存在国防光缆、运行DN1350的污水管网、P1800三涌补水管等重要地下构筑物。初步设计地勘显示，地下水位于地表以下1.5m左右，地下除3～4m覆盖层外，下部基本为细、中粗砂层，且邻近珠江、车陂涌，承压水受珠江潮汐影响较大。

综合以上因素，考虑设计规范中基坑深度对工作井的制约，最终选取采用沉井工艺+泥水平衡式顶管法，建设和运行该区间污水体系。

3 沉井技术可行性论证

3.1 地勘资料

根据初步设计深度提供的地勘、物探资料显示，该区间地质结构分布比较均匀，不存在影响沉井实施的地下构筑物和障碍区，完全满足设计规范要求的沉井技术条件。

3.2 全方位电法+地质取芯复核

作为施工组织单位，最关注设计方案的可行性。为此，进场后与广州市天驰探测技术有限公司合作，引进德国先进的地质勘探技术——全方位电法+地质取芯复核，在沉井施工范围20m×20m区间进行全断面探测。

通过全方位电法探测，对可疑（孤石）区间采用地质钻机进行取芯复核。论证结果为DW13井位范围内存在孤石（见图2），需要提前破除或者调整井位。现场提前破除了孤石，规避了沉井在下沉过程中遇障受阻的现象发生。

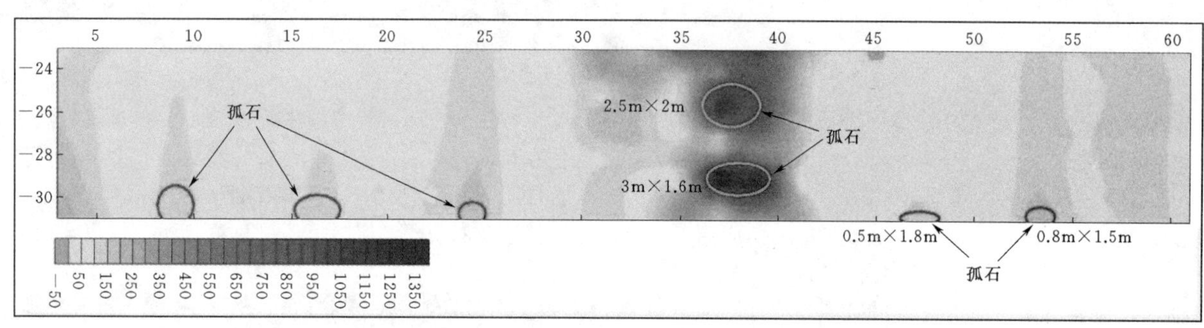

图2 DW12-DW13区间电法解释图

4 沉井结构的优化论证

4.1 改造沉井刃脚

一般钢筋混凝土结构沉井的刃脚为钢筋混凝土梯形结构断面（上底25～30cm），沉井在下沉过程中切削土体的刃脚为非削竹状，平面的刃口切削阻力大。结合现场实际情况，在满足垫层平整、承载力足够的前提下，将刃脚优化成钢制削竹状。

4.2 改造顶管穿墙孔

一般沉井在制作、下沉的过程中，将后期顶管作业的穿墙孔进行提前预留，确保位置合适即可。然而，在现场沉井实施过程中，难免会出现下沉不均匀、井体倾斜等或多或少的误差，导致预留孔不能处于设计既定位置，从而影响后期顶管作业的进行。为此，对预留孔进行结构改造，预留孔位范围设为5m×5m方形区间，原设计钢筋笼+封堵钢板，以玻璃纤维筋+砌体混凝土结构替代，后期再开孔。

4.3 井体上部改造

华南农业大学校区内作业用地均为借地，工程实施完毕要求对地表以下2m范围内的非主体构筑物（沉井壁）进行拆除，确保原有土地的农业用地属性，并恢复绿化。为此，在满足基坑上部3m结构的强度、刚度和稳定性的前提下，将原钢筋混凝土结构进行优化，替换为M10级红砖砌体结构，并在砌体外部采用水泥砂浆抹灰后作防水涂料处理，方便完工后拆除，也减少了成本。

5 沉井施工过程中安全保障

5.1 深基坑一级监测预警体系

从规模及特性上考虑，本工程归属二级基坑。因为周边环境复杂，出于对施工人员安全和机械设备的保护，综合各方面因素，以安全第一为准则，要求监控量测单位按照一级基坑进行布控、监控及预警。

5.2 构筑物周边加固技术

工程周边地表、地下建（构）筑物均为重点保护结构。通过水泥搅拌桩、单重管高压旋喷桩、二重管高压旋喷桩、钢板桩＋二重管高压旋喷桩、双液注浆等工艺性试验的对比、验证及专家评审，最终选取双液注浆进行加固防护，确保了本区间截污工程的安全、保质完成，实现了节点目标，促成了国家水质考核目标的实现。

6 结语

广州市车陂涌棠下涌治理工程——车陂涌二期大观厂进厂主干管工程 DW9－DW17 段截污工程，通过全方位电法＋地质取芯复核，对沉井技术进行可行性论证，提前排除了沉井下沉中遇障碍物的影响因素。实施前通过刃脚、预留洞口和井壁上部 3m 区间结构等的优化，不仅有效地降低了工程造价，且为后期顶管施工和绿化恢复奠定了良好的基础。实施过程中通过双液注浆对构筑物及洞口加固，采用深基坑一级监测预警体系动态监控量测，有效地确保了本工程的安全实施。通过以上技术手段，保障了周边环境复杂的富砂承压水地层沉井施工技术成功地在广州市车陂涌治理工程中得以应用。

参考文献

[1] 林秉南，赵雪华，施麟宝．河口建坝对毗邻海湾潮波影响的计算（二维特征线理论法）[J]．水利学报，1980（3）：16－25.

[2] 潘少明，施晓冬，王建业，等．围海造地工程对香港维多利亚现代沉积作用的影响 [J]．沉积学报，2000，18（1）：22－28.

[3] 洪华生，陈宗团．海岸带综合管理中面临的科学问题 [J]．海洋管理，1998（1）：28－31.

[4] 松林，丁平兴．湛江湾沿岸工程冲淤影响的预测分析 Ⅱ．冲淤的数值计算 [J]．海洋学报，1997，19（1）：64－72.

[5] 隋淑珍，张乔民．华南沿海红树林海岸沉积物特征分析 [J]．热带海洋，1999，18（4）：18－23.

[6] 倪晋仁，杨小毛，王光谦．深港交界带经济开发过程中泥沙对生态环境的影响 [J]．地理学报，1998，53（4）：350－355.

[7] 张乔民，于红兵，陈欣树，等．红树林生长带与潮汐水位关系的研究 [J]．生态学报，1997，17（3）：258－265.

本栏目审稿人：李林

海上风电机组塔筒立式附件安装及运输工艺

郭平俊　李睿刚　张　萍/中国水利水电第四工程局有限公司

【摘　要】 本文结合公司在建项目中5.5MW海上风电机组塔筒的制造及运输工艺流程，分析了下段塔筒附件安装及运输两种方式的特点和优缺点，并对改进后的立式附件安装及运输工艺进行详细论述。项目实践证明，立式附件安装及运输工艺安全可靠，能够有效提高生产效率，缩短制造工期，具有更高的经济性和推广价值。

【关键词】 海上风电　塔筒　附件安装　立式运输

1　引言

海上风电具有资源丰富、不占用土地、不消耗水资源和适宜大规模开发的特点，具有较好的发展前景。我国海上风能资源丰富，海上风场距离负荷中心较近，消纳能力强，风电发展逐渐向海上转移。海上风电机组塔筒具有直径大、吨位重、塔筒附件较为复杂、电气件较多等特点，塔筒附件安装及运输环节在整个风电塔筒制造过程中尤为重要，是整个风电塔筒制造质量与工效的关键所在。风电机组塔筒的附件安装及运输方式必须确保足够的科学性、经济性、合理性。

2　海上风电机组塔筒制造要点

以三峡阳西沙扒海上项目为例，塔筒高度约85m，分为4段，塔筒最大直径为7.5m，是目前国内最大直径的海上风电塔筒。相对于陆上风电机组塔架，海上风电机组塔架在制造过程中，要克服超长钢板整体下料、整体卷制、纵缝焊接过程中的钢板热变形、单节筒体刚性差、对接缝把合难度大等困难；多节组对、环缝焊接过程中的焊接量大、焊接质量控制难度大；法兰焊后平面度及内倾度控制精度要求高、难度大等重难点。下段塔筒附件安装及运输需要着重考虑电气件等附件的安装效率、安装质量，以及常规卧式运输对电气件的影响等问题，塔筒主要附件及电气件见表1。

表1　下段塔筒电气件明细表

序号	设备名称	外形尺寸/m	重量/t
1	高压柜	1.3×2.4×2.8	3.2
2	塔架变压器	1×2×1.6	1.15
3	UPS主机	0.8×1×1.5	0.5
4	UPS电池柜	1.5×1.7×1.5	0.9
5	塔架控制柜	1.6×2×1.7	0.65
6	主变压器	3×4.2×2.8	14.5
7	低压柜	0.8×1×1.7	0.6×2
8	变流柜	2.3×2.5×2.2	4.5×2
合计			31.1

3　海上风电机组下段塔筒附件安装及运输工艺方案对比

海上风电机组下段塔筒附件的安装，与陆上风电机组塔筒以及配套的上3段塔筒的区别在于，除了需要在厂内完成镀锌附件的安装，还要同步将电气件安装完成后整体运输，避免海上风场作业工况差等诸多不稳定因素影响安装效率、造成船机资源的浪费。塔筒附件的安装及运输可选择卧式和立式两种方案，以下就这两种方案进行对比分析。

3.1 附件卧式安装及运输工艺

将下段塔筒卧式摆放在附件安装滚轮架上。利用平衡梁配合起重设备将塔筒附件送入塔筒内，作业人员进行装配安装。安装验收完成后起重机将塔筒卧式吊装至塔筒运输车上，运输至码头，沿码头吊机位置就位，利用2台主吊机（500t履带吊）配合水平吊装运输工程驳上运输至风电场，安装运输周期约为15天。

主要施工工序是：附件安装场地卧式摆放→附件及电气设备载入安装→验收合格→陆运短倒→码头吊机就位→塔筒吊装至运输船→进行绑扎固定-海上运输。

工艺方案优点：塔筒附件卧式安装及运输为常规工艺，部件重心低，安装及运输过程较为安全。

工艺方案缺点：

（1）下段塔筒附件吨位、尺寸较大，需制作平衡梁配合起重机将附件水平送入塔筒内，进行紧固安装，每一件附件需完全紧固后平衡梁方可撤出塔筒进行下一个附件安装，大量占据起重机资源。

（2）安装时需要根据附件重量不断调整平衡梁的平衡点，安装效率低。

（3）大部分电气系统布置在塔筒内平台上，卧式安装质量控制难度较大，在运输中电气件的安全难以保证。

3.2 附件立式安装及运输工艺

将下段塔筒卧式摆放在附件安装滚轮架上完成爬梯和电缆桥架的安装后，利用附件安装场地起重机，使下段塔筒翻身站立（见图1），并依次将平台附件及电气设备从下段塔筒上口依次载入塔筒内进行附件安装紧固。安装验收合格后，起重机将塔筒垂直起吊放置于陆运短倒运输车上进行陆地运输（见图2），塔筒运输至码头主吊机（2台500t履带式起重机）作业范围，由主吊机吊装至运输工程驳上进行绑扎固定（见图3）后运输至风电场，安装运输周期约为7天。

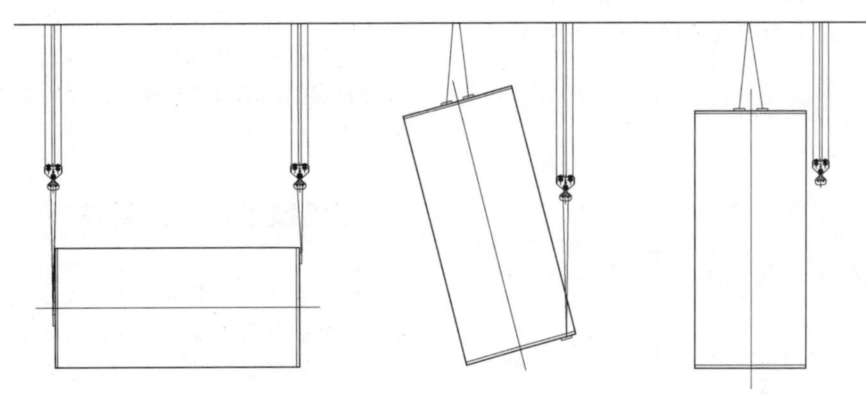

图1 塔筒翻身站立图

图2 塔筒陆运短倒图

图3 塔筒海运装船图

主要施工工序为：附件安装场地卧式摆放→爬梯及电缆桥架安装→塔筒翻身站立→平台附件及电气设备依次载入安装→验收合格→陆运短倒→码头吊机就位→塔筒吊装至运输船→进行绑扎固定-海上运输。

工艺方案优点：

(1) 塔筒翻身站立后，通过塔筒上口可根据安装需要进行附件的吊装，不要要其他辅助工具，起重机占用率低，安装效率较高。

(2) 电气件立式安装，安装质量容易保障，运输过程较为安全。

工艺方案缺点：下段塔筒翻身站立后，重心较高，安装及运输过程的安全性需要进一步论证。

4 下段塔筒立式附件安装及运输工艺可行性论证

经过工艺方案评估，下段塔筒立式附件安装及运输工艺可将生产周期从10d减少到7d，生产效率提升较为明显，这里通过理论分析，对该工艺的安全性和可靠性进行论证确认。

4.1 基本参数

下塔筒底部直径7.5m；

下塔筒高度16.18m；

下塔筒重心高度5.2m；

直径方向偏心0.3m；

下塔筒总质量185t（含附件）；

作业状态风速12m/s；

路面坡度1%；

静摩擦系数：塔筒底法兰与短倒车辆上工装平台面接触取静摩擦系数0.6；

运输车速度0.138m/s。

4.2 风载

(1) 计算风载荷：$F=5.4$(kN)；

(2) 风载引起的倾覆力矩：$M=28.08$(kN·m)。

4.3 滑行力

(1) 坡度引起的滑行力：$F=18.5$(kN)；

(2) 滑行力引起的倾覆力矩 $M=52$(kN·m)。

4.4 起动及制动惯性力

(1) 惯性力：$F=2775$(kN)；

(2) 惯性力引起的倾覆力矩：$M=1443$(kN·m)。

4.5 静摩擦力

静摩擦力：$F=555$(kN)。

4.6 重力稳定力矩

重力稳定力矩：$M=5827.5$(kN·m)。

4.7 稳定性核算

(1) 抗滑。

滑行力：$F=301.4$(kN)；

抗滑力：$F=555$(kN)；

滑稳定系数：$X=1.84$。

(2) 抗倾覆。

倾覆力矩：$M=1523.08$(kN·m)；

稳定力矩：$M=5827.5$(kN·m)；

抗倾覆稳定系数 $X=2.75$。

经上述分析可得：采用下段塔筒立式附件安装及运输工艺，下段塔筒垂直摆放可保持塔筒自身平衡，经核算，抗滑稳定系数为1.84，抗倾覆系数为2.75，立式运输可保持塔筒自身平衡。稳定性符合规范要求，具有可行性。

5 工艺技术要求及要点

(1) 在下段塔筒翻身站立或吊装前，应检查吊装机具、索具在起重作业范围内，确保连接牢固。

(2) 塔筒翻身站立前，需要对安装完成的爬梯及电缆桥架进行严格的质量检验，确保安装工作全部完成且质量合格，翻身站立后，附件及电气件依次吊入按图纸要求进行安装。安装后要确保螺栓紧固程度，具备运输条件。

(3) 陆运车辆必须经过校核，满足下段塔筒运输的承载要求，运输时需要对运输工装加装防倾倒装置，进一步保障运输安全。

(4) 为确保下段塔筒垂直运输更安全，可用高强度螺栓将下段塔筒与陆运运输托架固定，运输至码头将塔筒起吊至运输船。

(5) 起吊前先做水平状态下的试吊。起吊约100mm，静置3分钟，观察无异常情况后，方可进行吊装。

(6) 吊装机械及工况配制，应严格按起重机性能参数及下段塔筒重量、外形尺寸选择，吊具布置按施工方案要求确定（见图4）。

(7) 下段塔筒在附件安装过程或运输过程中，如遇恶劣天气应作做相应防护。

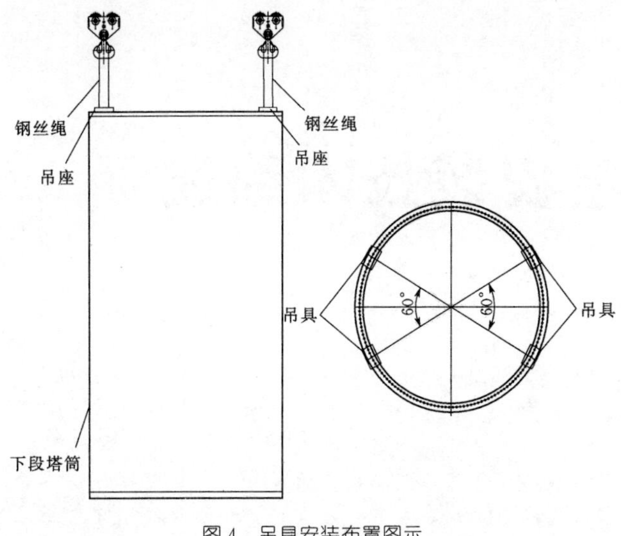

图4　吊具安装布置图示

6　结语

粤电湛江外罗海上风电项目以及三峡阳西沙扒海上风电项目工程实践证明，海上风电机组下段塔筒立式附件安装及运输工艺的安全性、稳定性符合规范要求，能保证安装质量、有效提高施工效率，具备较高的经济性。该工艺的提出为海上钢结构设备安装及运输提供了新的思路，值得在海上大型设备的安装及运输方面进行推广使用。

参考文献

[1]　叶宇，何炎平，葛用，等. 海上风电机组构成、安装方式及典型安装船型[J]. 中国海洋平台，2008 (5).

[2]　张成芹，黄国良，沈志春. 下塔筒竖直运输在海上风电机组安装的应用 [J]. 装备制造技术，2011 (1).

30t 固定式缆机主索安装技术综述

王秋伟/中国水利水电第四工程局有限公司

【摘　要】 目前在国内外大中型水利水电工程前期建设中，为了尽快实施坝肩高边坡危岩清理，预防地质灾害，大吨位固定式缆机的使用越来越广泛。叶巴滩水电站 30t 固定式缆机首次采用主索首尾相连方式，利用固定式卷扬机牵引、滑轮组 2 次张紧方式安装缆机 4 根主索，在高海拔，大跨距、高扬程缆机安装中具有开创性，为今后类似设备安装积累了经验，开辟了一条新的安装思路，无论在经济、技术和安全方面都具有在其他类似领域推广的独到之处。

【关键词】 高海拔　大跨距　高扬程　30t 固定式缆机　主索安装

1　引言

华电金沙江叶巴滩水电站位于四川与西藏界河的金沙江上游，坝址左岸为四川省甘孜藏族自治州白玉县，右岸为西藏自治区昌都地区贡觉县。装机容量 224 万 kW。为尽快实施坝肩高边坡危岩清理，预防地质灾害，叶巴滩水电站设计安装了一台 30t 固定式缆机。该缆机布置于左右岸缆机平台边坡开口线下游附近，左岸缆机主索支点高程 3200m，右岸缆机主索支点高程 3220m，左、右岸各布置装卸平台。该缆机主要承担叶巴滩水电站左右岸坝址集渣挡渣平台施工、环境边坡处理、缆机平台边坡施工便道修建、缆机平台边坡材料及设备吊运等。

缆机设计为固定式 4 索起重机，额定起重量 30t，跨距 1138.23m，起升扬程 420m，且左岸沿江公路是唯一的缆机配件运输公路，左右岸沿江公路至缆机安装平台均为上山马道，沿江运输公路至缆机安装平台垂直高差为 450m。辅助绳索及缆机绳索均无法运输至缆机主地锚平台进行安装。在高海拔施工条件艰难区域安装大跨距、高扬程、30t 缆机目前在国内外水电工程建设中尚属首例。

2　主索安装前主要施工准备

2.1　左右岸及左岸沿江公路区域设备及导向布置

根据叶巴滩水电站施工现场条件，在左岸沿江公路上布置辅助牵引卷扬机、卷筒主索支架、主索导向装置、锁定装置；在左右岸主地锚平台及右岸半山区域布置导向装置（见图 1）。

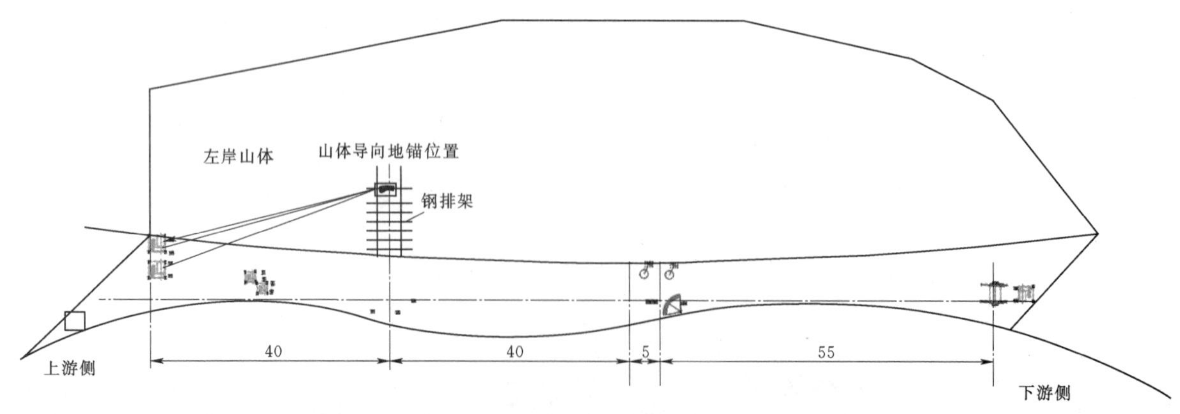

图 1　左岸沿江公路安装场地布置示意图（单位：m）

2.2 ϕ14mm→ϕ24mm→ϕ32mm 循环绳安装

（1）过江绳安装：从上游距离缆机安装轴线约800m处钢索桥将 ϕ16mm 麻绳从左岸江边拉至右岸江边，沿左右岸沿江公路平移至缆机轴线位置处固定，第一个过江绳安装完成。

（2）通过人扛的方式将 ϕ8mm 钢丝绳运输至左岸主地锚平台。将 ϕ8mm 钢丝绳的一端绳头通过导向滑轮后人工沿山体慢慢放至左岸沿江公路安装轴线上后固定，将其中一个绳头绕进临江布置的1＃16t卷扬机内；同时将1600mϕ14mm 钢丝绳全部绕进临江布置的2＃16t卷扬机内，将 ϕ14mm 钢丝绳绳头与 ϕ8mm 钢丝绳绳头插接后，1＃16t卷扬机收绳、2＃16t卷扬机放绳，1＃16t卷扬机将 ϕ8mm 钢丝绳全部收回，2＃16t卷扬机将 ϕ14mm 钢丝绳全部放出，此时左岸形成 ϕ14mm 钢丝绳半循环。

（3）将 ϕ8mm 钢丝绳从1＃16t卷扬机上全部退出，通过人扛的方式将 ϕ8mm 钢丝绳运输至右岸主地锚平台。将 ϕ8mm 钢丝绳的两端绳头通过导向滑轮后人工沿山体慢慢放至右岸沿江安装轴线处固定。在左岸沿江公路将 ϕ14mm 钢丝绳全部绕进2＃16t卷扬机内，绳头通过山体导向滑轮后与过江绳连接，2＃16t卷扬机放绳、人工通过过江绳将 ϕ14mm 钢丝绳拉至右岸后与 ϕ8mm 钢丝绳的其中一根绳头相连接；将右岸 ϕ8mm 钢丝绳另一个绳头通过过江绳牵引至左岸通过山体导向滑轮绕进1＃16t卷扬机内。1＃16t卷扬机收绳、2＃16t卷扬机放绳、当1＃16t卷扬机将 ϕ8mm 钢丝绳完全收回时，打开 ϕ8mm 钢丝绳与 ϕ14mm 钢丝绳的连接并将 ϕ8mm 钢丝绳退出后，ϕ14mm 钢丝绳绕进1＃16t卷扬机内。此时 ϕ14mm 钢丝绳两端通过右岸平台导向滑轮与1＃、2＃16t卷扬机相连，形成半跨式循环绳。

（4）左岸山体 ϕ14mm 钢丝绳上游侧绳头与1＃16t卷扬机 ϕ14mm 钢丝绳相连，1＃16t卷扬机放绳、2＃16t卷扬机收绳，将左岸山体 ϕ14mm 钢丝绳上游侧绳头拉至右岸半山导向平台处，绳头绕过导向滑轮后再与1＃16t卷扬机 ϕ14mm 钢丝绳相连，此时1＃16t卷扬机收绳、2＃16t卷扬机放绳，拉至左岸临江安装平台后，将1＃16t卷扬机内 ϕ14mm 钢丝绳与左岸山体下游侧 ϕ14mm 钢丝绳相连后，左岸山体 ϕ14mm 钢丝绳上游侧绳头绕进1＃16t卷扬机。此时1＃、2＃16t卷扬机同时收绳，形成1＃16t卷扬机 ϕ14mm 钢丝绳通过右岸半山20t导向滑轮后折回到左岸10t辅助缆机主地锚平台20t导向滑轮后通过左岸主地锚平台导向滑轮后绕进左岸1＃16t卷扬机内，形成 ϕ14mm 钢丝循环绳。

（5）将 ϕ24mm 钢丝绳绕进2＃16t卷扬机后将绳头通过导向滑轮与 ϕ14mm 钢丝绳绳头相插接，2＃16t卷扬机收绳后，通过牵拉 ϕ24mm 钢丝绳沿着 ϕ14mm 循环绳的轨迹将 ϕ14mm 钢丝绳完全代替，形成循环绳。

利用同样的方式最终形成 ϕ32mm 循环绳（见图2）。

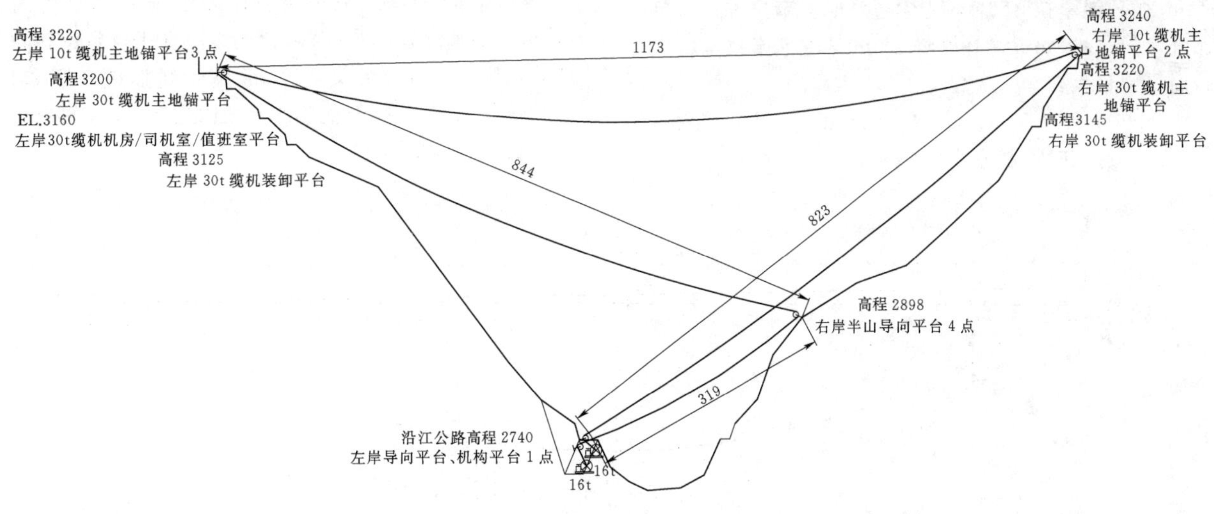

图2　ϕ32mm 循环绳示意图（单位：m）

3　主索安装

3.1　主索安装步骤

根据施工现场实际情况，通过比较辅助索架设安装主索方案及固定卷扬机单循环牵拉主索、主索首尾相连、滑轮组2次张紧方案，后者方案更加具有科学性和可操作性。

（1）将1＃主索放置主索支架上抱闸安装完好，牵拉主索索头通过左岸沿江道路主索导向装置，与 ϕ32循环绳单头连接并安装防打扭装置，通过1＃16t卷扬机牵拉主索，沿右岸山体至右岸主地锚平台。通过主索导向滑轮后，1＃主索卷筒支架继续放主索，ϕ32mm 循环绳继续牵拉主索过江，当1＃主索完全放出时利用溜绳固定，将1＃主索卷筒吊离同时将2＃主索卷筒安装至主索支架上，将2＃主索头与1＃主索尾部索头利用方卡相连接。2＃主索卷筒支架继续放主索，ϕ32mm 循环绳牵引主索继续过江，当1＃、2＃主索索头到达右岸主地锚平台后，将2＃主索溜住，1＃主索索头通过主索导向滑轮轮后，主索索头在人工牵拉通过主索马鞍后与墩墙上的锚固端连接。

（2）ϕ32mm 循环绳继牵拉主索过江，1＃主索索头牵拉至30t缆机卸车平台位置后，将主索固定，与25t滑轮组连接，利用（3－3滑轮）进行张拉。1＃主索索头张拉至机房位置后安装大方卡，利用80t滑轮组与提升卷扬机作为张拉工具进行张拉。

（3）主索索头达到30t固定式缆机支墩处，索头通过主索马鞍与主索调整机构连接。调整主索垂度，1＃主索安装完成。

（4）1＃主索安装完成后，通过循环将 ϕ32mm 循环绳牵拉至右岸主地锚平台，2＃主索通过主索导向轮直接与 ϕ32mm 循环绳绳头相连接，牵拉2＃主索过江，用安装1＃主索的方法，将2＃、3＃、4＃主索安装完成。

3.2 主索安装过程力量计算

（1）ϕ32mm 循环绳牵拉主索至右岸导向受力计算。ϕ32mm 循环绳牵拉 ϕ50mm 主索过江时，牵拉方式为单头循环牵拉，ϕ32mm 循环绳将 ϕ50mm 主索牵拉至右岸平台时受力最大：

由已知条件 $L=640$m，$h=482$m，$q=16$kg/m，$f=210$m（过江时控制垂度）。

根据公式：

$$H_{水}=q\times L^2/(8f_{max}\cos\beta)$$
$$V_{垂}=q\times L/2\cos\beta+H_{水}\times h/L$$
$$T_{max}^2=H_{水}^2+V_{垂}^2$$

得
$$H_{水}=16\times640\times640/(8\times210\times0.8)=4.87\text{t}$$
$$V_{垂}=16\times640/2/0.8+4870\times482/640=10\text{t}$$
$$T_{max}=11.1\text{t}$$

又已知 ϕ32mm 钢丝绳最小破断拉力为64.5t，安全系数 $N=64.5/11.1=5.8>4$，同时小于卷扬机的牵拉吨位，符合规范要求。

（2）ϕ32mm 循环绳牵拉主索至左岸过程分析。

1）当 ϕ32mm 循环绳单头牵拉主索至左岸过程中，牵引力只能控制在16t的范围内，因此当主索张力达到16t时，主索索头到达中转的位置相对重要。为了安全起见，将30t缆机卸车平台作为中转位置（见图3）。

通过测量得到以下数据：跨距 $L=1162.5$，高差 $h=12.7$m，主索索长 $S=1138.5$m，$q=16$kg/m，通过CAD模拟地形主索索头到达卸车平台时 $f_{max}=315$m。

根据公式：

$$H_{水}=q\times L^2/(8f_{max}\cos\beta)$$
$$V_{垂}=q\times L/2\cos\beta+H_{水}\times h/L$$
$$T_{max}^2=H_{水}^2+V_{垂}^2$$

$T_{max}=12.7$t 远小于卷扬机牵引拉力16t，满足牵拉要求。

2）此时主索索头距离左岸安装平台水平距离为150m，距离较远，采用80t滑轮组一次张拉到位相对困难，利用25t滑轮组及 ϕ24mm 钢丝绳形成3股牵拉，最大牵拉力25t，拉至机房平台处作为2次80t滑轮组张拉中转平台（见图4）。

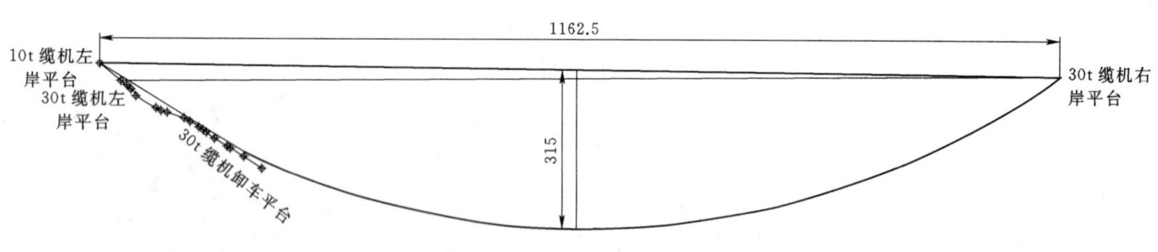

图3　1＃索头达到左岸卸车平台示意图（单位：m）

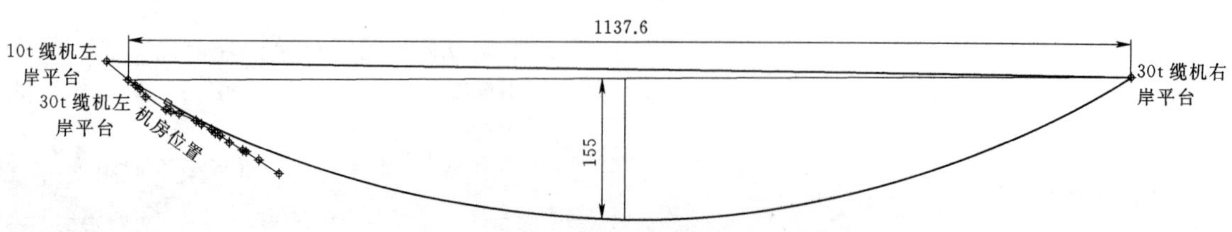

图4　1＃索头达到左岸机房平台示意图（单位：m）

通过测量得到以下数据：跨距 $L=1137.6$，高差 $h=7.32$m，主索索长 $S=1138.5$m，$q=16$kg/m 通过CAD模拟地形主索索头到达机房平台时 $f_{max}=155$m。

根据公式：

$$H_水=q\times L^2/(8f_{max}\cos\beta)$$

$$V_垂=q\times L/2\cos\beta+H_水\times h/L$$

$$T_{max}^2=H_水^2+V_垂^2$$

$T_{max}=19$t 远小于滑轮组最大承受力 25t，满足要求。

此时机房平台距离主索锚固装置距离较近，适合主索张紧大方卡及张紧滑轮组在此位置安装。

(3) 滑轮组张紧主索索头悬挂受力分析。

已知：30t 缆机左右岸主索马鞍跨距 $L=1138.23$m，实际高差 $h=3.875$m，光索安装时垂跨比为4.825%，垂度 $f=54.92$m，主索单重 $q=16$kg/m（见图5）。

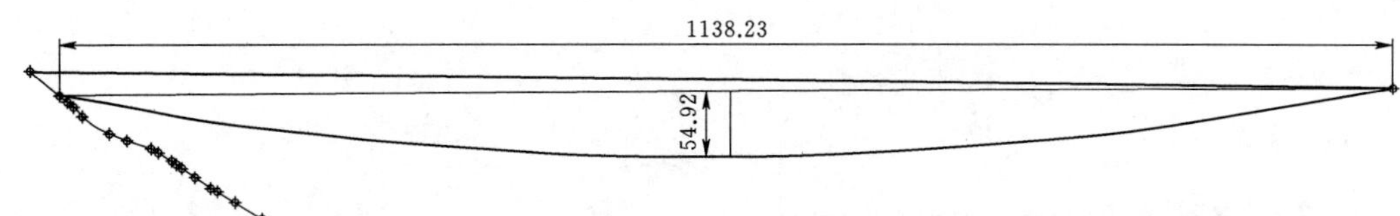

图5　1#索头安装完成示意图（单位：m）

根据公式：

$$H_水=q\times L^2/(8f_{max}\cos\beta)$$

$$V_垂=q\times L/2\cos\beta+H_水\times h/L$$

$$T_{max}^2=H_水^2+V_垂^2$$

主索最大张力 $T_{max}=48$t。

滑轮组额定起重 80t，张紧绳为 ϕ32mm 钢丝绳（ϕ32mm 钢丝绳破断拉力：64.5t），穿插顺序为顺插，穿插股数为5股，提升卷扬机拉力为15t。

滑轮组最大拉力为80t，远大于主索最大张力48t，完全满足主索张紧索头悬挂的要求。

4　主索垂度调整

1#～4#主索安装完成后，利用主索垂度调整装置、水平仪，依据其中1根主索垂度为基础，调整其余3根主索垂度，使其4根主索的垂度误差控制在1/2主索直径的范围之内。

5　结语

目前在国内外大中型水利水电工程前期建设中，为了尽快实施坝肩高边坡危岩清理，防止地质灾害危险，大吨位固定式缆机的使用越来越广泛。叶巴滩水电站30t固定式缆机4根主索顺利安装成功，为相同施工条件下大跨距、高扬程、大吨位缆机的安装积累了宝贵的经验，开辟了一条新的安装思路，无论在经济、技术和安全方面都具有在其他类似领域推广的独到之处。

参考文献

[1]　严自勉，顾斯照. 缆索起重机［M］. 北京：中国电力出版社，2010.

[2]　杨文澜. 起重吊装常用数据手册［M］. 北京：人民交通出版社，2002.

沂蒙抽水蓄能电站厂房岩壁吊车梁开挖施工质量控制和安全管理探讨

李丽霞/中国水利水电第四工程局有限公司
彭小东/西华大学能源与动力工程学院

【摘　要】岩壁吊车梁作为地下厂房最重要的结构部位，其开挖成型质量至关重要。本文依托沂蒙抽水蓄能电站地下厂房岩壁梁开挖，介绍了开挖分区、工艺流程和施工难点，探讨了施工质量控制及安全管理等问题，可为类似工程提供参考。

【关键词】地下厂房　岩壁吊车梁　开挖施工　质量控制

1　工程概况

沂蒙抽水蓄能电站位于山东省临沂市费县薛庄镇境内。电站总装机容量为1200MW，装设4台单机容量为300MW的混流可逆式水轮发电机组，为Ⅰ等大（1）型工程。工程由上水库、输水系统、地下厂房系统、地面开关站及下水库等建筑物组成。

根据厂房开挖岩石揭露情况，围岩主要为微风化—新鲜岩体，岩性主要为片麻状闪长岩、花岗闪长岩及石英脉，岩体透水率0.05～0.4Lu，属于微—极微透水岩体，围岩以Ⅱ类围岩为主，局部裂隙或岩脉发育部位围岩类别为3类。岩壁吊车梁根据厂房分层位于第三层，高程142.83～145.33m，布置在“厂右0+16.35～厂左0+136.85”的上下游边墙（主机间、安装间部位），单侧岩壁梁长153.2m。岩壁梁岩台上下拐点开挖高程分别为144.13m、142.83m，斜面长度1.5m，与铅垂面的夹角为30°。

2　岩壁吊车梁开挖施工流程及难点分析

2.1　施工工艺流程

地下厂房采用分区分层开挖方式，其中第三层开挖长度173m，开挖高程：138.8～146.6m，分层高度7.8m，最大跨度为27m，分4个区进行开挖。岩壁吊车梁岩台开挖为第4区，岩台开挖宽度为0.75m。

岩壁吊车梁开挖施工工艺流程：第三层（岩壁吊车梁）开挖前期准备→开挖分区→拉槽与保护层超前预裂孔施工→岩台竖直周边孔钻孔支架安装及钻孔施工→中部拉槽开挖施工→保护层开挖施工→岩台倾斜孔钻孔支架安装及钻孔施工→岩台爆破试验→岩台开挖施工→锁边锚杆及喷混凝土保护层施工。

为保证岩壁吊车梁开挖质量，岩壁吊车梁的开挖采用了多重缓冲、光爆控制爆破技术，分层分块进行剥离。岩壁吊车梁拉槽开挖结合保护层开挖进行施工，中部拉槽梯段爆破推进50m后，开始进行上下游两侧岩壁吊车梁基础预留保护层（2区、3区）的开挖；上下游预留保护层开挖错距30m进行，预留保护层（2区、3区）开挖错距15m进行。待预留保护层开挖完成后及时验收岩台下部边墙，待支护锁脚短锚杆完成后进行岩台部分（4区）施工。在进行逐区、逐块开挖的同时，测量全程跟踪控制开挖高程及开挖范围。厂房岩壁吊车梁开挖典型断面开挖分区（见图1）。

2.2　施工难点

（1）地下厂房开挖长173.0m、宽27.0m（25.5m），整体跨度较大，施工中采用中部拉槽及超前预裂的方式进行分区开挖，以释放应力。开挖完成后对不良地质段采用锁边锚杆锚固和喷混凝土保护层来约束岩体变形及控制应力释放。

（2）岩壁吊车梁施工是地下厂房系统开挖的重点和难点。结合厂房岩壁吊车梁开挖高质量要求，合理的分层设计是保证岩壁吊车梁施工的根本。岩台部分开挖采用竖直孔与斜孔光爆孔一次爆破的方式，减少爆破对岩壁的扰动，确保开挖质量。

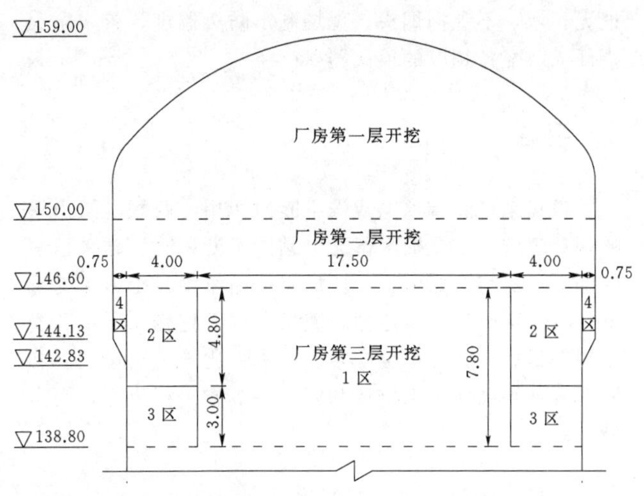

图1　岩壁吊车梁开挖典型断面开挖分区示意图（单位：m）

3　岩壁吊车梁开挖施工质量控制

岩壁吊车梁作为地下厂房最重要的结构部位，关系到今后电站厂房永久运行期的安全，尤其是保障岩台控制开挖是岩壁吊车梁施工质量控制管理的关键环节。为此，施工单位建立健全了质量保证体系，编制了详细的施工方案，明确了施工质量控制点和相应的管理措施，在开挖过程中对每一个步骤、细节都精心考虑，实施程序化操作、规范化控制、标准化管理。具体质量控制措施体现在以下几个方面。

3.1　施工质量控制要求

（1）地下厂房岩壁吊车梁开挖时，两侧通过预裂孔预留保护层，预留保护层的开挖应在中心拉槽开挖超前50m后进行。

（2）岩壁吊车梁保护层的开挖必须采用光面爆破技术，采用密孔打眼、隔孔装药、多循环、小进尺，并严格控制一次起爆装药量，以形成平整的最终开挖面，使超挖量最小，并使围岩松动范围达到最小，力求避免围岩出现爆破裂隙或有构造裂隙进一步发展以及恶化地质条件等现象。

（3）岩壁吊车梁的岩壁开挖必须采用光面爆破技术，爆破参数需经现场试验确定，严格控制一次起爆药量，确保岩壁成型，保证岩壁的完整和稳定，尽量减少由于爆破而产生的岩石松动范围，要求实测松动范围小于20cm。

（4）岩壁吊车梁部位不允许欠挖，在保证岩壁成型及设计要求下允许局部超挖，超挖不大于15cm。

（5）为保证岩壁吊车梁成型质量，可考虑在爆破前完成岩壁梁下部的锁角锚杆施工，加强拐点保护（$\phi 25L=1.5$m@1000mm），另外对于岩石破碎的部位增设∟50×50×3mm角钢连接锚杆，并在下拐点以下1m范围内进行喷混凝土5cm厚加固。

3.2　施工质量全过程控制

（1）施工准备阶段的保证措施：包括技术交底会、员工培训制度、预警预控制度、重点复杂部位的施工预案、重点工序的施工导则等。

（2）过程控制措施：三级检查控制制度、施工工艺设计制度、单元工程制度、施工过程奖罚制度、重点工序质检员旁站监督制度、积极推广采用新工艺、新技术等。

（3）事后控制措施：月季年检查考核评比制度、建立快速反应机制、质量周月例会、质量专题会制度等。

4　岩壁吊车梁开挖施工安全管理

为保证岩壁吊车梁施工安全，施工单位根据国家有关规定和条例，认真贯彻“安全第一，预防为主”的方针，严格执行安全生产责任制，明确各级人员的职责，狠抓施工安全生产，结合施工项目部实际情况和工程的具体特点，建立施工安全生产管理体系。为了确保施工安全保证体系的有效进行，建立以安全生产责任制为核心的各级人员安全生产责任制和管理办法，建立有效的安全教育和安全技术制度。

开挖施工前，做好安全技术措施的编制和落实工作，做到施工技术措施与施工安全措施同步。开挖施工过程中，施工项目部自始至终地开展安全教育工作，技术交底的同时进行安全交底，施工安排的同时进行安全生产安排，施工检查的同时进行安全检查。岩壁吊车梁施工方案中包含有针对性的安全技术措施，做到了如下几点：

（1）对地下厂房开挖施工场地作出详细的部署和安排，出渣、进料及材料堆放场地妥善布置，对风、水、电、路等设施作出统一安排，在交通兼安全洞口设该洞室施工场地布置图，供作业人员方便使用。

（2）由于厂区内洞室复杂，未完成安全处理的地段应标识清楚。所有隧洞各工作面施工人员必须充分熟悉工作面的情况，作业人员未经允许不得到不熟悉的工作面，夜班的施工作业人员必须熟悉所施工的工作面情况，新员工不得安排在夜间作业。

（3）在开挖期间施工技术人员必须随时掌握地质情况、施工技术要求及施工安全技术要求，并以书面的形式向作业人员交底。未进行安全技术交底的作业人员不得上岗。

（4）爆破作业除按照规定的时间外，还必须统筹作出每天各洞室的爆破时间安排，尽量控制每班爆破的单响药量。

（5）开挖期对于已施工的部位要做好混凝土的防护工作，除采取控制爆破防止振动外，对于爆破飞石，采取在混凝土表面覆盖木板，木板上设置橡胶轮胎等缓冲物削弱飞石的冲击力。

(6) 遇有不良地质地段时，应按照“先治水，短开挖，弱爆破，先护顶，强支护，早衬砌”的原则稳步前进。

(7) 针对使用的各种机械设备、用电设备可能给施工人员带来的危险因素，从安全保险装置、限位装置等方面采取安全技术措施。

(8) 针对施工中尘、毒、噪、易燃、易爆（如炸药库、油库）等作业可能给施工人员带来的危险的因素，制定相应的防范措施。

(9) 施工现场道路，各种管、线、缆顺直畅通，场地无积水，不乱扔烟头。现场制定防火制度，落实防火责任人，配备相应的灭火器材。

5 结语

近年来，随着水电建设不断向四川、西藏的崇山峻岭深处迈进，以及抽水蓄能电站的不断兴建，越来越多的地下厂房将开始施工，厂房岩壁吊车梁开挖施工的重要性将不断凸显。为达到岩壁吊车梁开挖施工质量和安全预期目标，施工单位应当进一步强化施工质量控制和安全管理，确保施工质量和安全，节省工程成本，提高社会效益。

不锈钢复合钢衬纵缝新型坡口的焊接

郭平俊　路亚龙/中国水利水电第四工程局有限公司

【摘　要】 通过对白鹤滩水电站泄洪深孔不锈钢复合钢衬纵缝坡口型式的优化及改进，同时结合双相奥氏体不锈钢复合钢板焊接性能分析，探讨了该新型纵缝坡口的可焊性。通过试验分析，该新型坡口不仅解决了该复合钢板焊接性能差的难题，同时可以保证在基层侧清根，保护不锈钢面，提高焊接效率及质量。

【关键词】 水电站　复合钢板　焊接　工艺

1　白鹤滩水电站泄洪深孔钢衬概况

白鹤滩水电站枢纽由拦河大坝、泄洪建筑物、引水发电建筑物等组成，拦河大坝为混凝土抛物线双曲拱坝，拱坝高度289m，坝顶高程834m，双曲拱坝内设有6个导流底孔、7个泄洪深孔和6个表孔，坝后水垫塘消能。

大坝泄洪深孔共7孔，布置在15♯～21♯坝段内，每孔内钢衬由进口段、孔身段、出口段、通气孔以及支撑大梁组成。钢衬标准节断面尺寸为12m×5.5m，进口段为喇叭形，孔身段采用椭圆曲线，出口段为压力上翘及散射结构，钢衬设有纵横交错的加劲肋板，面板复层材质（过流面层）为奥氏体-铁素体型双相不锈钢022Cr23Ni5Mo3N（S22053），厚度4mm，基层材质为热轧低合金高强度结构钢Q345C，厚度20mm，外侧肋板为Q345C，板厚20mm。

奥氏体-铁素体型双相不锈钢是由铁素体（占比40%～60%）和奥氏体（占比40%～60%）组成，在焊接热循环作用下会发生明显的相对比例变化，当加热温度足够高时，就会发生奥氏体相向铁素体相的转变，从而使铁素体增多，奥氏体减少，甚至可能完全变成纯铁素体组织，而铁素体在超过475℃时会发生脆化倾向，使接头的力学性能和耐蚀性能下降，从而失去双相组织所具有的特性。因此，奥氏体-铁素体型双相不锈钢在焊接时必须严格控制母材和焊接材料的成分、焊接工艺参数以及焊接热输入，尽量用小电流、高焊速、窄焊道和多道焊，层间温度不宜太高，最好冷后再焊下一层，使接头能形成足够数量的 y 相，以保证接头所需的力学性能和耐蚀性能。

2　新型坡口与设计坡口的对比

2.1　设计坡口的制备

设计坡口在制备过程中，首先在基层侧形成偏向不锈钢面的15°坡口，然后在不锈钢面靠近坡口的位置进行5mm的切割加工，最后在不锈钢面形成45°的坡口，最终设计坡口如图1所示。

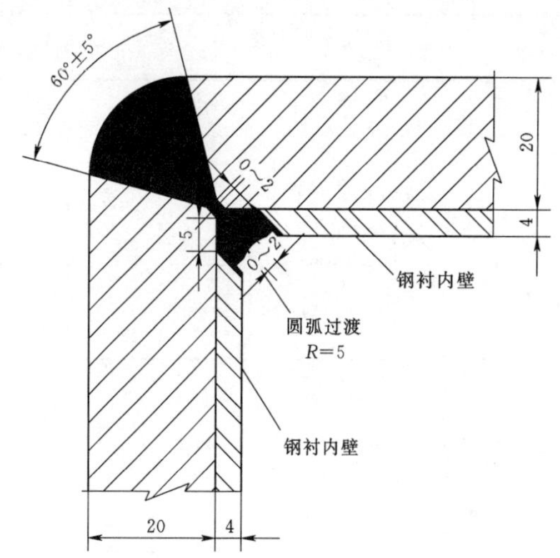

图1　设计坡口形式（单位：mm）

设计坡口的缺点：坡口的制备过程烦琐，精度难以控制，同时投入设备种类多，不能保证精准高效的生产，并需要在不锈钢侧进行焊缝清根处理，不利于不锈钢面的保护。

2.2　新型坡口的制备

新型坡口在制备过程中，采用半自动等离子切割机在不锈钢侧切割形成60°单边坡口，一次成型，最终新型坡口如图2所示。

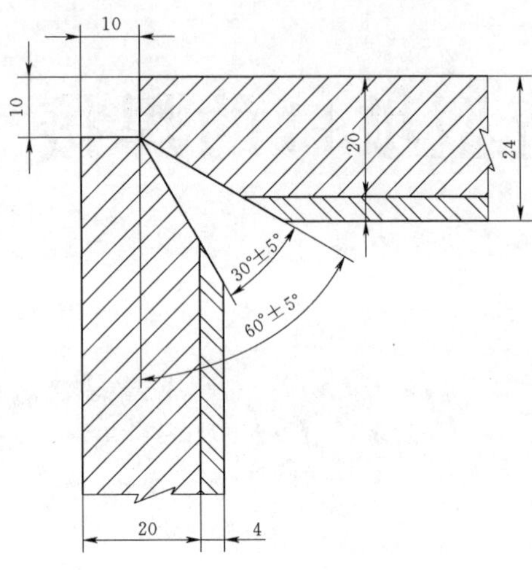

图2　新型坡口型式（单位：mm）

新型坡口的优点：坡口的制备过程简单，容易控制，投入设备少，可高效生产，且不需要在不锈钢侧进行焊缝清根处理，有利于不锈钢面的保护。

3　复合钢板化学成分及焊材的选择

3.1　基层侧Q345C的化学成分及焊材选择

目前，国内各行业对于Q345C碳钢板的焊接工艺已经非常成熟，一般采用J507焊条。

3.2　复层侧022Cr23Ni5Mo3N（S22053）化学成分及焊材选择

针对双相不锈钢复合板的焊接性能，结合以往类似工程的经验，采用E2209－16焊条。

表1　Q345C化学成分

化学成分/%							力学性能					
C	Si	Mn	P	S	Nb	V	冲击吸收能量 kV^2 /J	弯曲试验 180°	下屈服强度 R_{el} /MPa	抗拉强度 R_{el} /MPa	断后延伸率 A/%	硬度值 HB
≤0.2	≤0.5	≤1.7	≤0.03	≤0.03	≤0.07	≤0.15	≥34	$d=3a$	≥335	470～630	≥21	—
Ti	Cr	Ni	Cu	N	Mo	A1S						
≤0.2	≤0.3	≤0.5	≤0.3	≤0.012	≤0.1	≥0.015						

表2　022Cr23Ni5Mo3N（S22053）化学成分

化学成分/%									力学性能				
C	Si	Mn	P	S	Ni	Cr	Mo	N	规定塑性延伸强度 $R_{p0.2}$ /MPa	抗拉强度 R_{el} /MPa	断后延伸率 A/%	硬度值	
												HBW	HRC
≤0.03	≤1.0	≤2.0	≤0.03	≤0.02	4.5～6.5	22～23	3～3.5	0.14～0.2	≥450	≥655	≥25	≤293	≤31

4　焊接工艺评定

4.1　焊接工艺参数

焊接顺序、速度、电流等参数均对材料的组织和性能有一定的影响。焊接速度快、电流小，焊缝会形成未焊透的缺陷，焊接速度小、电流大，焊缝会形成咬边的缺陷，同时，会造成双相不锈钢温度过高，造成内部镍元素的分布不均，影响双相不锈钢复合板的抗腐蚀性能。所以，必须同时保证焊接速度与焊接电流在允许区间。应用于新型坡口纵缝焊接工艺参数见表3。

表3　焊接工艺参数选择

焊条规格	平焊 /A	立焊 /A	仰焊 /A	焊接速度 /(mm/min)
J507，$\phi3.2$	120～150	120～140	90～120	60～80
J507，$\phi4.0$	160～200	140～180	140～160	60～80
E2209－16，$\phi3.2$	90～130	90～120	80～110	60～80

4.2　焊接顺序及控制点

（1）复层侧坡口的基层部位①②焊接。采用J507焊条手工电弧焊焊接。先焊接图示部位①，采用$\phi3.2$mm焊条，电流130～140A，电压28～32V，保证熔深，且不得触及过渡层与不锈钢面，再焊接图示部位

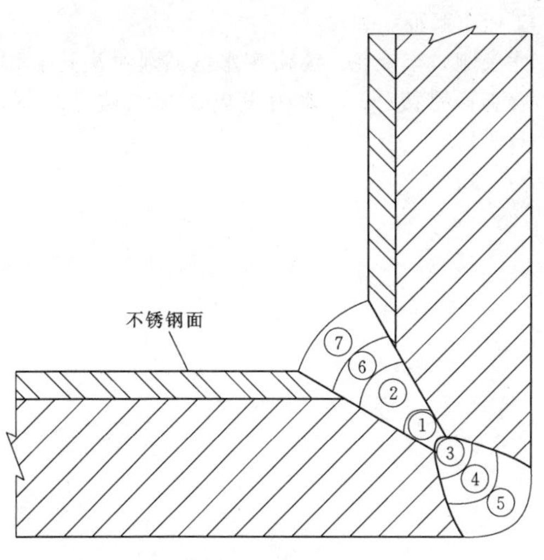

图3　焊接顺序

②，该部位焊接速度稍微慢一点，采用 ϕ4.0mm 焊条，电流 120～140A，电压 26～32V，保证熔敷金属厚度，但是不能超过过渡层，与过渡层间距控制在 2～4mm。

（2）基层侧清根并进行部位③④⑤焊接。碳弧气刨机采用 ϕ8mm 碳棒对基层侧进行清根，注意清根深度，一是保证清根彻底，确保焊缝质量，二是避免清根过深，造成背部焊缝过薄二次受热开裂。清根完成后采用角磨机打磨坡口，坡口需平整圆滑，呈 U 形，然后采用 J507 焊条手工电弧焊焊接。先焊接图示部位③，采用 ϕ3.2mm 焊条，电流 120～130A，电压 26～30V，保证熔深，再焊接图示部位④，采用 ϕ4.0mm 焊条，电流 130～140A，电压 28～32V，保证熔深及填充量，最后焊接图示部位⑤，采用 ϕ3.2mm 焊条，电流 120～125A，电压 26～30V，控制小电流焊接，保证焊缝外观成形。

（3）复层侧过渡层及不锈钢面⑥⑦焊接。首先利用角磨机对复层侧焊缝表面进行打磨，两侧 300mm 范围内喷涂防飞溅液，然后焊接过渡层，即图示部位⑥，采用 ϕ3.2mm 的 E2209－16 不锈钢焊条手工电弧焊焊接，电流 100～110A，电压 28～32V，焊接过程中注意焊接电流不要过大，避免造成线能量过大而出现裂纹，焊接完成后，利用角磨机进行坡口打磨，待坡口打磨光滑后进行 PT 检测，无裂纹、无气孔后，再进行不锈钢盖面，采用 ϕ3.2mm 的 E2209－16 不锈钢焊条手工电弧焊焊接，电流 90～100A，电压 26～28V，为保证双相不锈钢焊接质量，严格控制双相不锈钢盖面采用小电流、多层多道焊接，保证焊接质量。

（4）焊缝表面消缺。焊缝焊接完成后，复层侧盖面焊缝进行抛光打磨，检查是否存在表面气孔、咬边及裂纹等缺陷，并及时进行消缺处理，基层侧焊缝外观进行打磨，并对飞溅、咬边等缺陷进行处理。

（5）焊缝无损检测。对表面消缺完成且外观检查合格的焊缝，基层侧先进行 100%UT 探伤，无缺陷后，然后对复层焊缝表面进行 100%PT 检查，按照相关标准规定评定焊缝质量须合格。

4.3　相关机构的检验

对检验合格后的焊接试件委托国家金属制品质量监督检验中心进行检验，并出具相关报告，焊缝质量以及力学性能试验检测数据均满足白鹤滩水电站泄洪深孔钢衬施工技术要求及《不锈钢复合钢板和钢带》（GB/T 8165—2008）标准要求。

5　应用效果与结论

5.1　应用效果

白鹤滩水电站泄洪深孔钢衬共计 7 孔，总计 156 节，纵向焊缝总长度超过 1600m，为了验证不锈钢复合钢衬纵缝新型坡口的焊接质量，在钢衬的制作及安装过程中，通过对新型纵缝坡口的实际应用，并对所有纵向焊缝进行 100%UT 探伤及外观检查，同时对不锈钢焊缝表面打磨光滑，再进行 100%PT 检测，根据最终完工统计，钢衬纵向焊缝一次验收合格率达到 98.99%，第三方抽检合格率达到 99.86%，完全满足钢衬制作与安装设计规范技术、质量要求，同时满足各项节点工期要求。

5.2　结语

（1）不锈钢复合钢衬纵缝新型坡口采用半自动等离子切割机一次性切割成型，与原设计双面坡口形式相比减少了切割次数，比刨边机的坡口加工又更加高效，同时避免了大型刨边机设备的投入，降低了成本，提高了效率，保证了履约。

（2）不锈钢复合钢衬纵缝新型坡口的实际应用，有效地解决了不锈钢面易污染、难以保护的问题，纵缝新型坡口与原设计坡口相比改变了焊接顺序，先进行不锈钢复合钢衬不锈钢侧基层焊接，然后于基层侧进行清根及打磨处理，再进行基层侧焊接及盖面，最后进行不锈钢侧过渡层、不锈钢盖面焊接，纵缝新型坡口避免了不锈钢面的清根，既解决了不锈钢面易污染、难以保护的问题，又减少了现场施工人员的打磨工作量。

（3）不锈钢复合钢衬纵缝新型坡口的实际应用中，针对每条纵缝焊后均进行 100%UT 与不锈钢焊缝表面 100%PT 探伤检测，一次验收合格率达到 98.99%，第三方抽检合格率达到 99.86%，焊缝质量显著提高，解决了双相不锈钢的焊接难题，积累了丰富的经验。

参考文献

[1]　莫让华，文仁兴．溪洛渡拱坝泄洪深孔钢衬制安的质

量控制［J］．水电设计，2012（12）：15．
［2］ 漆卫国．三峡工程泄洪深孔不锈复合钢板的焊接工艺［J］．焊接技术，2001，30（3）：9-11．
［3］ 王洪光．实用焊接工艺手册［M］．2版．北京：化学工业出版社，2018．
［4］ 熊荣刚，李亚伟．溪洛渡水电站泄洪深孔不锈钢复合钢衬焊接［J］．水力发电金属结构，2013（8）：39-48．

ME115t+115t门式起重机安装施工方法

杜天建/中国水利水电第四工程局有限公司

【摘　要】ME115t+115t型门式起重机结构为双桁架主梁，刚性腿，柔性腿，起重小车等主要部件组成。主钩起重 $G=180t$，副钩起重 $G=5t$；跨度 $S=40m$，主梁上翼缘顶面距大车轨道面高度 $H=22.5m$，基距=11.6m，双主梁中心线间距2.6m。通过ME115t+115t型门式起重机安装施工方法、施工程序和施工经验的总结，可为其他类似工程的施工提供参考。

【关键词】门式起重机　安装施工

1　工程概况

ME115t+115t型门式起重机结构为双桁架主梁，由刚性腿、柔性腿、起重小车等主要部件组成。主梁两端由端梁连接，刚性腿和柔性腿下端分别由下横梁连接，下横梁与行走机构连接；主钩起重 $G=180t$，副钩起重 $G=5t$；跨度 $S=40m$，主梁上翼缘顶面距大车轨道面高度 $H=22.5m$，基距=11.6m，双主梁轨距2.6m。MG180/5-40m型门式起重机结构部件的数量和重量数据（见表1）。

表1　ME115t+115t型门式起重机结构部件参数数据表

序号	名　称	数量	材料	单重/t	总计/t
1	刚性支腿（含下横梁及行走台车）	2	Q235B	33t	66t
2	主梁（含走台及栏杆）	2	Q235B	20t	40t
3	起重小车总成	2	Q235B	10t	20t
4	梯子及平台	1	Q235B	2t	2t
5	司机室	1	Q235	1t	1t
6	吊具	1	Q235B	3t	3t
7	电缆卷筒总成	1		1t	1t
8	电气	1		2t	2t
9	合计				135t

2　主要施工方法

2.1　地基承载力验算

260t汽车吊安装180t门式起重机主梁（180t安装最重的构件）时的状态为例，验算汽车吊支腿地基承载力（见表2）。

表2　260t汽车吊重量及尺寸参数

质量参数	行驶状态自重（总质量）/kg	72000	备注
	最大配重质量/kg	85000	
尺寸参数	外形尺寸（长×宽×高）/mm	14925×3000	不含吊臂
		15850×3000×4000	含吊臂
	支腿纵向距离/m	8.8	
	支腿横向距离/m	8.7（全伸）、6.5（半伸）	

起吊时地基承载力验算（按最大件重量40t计算），支腿最大反力出现在起重臂经过后支腿的时候。

汽车吊自重 $G_1=72t$；配重 $G_2=85t$；吊重 $G_3=40/2=20t$（双机抬吊）；$F_1\sim F_4$ 为各支腿反力。根据平衡原理：

$$F_1+F_2+F_3+F_4=G_1+G_2+G_3$$

$\sum M_x=0$，$\sum M_y=0$，即

$F_1+F_2+F_3+F_4=72+85+20=177t=1770kN$

$\sum M_x=G_1\times7.872+G_2\times(5.842+4.255)-G_3\times(20-5.842)-F_2\times6.478-F_3\times5.874-F_4\times12.352=0$

$\sum M_y=G_1\times2.263+F_2\times5.808-F_3\times6.552-F_4\times0.745=0$

由上述公式推出：

$$F_1+F_2=766kN$$
$$F_3+F_4=1004kN$$
$$F_2+F_4=852kN$$
$$F_3=F_2+152kN$$
$$F_4=F_1+86kN$$

因 $F_1 \sim F_4 \geqslant 0$，假设 $F_1 = 0$ 或者 $F_2 = 0$，可知当 $F_1 = 0$ 时，$F_3 = 918\text{kN}$ 为最大值。

冲击系数按 1.2 考虑，支腿反力最大值 $F_{max} = 918 \times 1.2 \approx 1102\text{kN}$。

吊车负重时的荷载通过铺垫木方和钢板以及混凝土路面均匀地传递到地基土层上。吊车每个主支腿下放置至少 4 根木方，木方下放置 1cm 厚钢板，钢板尺寸约 $1.5\text{m} \times 1.2\text{m} = 1.8\text{m}^2$，则 $\sigma = 1105/1.8 \approx 610\text{kPa} = 0.61\text{MPa}$。

经现场勘查，吊装作业范围是厂区，地面有 20～30cm 厚混凝土路面，按 C20 混凝土抗压强度设计值 = 9.6MPa 计算，可满足吊装需求。

综上所述，吊车摆放场地的地面及地基的承载力完全满足安装作业的要求。

2.2 轨道的检验

轨道基础铺设完成后确定轨道中心线和基础水平距离。轨道由安装负责人、技术负责人、质检部门三方复测验收。安装前应测量轨道的实际情况，选择最佳位置作为门式起重机的安装基准位置。

2.3 地锚布置

在设定安装位置大车轨道上借助全站仪打出一条与轨道垂直的线，然后以该垂线为基准作为各车轮的布置线并做出标记，以该垂线为基准作为各地锚的位置。

2.4 大车运行机构台车、下横梁、主梁地面组装

(1) 主梁地面组装。用 70t 履带吊将主梁各节段梁按出厂记号吊起摆放在枕木上调正，使第一节段主梁与第二节段主梁连接用销轴或螺栓组装为整体，按要求连接好各节段梁。

(2) 支腿地面组装。用 70t 履带吊将支腿各部件吊起按图设定位置摆放，一般采用将二条主立柱、上横梁、下横梁在地面按出厂记号用螺栓或销轴连接好，再组装斜拉杆、横拉杆及平台等使其成为整体，把运行台车组装支腿下部与支腿固定按出厂记号安装到位。为了确保高空组装时的人员安全，在主梁与支腿连接处作业困难时，应在支腿上法兰下方约 1.2m 处搭制施工平台，四周必须有护栏，要满足《建筑施工高处作业安全技术规范》(JGJ 80—2016) 的要求。

2.5 支腿吊装工序

(1) 吊装前把选用 6×19 - 1670 - ϕ19.5 型号钢丝绳（缆风钢丝绳）在支腿上端设定点固定好，在支腿立起后能快速将支腿固定。

(2) 选用直径 34mm，长度为 10m 钢丝绳 2 根（吊装支腿用），将钢丝绳用卸扣固定在支腿上端吊耳上固定好，检查卸扣与钢丝绳安装是否牢固可靠。然后用 260t 汽车吊（刚性腿吊装作业半径 22m，主臂长度 44.9m，额定起吊重量 28t；柔性腿吊装作业半径 30m，主臂长度 44.9m，额定起吊重量 20t）为主要吊装设备将支腿吊装就位。

(3) 支腿安装。刚性支腿重量约为 22t，外形尺寸约 5m×2m×20m，大车行走机构高约 2.5m。

1) 吊索验算。吊点选择在刚性支腿法兰专用吊具上，用 1 条吊索钢丝绳端头用 32t 卸扣连接，钢丝绳与水平线之间的角度约 60°。

刚性支腿重量约为 22t。吊钩和吊索具计 1t。

计算荷载：

钢丝绳受力为 $F = 23/4\sin 60° \approx 6.65\text{t}$；

起吊过程中动载荷系数 K_1 取值 1.1，考虑起吊过程钢丝绳受力不均的情况，不均匀系数 K_2 取值 1.2，则单条钢丝绳计算载荷为：$F_j = 6.65 \times 1.1 \times 1.2 \approx 8.8\text{t}$；

计算选用钢丝绳： $P = FK$

式中 P——钢丝绳破断拉力总和；

F——钢丝绳所受拉力；

K——吊索安全系数，取 6。

则 $P = 8.8 \times 6 \approx 528\text{kN}$；

查 GB 8918—2006《重要用途钢丝绳》相关资料，ϕ34(6×37 1670MPa) 的钢丝绳破断拉力总和为 687kN>528kN，因此选用 ϕ34(6×37 1670MPa) 钢丝绳可满足安全使用要求。

2) 安装刚性支腿用汽车式起重机验算。计算汽车式起重机荷载：

起吊过程中动载荷系数 K_1 取值 1.1。吊钩和吊索具计 1t。

汽车式起重机载荷 $Q_j = K_1 Q = 1.1 \times (22 + 1) = 25.3\text{t}$

支腿高约为 30m，大车行走机构高约 2.5m，吊离地面高度约 1m，吊钩距离支腿顶约 4m，共计起升高度要求：20+2.5+1+4=27.5m。

查 260t 汽车式起重机起重性能表得知：该机工作半径 22m、吊臂长 49.4m 时，起吊高度约 36m>27.5m，额定载荷为 28t>25.3t。满足本次安装支腿的安全作业要求。

(4) 调整支腿垂直度，垂直度误差偏向轨道内侧。

(5) 将缆风绳的一端拉向地锚用 10t 手拉葫芦与各个地锚捆绑连接，支腿内侧和外侧各设 4 根共 8 根缆风绳。缆风绳的选择、使用及安全性验算。

1) 风力和支腿偏摆量引起支腿倾覆力矩（以刚腿受力计算）：

$$M_{倾1} = F_w H_w + G_b H_b = 42134 \times 16.81 + 220000 \times 1.48 = 1033872\text{N} \cdot \text{m}$$

其中 $F_w = C_K hqA = 0.8 \times 1.32 \times 600 \times 66.5 = 42134\text{N}$

式中 G_b——刚性支腿侧重量，$G_b = 220000\text{N}$；

H_w——支腿形心到轨道的垂直高度，$H_w = 16.81\text{m}$；

H_b——支腿形心到轨道的水平距离，H_b = 1.48m；

A——刚性支腿迎风面积，$A=66.5m^2$；

q——计算风压，计算风缆受力时按十一级风计算，风压 $q=600N/m^2$。

2）主梁（按±3度计算）引起支腿的倾覆力矩：

$M_{倾2}=G_xH=41868\times23.7=992271N\cdot m$

其中　G_x——主梁重量的水平分力，$G_x=G_主\ \sin3°=41868N$；

H——主梁底到大车轨道顶的垂直高度，$H=23.7m$。

合力矩为 $M=M_{倾1}+M_{倾2}=2026143N\cdot m$

3）单侧缆风绳承受 X 方向拉力（按2根缆风绳承受倾覆力矩计算，见图1）：

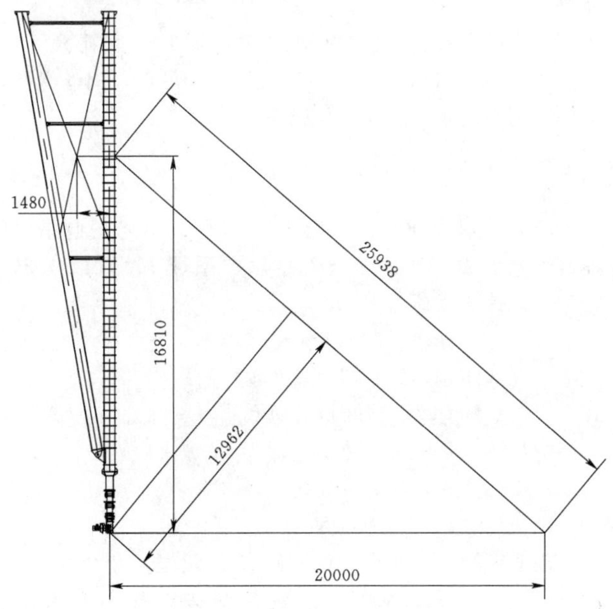

图1　单侧缆风绳承受 X 方向拉力（单位：mm）

$F_合=M/h=2026143/12.962=156314N$，其中 $h=12.962m$（缆风绳拉力的力臂，见图2）。

如图2所示，缆风绳在地面的投影长度为20184mm，缆风绳的垂直高度为16810mm，则缆风绳实际长度：$L^2=20184^2+16810^2$，$L=26267mm$，单根缆风绳与合力夹角 α 的余弦 $\cos\alpha=25938\div26267$，单根缆风绳受力 $F_分=F_合\div2\cos\alpha=77178=77.2kN$。

风缆按4.5倍安全系数选取，要求钢丝绳破断拉力大于347.4kN，选取钢丝绳 6×37－ϕ26－1570，钢丝绳破断拉力 $\sum F=350kN$。

（6）地锚。单根缆风钢丝绳作用在地锚上的拉力为77.2kN，地锚采用2m×2m×2m方形混凝土块埋置在地下做地锚。

配重块受力计算：

由缆风绳受力分析计算可知：单根缆风绳最大反力为77.2kN；

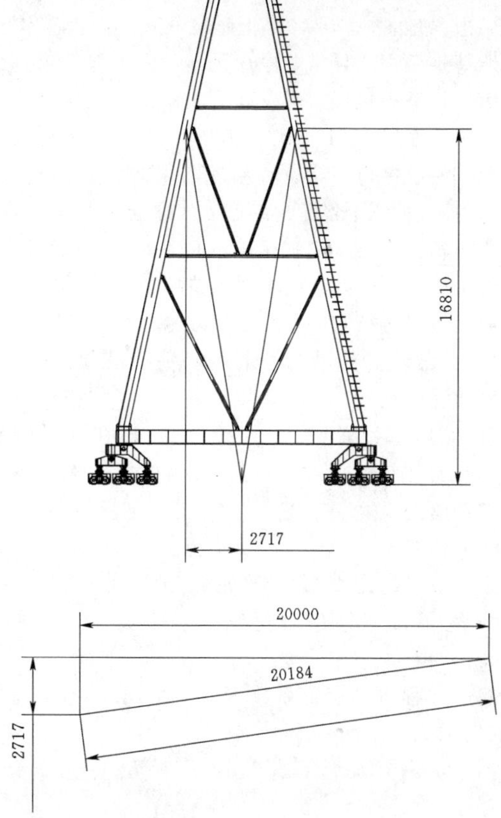

图2　缆风绳拉力力臂（单位：mm）

刚腿侧地锚竖直 $Y=F_分\times\sin40°=10.5t$；

刚腿侧地锚拉平 $X=F_分\times\cos40°=12t$。

混凝土比重按 $2.5t/m^3$ 计算，所需承受的最大竖直拉力为10.5t，制作的配重块体积＝10.5/2.5＝$4.2m^3$，故所需的配重块体积至少为 $4.2m^3$（配重块参考尺寸为1.65m×1.65m×1.65m）。此为刚腿侧地锚。

由受力可知，跨中地锚受力为刚腿侧的2倍，所受最大竖直拉力为21t，制作的配重块体积＝21/2.5＝$8.4m^3$，参考尺寸为2.1m×2.1m×2.1m。

现场配重块四周需加水平止挡，以防止配重块发生水平位移；止挡的高度至少为配重块的2/3，以防止配重块可能发生的倾覆。

支腿固定后用汽车吊把司机室吊起在钢性支腿上部司机室支架上就位，穿入螺栓并紧固将司机室固定在支架上。

2.6　主梁安装

（1）主梁吊装。单片主梁重量约20t，外形尺寸：3.5×30×1.6m。选用6×37－50－1670I型号钢丝绳，长度为10m钢丝绳2根，将钢丝绳捆绑在主梁固定好（捆绑方式采用绕承轨梁方式），采用2台260t汽车吊为主要吊装设备（作业半径20m，主臂长度49.4m，单机额定起吊重量 27.5t）由起重指挥发出起吊信号，把主梁吊离地面 0.3m，静止悬 3～5min，检查钢丝绳以及地基是否存在异常，检查无异常后由起重指挥发出起吊信号指挥吊机慢慢平稳提升主梁，当主梁高度超过支腿上法兰面约 500mm 时，指挥 2 台 260t 吊机缓慢旋转大臂，注意保持主梁横向方向与吊杆尽量保持垂直状态，当主梁法兰螺栓孔与支腿法兰螺栓孔基本相对时，或主梁销轴孔与支腿销轴孔基本相对时，指挥吊机缓慢下降将主梁就位，并连接主梁与支腿法兰或销轴，螺栓采用力矩扳手进行紧固，人工摘除卸扣和钢丝绳。

1）吊索验算。吊主梁采用双机抬吊起吊的方式，吊索钢丝绳两端使用 32t 卸扣，采用 4 个吊点。钢丝绳按垂直计算，钢丝绳长度 25m。吊点选在主梁端头各 5m 位置，提前喷漆做好标记，棱角处使用无缝钢管支垫保护钢丝绳。

计算荷载：

主梁重量约为 40t 吊钩及吊索等计 1t，两端各采用双钢丝绳吊装，每条钢丝绳受静载荷：$F=41t/4/\sin 60=11.8t$。

起吊过程中动载荷系数 K_1 取值 1.1，不均匀系数 K_2 取值 1.2。

则单条钢丝绳计算荷载为 $F_j=F\times 1.1\times 1.2\approx 15.576t$。

计算选用钢丝绳：$P=FK$

式中 P——钢丝绳破断拉力总和；

F——钢丝绳所受拉力；

K——吊索安全系数，绑扎式取 8。

即 $P=FK=155.76kN\times 8=1246.08kN$。

查 GB 8918—2006《重要用途钢丝绳》相关资料，ϕ50（6×37　1670MPa）的钢丝绳破断拉力总和为 1490kN＞1246.08kN，因此选用 ϕ50（6×37　1670MPa）钢丝绳可满足安全使用要求。

2）汽车式起重机安全验算。主梁重量约为 40t 吊钩及吊索等计 1t，两端各采用双钢丝绳吊装，每条钢丝绳受静载荷：$F=41/4=10.25t$。

计算荷载：

起吊过程中动载荷系数 K_1 取值 1.1。

单台汽车式起重机载荷 $Q_j=K_1Q=1.1\times 20=22t$；

主梁底高约为 22.5m，吊离支腿高度约 0.5m，主梁高度约 3.5m，吊钩距离主梁顶约 3m，共计起升高度要求：22.5＋0.5＋3.5＋3＝29.5m。

查 260t 汽车式起重机起重性能表得知：该机工作半径 20m，吊臂长 49.4m 时，起吊高度约 43m＞29.5m，额定起吊重量为 27.5t，因采用双机抬吊额定起重量应取 80%，27.5×0.8＝22t。满足本次安装主梁的安全作业要求。

（2）拆除吊装索具，待吊装指挥人员发出摘钩信号后，汽车吊回钩，拆除吊装钢丝绳和卸扣等其他锁具。

2.7 起重小车安装

吊装起重小车钢丝绳采用 6×19w－34－1670 钢丝绳，长度 14m 4 根，将钢丝绳定在起重小车吊耳上用卸扣固定好，检查钢丝绳是否可靠固定。然后用 1 台 260t 汽车吊（作业半径 16m，主臂长度 46.9m，额定起重量 29.9t）为主要吊装设备，由起重指挥发出起吊信号，把起重小车吊离开地面 0.3m，静止悬 3～5 分钟，检查钢丝绳以及地基是否存在异常，检查完毕无异常后，由起重指挥发出起吊信号指挥吊机慢慢平稳提升起重小车，当小车轮底面高度超过小车轨通面约 500mm 时，指挥吊机缓慢旋转大臂（注意保持小车横向方向与吊杆尽量保持垂直状态）使小车摆正，车轮对准轨道后落钩将小车放在轨道上，用已备好的斜木块把小车轮固定。

（1）吊索验算。起重小车的重量为 10t，外形尺寸：5m×3m×2.5m 采用整体吊卸。用 4 个吊点，钢丝绳与水平线之间的角度按 45°计算。

计算荷载：

钢丝绳受力为：$F=20/4\sin 45°\approx 7.1t$

起吊过程中动载荷系数 K_1 取值 1.1，考虑起吊过程钢丝绳受力不均的情况，不均匀系数 K_2 取值 1.2，则钢丝绳计算载荷为

$$F_j=7.1\times 1.1\times 1.2\approx 9.4t$$

计算选用钢丝绳：$P=FK$

式中 P——钢丝绳破断拉力总和；

F——钢丝绳所受拉力；

K——吊索安全系数取 6。

则 $P=9.4\times 6\approx 564kN$。

查 GB 8918—2006《重要用途钢丝绳》相关资料，ϕ34(6×37　1670MPa）的钢丝绳破断拉力总和为 687kN＞564kN，因此选用 ϕ34(6×37　1670MPa）钢丝绳可满足安全使用要求。

（2）安装起重天车汽车式起重机验算。起重天车的重量为 10t，天车顶部距地面路轨约 29m，吊离主梁高度约 0.5m，吊钩距离天车顶约 5m，共计起升高度＝34.5m。

汽车式起重机负荷计算：(10＋1)×1.1＝12.1t；其中 10t 为起重天车重量，1t 为吊钩和钢丝绳重量，1.1 为动载荷系数。

查 260t 汽车式起重机起重性能表得知：该机工作半径 20m，吊臂长 49.4m 时，起吊高度约 43m＞34.5m，起吊重量为 27.5t＞12.1t。满足本次安装起重天车的安全作业要求。

（3）拆除吊装索具，待吊装指挥人员发出摘钩信号后，汽车吊回钩，拆除吊装钢丝绳和卸扣等其他锁具。

（4）汽车吊退场：起升吊钩，吊机向右侧回转臂杆吊机直到能将臂杆转出吊装区域，收回臂杆和吊机支腿

后退车。

2.8 附属设施的吊装

司机室、控制系统、安全警报装置通信设施，各项安全附件，维修平台、梯子、栏杆、夹轨器等逐一安装并检查其安装质量符合图纸要求。

（1）首先进行清扫、检查外观并观察活动部分动作是否灵活，如有损伤、松动或卡住等问题，应予以解决。

（2）检查电动机、电磁制动器、接触器、继电器、电阻器等电气元件的绝缘性能，用兆欧表测量其绝缘电阻，如低于0.5MΩ，应进行干燥处理，经检验合格后，才能安装使用。

（3）检查电动机碳刷与滑环间的压力，控制器、接触器、继电器触头间的压力，是否符合各自的规定，压力过大或过小应予以调整。

（4）检查操纵室、控制屏（箱）、电气元件内部接线情况，如有松动或脱落等问题应予以解决。

（5）安装在走台上的控制屏（箱）、电阻器、发电机组等较重的设备应尽量使支架牢固地搭接在走台大拉筋上，安装位置允许按图示尺寸做适当调整。电阻器应尽量靠近控制屏（箱）使连接导线最短。

（6）控制屏（箱）安装后，屏面的倾斜度不大于5度，以保证屏上元件正常工作。控制屏（箱）前面的通道宽度应不小于0.5m（一般应保持0.6m，后面的间隙应不小于100mm，以保证维修正常进行）。

（7）电阻器叠装时不超过4箱，以免电阻过热。电阻器应沿着平行主梁的方向放置（电阻元件应平行于起重机运行方向），以减少振动和利于通风。

（8）门式起重机所有带电设备的外壳、电线管等均应可靠接地。小车轨道、操纵室等均应与主梁焊接接地。接地线可用截面不小于75mm^{2}的扁钢，10mm^{2}的铜线，或30mm^{2}的圆钢。操纵室与门式起重机本体间的接地用4mm×40mm以上的镀锌扁钢，并且不少于2处。接地线应用电焊固定，或采用设备上的接地螺钉，固定处应清除锈渍，擦净表面。不允许用捻结或锡焊等方法来接地。起重机上任何一点到电网中性点间的接地电阻应不大于4Ω。

3 起重机安装安全措施

（1）主梁在吊装前，必须正确选择钢丝绳，以满足吊装的需要。

（2）吊主梁所用钢丝绳在受力前必须在各吊点处垫好管皮，防止主梁型材翼缘变形及损坏钢丝绳。

（3）主梁在吊装过程中，必须保证主梁的水平度，尤其是主梁在上升或下落过程中，防止由于主梁的倾斜造成其左右窜动，导致主梁与支腿发生剧烈摩擦，使支腿倾斜、变形。

（4）主梁与支腿间的螺栓或销轴安装前，在用大锤击打时，用力不应太猛，防止螺栓或销轴从另一端飞出伤人。

（5）在高空使用大锤及手动工具时，应将大锤及手动工具系上保险绳，防止其脱手飞出，造成人员伤亡或其他设备的损坏。

（6）在高空安装螺栓或销轴时，应将安装后的螺栓或销轴放在工具袋内，防止螺栓或销轴高处坠落。

4 结语

E115t+115t型门式起重机结构安装施工的应用，通过现场合理组织和过程控制，每一工序严格按设计图纸要求实施安装，过程顺利，而且按既定的计划要求工期完成，为后续施工提供有力的保障，确保各工序按时进行，取得较好的效果，为今后同类起重机安装施工带来宝贵经验。

振动时效处理技术在水电钢闸门制造中的应用

朱星华　豆虎林　陈文善/中国水利水电第四工程局有限公司

【摘　要】通过大华桥水电钢闸门在工作中的振动时效的前后效果进行比较，深入分析其原理、工艺方法以及操作策略，来探究振动时效对于焊接残余应力的影响结果，探讨振动时效这项工艺对水电钢闸门制造工作中的可行性，以及提升工作成果的有效性，从而帮助降低制作的成本，提升生产效率。

【关键词】水电站　钢闸门　振动时效　消应

1　工程概况

大华桥水电站地处澜沧江干流上游河段，其是云南省内的一项重要水利枢纽，承担着黄登水电站和苗尾水电站之间水域的发电工作。该水电站距离兰坪县城仅77km，距离大理市和昆明市的公路距离分别为251km和571km，有着较为理想的交通运输的条件。

中国水利水电第四工程局有限公司承制的泄洪系统弧形钢闸门设备由五个表孔和一个底孔组成，总工程量约2000t。弧形钢闸门设备主要分为门叶、支臂和支铰三大部分。其中，表孔弧门门叶分6节，如图1所示，长度为13.48m，高度约为1.68m，最宽约为3.4m，属于梁型件，单节重量在10～28t。如图2所示，支臂分4个单元件制造，长度约为19.864m，高度1.6m，宽度1.4m，属于梁型件，单节重量约25t。该弧形闸门，最大板厚达55mm，焊接要求高，63%以上焊缝为熔透焊缝，焊缝大部分需要背缝清根处理，焊接填充量大，焊接变形大；该闸门尺寸大，主要尺寸技术要求高，技术偏差在0.5～1.0mm，弧面需要机械加工，且要求采取有效措施进行焊接应力消除。

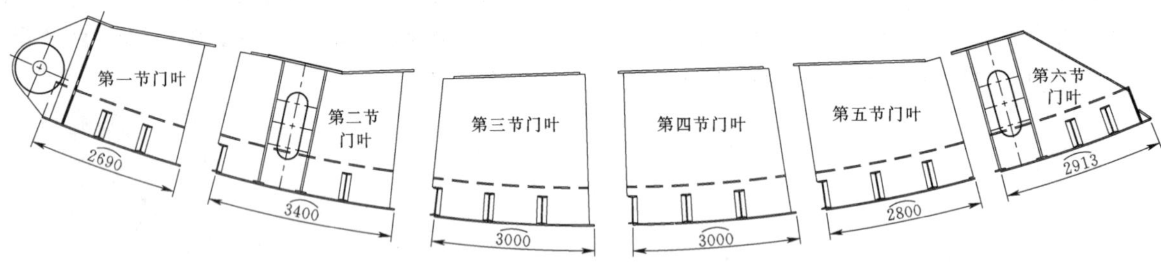

图1　门叶单元件示意图（单位：mm）

在水电钢闸门的焊接制造过程中，因为不均匀的加热和冷却，温度变化导致材料发生物理变化，产生残余应力从而促使其结构发生不稳定的变化，极大地影响了钢闸门的尺寸稳定性、刚度、强度、疲劳寿命和机械加工性能。一般消除残余应力的方法主要有两种，分别为自然时效和热处理时效，而针对部分体积较小且结构简单的零部件则会选择锤击法消除残余应力。水电钢结构闸门由于制造外形尺寸较大，该钢闸门不仅单体质量达28t，而且属于超厚构件，若采用传统的热处理工艺来消除焊接残余应力，升温和保温有着严格的要求，整个时效过程将长达近数百小时，生产周期长。另外，需要专业热处理设备，加热成本高。振动时效处理焊接残余应力是消除应力的一种较为经济的方式，本文对于振动时效处理技术在水电钢闸门制造中的应用方面进行了研究及分析，从工程实践中总结了一套比较切实可行的方法。

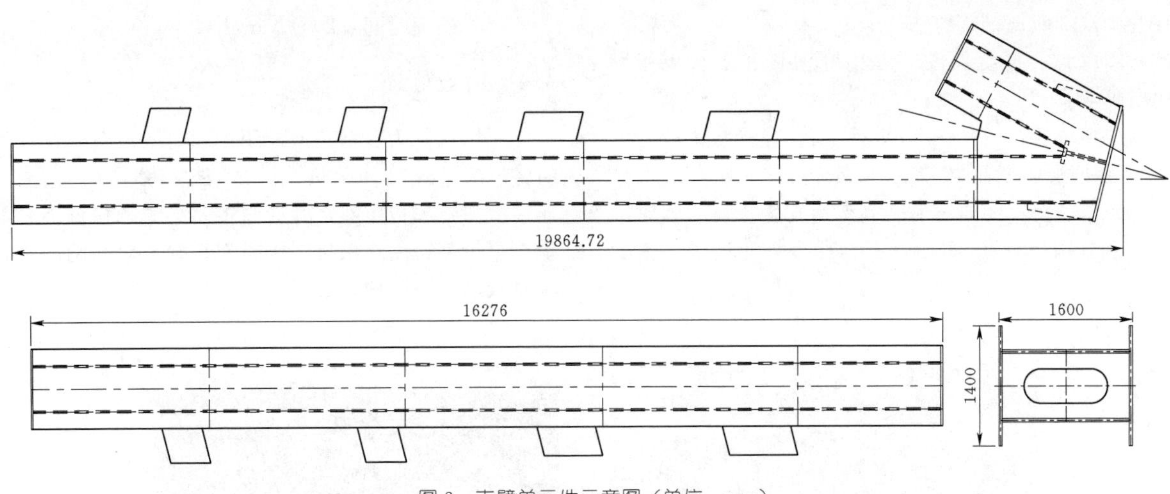

图2 支臂单元件示意图（单位：mm）

2 振动时效概述

振动消除应力是利用构件的共振给构件周期的动应力与残余应力叠加，使构件局部产生塑性变形而释放应力。对构件施加一交变应力，如果交变应力幅与构件上某些点所存在的残余应力之和达到材料的屈服极限时，将产生塑性变形，当循环应力产生晶格滑移，会产生微观的塑性变形，受约束的变形得以释放从而降低了残余应力。振动时效技术与传统的热时效相比，具有时效效果好、灵活性强、投资少、节能显著、效率高等特点，且彻底解决了热时效炉窑的环境污染问题。自然时效须经半年至一年以上的时间，热时效也需要十几至几十个小时，采用振动时效仅需几十分钟至1h即可完成。

振动时效对于消除残余应力有较好的效果，其通过专门的振动设备促使待释放应力的工件处于一个特殊的振动频率，通过一定频率的振动促使工件内部产生变形作用将应力消减。通过振动时效消减残余应力可以有效地加强工件的结构强度，增加工件在使用时的稳定性和尺寸精度，使得工件可以更好地达到工作所需的精度要求。传统的消应方法大致可分为热处理方法（由于受回火炉尺寸和成本的限制，不适合钢闸门这样的大型构件）、自然时效法（虽然简单、经济，但周期太长）、锤击法（只适于小型零部件焊接过程中）。相较于传统的热处理时效释放残余应力而言，振动时效消除应力的效率更高，并且不用多次移动工件，也不会对工件材料造成太大的影响，使得工件不会在消除应力的处理中发生不必要的氧化、生锈等问题，节省劳动强度，提高了施工效率。

3 振动时效工艺

3.1 生产前的准备

首先检查电机运转、控制箱工作是否正常，把所有导线按仪器说明书接好，把工作场所收拾整齐、合理、安全。

3.2 预分析

根据工件的实际形制，预先对可能产生的振形进行探讨，分析这些可能情况进而选定工件的固定方式和位置，其分析方法如下：

(1) 梁型件（即长宽比大于3，长厚比大于5的工件），它的支承点在各个端部的距离端点2/9工件长度处，激振器设置在工件的一端或者正中间，而传感器则需要放置在工件的另一端。

(2) 板型件（即长与宽同比，长厚比大于5的工件），它需要沿着长度方向进行支承，四个支承点需要距离端点1/3工件长度处，激振器设置在工件的一端或者正中间，而传感器则需要放置在工件的另一端。

(3) 当工件长=宽=厚，为方型件，三点支承，激振器在中间或一端，传感器在另一端。

(4) 当工件为环型件，沿圆周三支承，激振器在两点中间，传感器在另两点中间。

(5) 当工件轴类件，激振器在一端，传感器在另一端（做夹具）。

(6) 当工件较小件，设计平台，工件固定在平台上进行时效。

(7) 当工件较大或刚性太强，采用定时、定速或平台时效。

(8) 时效时间根据工件重量确定，一般10～50t构件，振动时间约20min；大于50t构件，振动时间20～40min。

3.3 振动时效工艺参数的选择

根据门叶及支臂结构的特点，选用ZS2004系列时效振动仪，多次反复试振，确定工艺参数如下：

(1) 支承方式：底部四点支承，支承件为枕木，支承点在各个端部距离端点约 2.5m 处。

(2) 激振点：激振器安装在门叶面板和支臂翼板上，用卡具卡紧。

(3) 施振位置：门叶在支承点之间，焊接应力较为集中及后续使用时载荷集中部位；支臂在端部处。

(4) 激振频率：例如：第二节支臂发生振动时效时产生了一个共振峰，在 3100r/min，通过加速度幅值来操控。

(5) 处理时间：20～30min。

3.4 时效处理

所用仪器为合格厂家专用振动时效设备；按使用说明将各线缆连接并预热 5min；按振动时效工艺要求将连接激振器和传感器；开启主控制电源，根据屏幕显示检查主控制箱内的微机工作是否正常。对该闸门进行振动时效消应力处理，如图 3 所示。

图 3 门叶和支臂振动时效处理现场

(1) 打开运行开关，对工件先进行振前扫描确定工艺参数合理，然后进行震动时效处理并最后检测处理的效果。若是工艺参数有问题，需要针对设备显示的问题参数进行相应的处置，处置修正完问题之后再进行复位运行。

(2) 面对首次进行振动时效消除应力的工件，可以采取手动操作的方式来进行控制处理，通过手动操控点击的转速来慢慢地增加电机速度，电机对应的加速速度有三种，可以通过相应的按钮来及时地切换。当速度合适时，点击下降键即可，而降速的操作与加速相类似，只是相应的按键有点差异。当电机的速度与工件的固有频率相同时，就会引发工件产生共振作用，此时就需要停止电机速度的调节了，并在工件上撒上一些细砂，观察工件的波节形态与对应的位置，确认一遍支承位置是否处于工件的节线位置处，而激振器及传感器是否位于工件的波峰处。如果有位置不合适，就停止设备将装置进行调整，直到设备工作条件符合标准。

(3) 将装置的各个位置调整合适之后，重新开启设备，进行一次完整的扫描、打印、振动时效处理流程，然后将整个流程的数据记录下来，并停止设备进行相应的校核工作。

(4) 验证第一次振动时效处理的数据是否符合 JB/T 5926—91 标准规定。

(5) 振动时效处理完成之后，需要断开电源并将激振器、传感器等装置拆卸下来，并妥善地装箱保管。

3.5 振动处理监测曲线与分析

门叶、支臂振动处理时给出了监测曲线，图 4 为弧门振动时效处理曲线，按 JB/5926.91 机械行业标准，观察我们对门叶或支臂处理时获得的曲线图，可以看出：振幅时间 $A-t$，曲线上升后变平；振幅频率 $A-f$，曲线峰值振后（实线）的比振前的高、峰值点振后（实线）的比振前的向左偏移、带宽振后（实线）的比振前的窄、共振峰有产生裂变。表示应力消除的较为明显。

3.6 质量管理制度

(1) 必须严格遵守操作规程，新投产的工件震动处理的前三次数据均要打印检查。

(2) 振动时效工作记录需要严格记录下工件的名称、型号、件号、材料、时效频率、激振器偏心百分数、效果、情况以及日期，需要附上曲线图和操作员签名，并且需要检查员验收之后方能被检查出存档。

4 结语

通过对大华桥水电钢闸门进行振动时效处理前后进行检测，其各项尺寸并没有发生变化，较为稳定，并且通过对水电闸门进行残余应力的严格检测，发现其振动

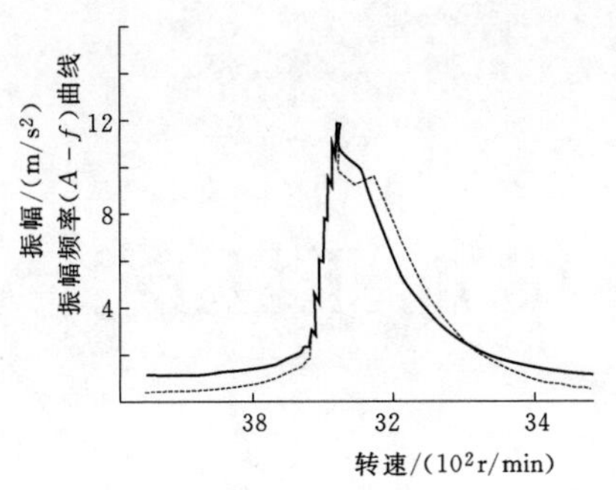

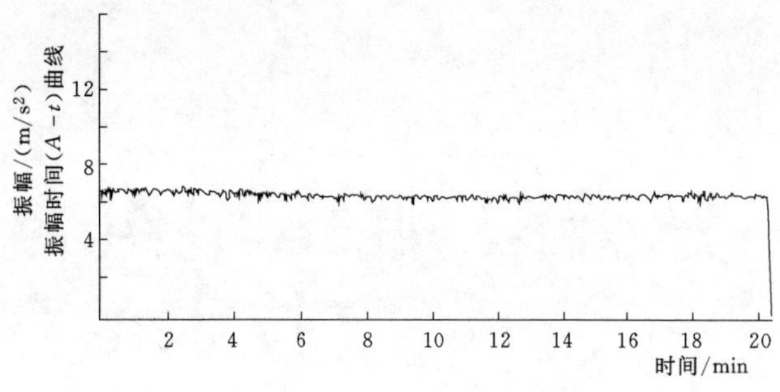

图4　门叶和支臂振动时效处理曲线

时效处理后的残余应力消除较为显著，有效地提升了工件在稳定性、尺寸精度方面的性能，表明在水电闸门上采取振动时效来消除应力的工作较为成功。

参考文献

[1]　黄祚继. 弧形闸门支铰钢梁振动时效消应技术研究与实践 [J]. 水利与建筑工程学报，2007 (3)：34-37.

[2]　李海峰，胡木生. 支铰钢梁振动时效技术研究与应用 [J]. 水利电力机械，2007 (7)：16-18.

[3]　万春辉. 振动时效工艺在消除焊接残余应力中的应用 [J]. 机械产品与科技，2005 (4)：23-25.

悬臂钢-混工字组合桥梁加工工艺技术的研究

李生福　夏宇龙　陈维斌/中国水利水电第四工程局有限公司

【摘　要】本文主要阐述了悬臂式的钢-混工字组合桥梁的加工制造工艺技术。工字组合梁截面结构型式是呈工字型的桁架式组合桥梁，由工字主梁、横梁、横向联系、水平联系等单元构件组成，通过钢板数控切割机下料、工字钢梁组立和焊接，以及钻孔、拼装和防腐处理等工序完成钢梁的工厂加工。

【关键词】钢-混工字组合梁　加工　构件装焊　工艺

1　引言

钢-混组合结构桥梁是在原有的钢筋混凝土结构和单纯的钢结构桥梁的基础上发展起来的一种新型桥梁结构，具有结构承载力高、自重轻、结构刚度大、施工快速、造价低、安装方便等优点。因此，钢-混组合结构桥梁在我国公路及城市立交建设中得到了广泛应用。

2　钢-混桥梁制作工艺

钢-混工字组合梁主要结构型式为大截面工字梁，由纵向工字主梁、横梁及横向联系构成，本研究基于河北太行山高速公路工程。主梁中心线处的梁高为2.05m，梁间距3.3m，由顶板、底板、腹板焊接而成。主梁之间通过横梁加强横向联系，横梁标准间距为5.0m，端横梁、中横梁采用实腹式横梁，其截面为焊接工字型；横向联系采用桁架式横梁，由横联及平联组成，与主梁之间利用高强螺栓连接，钢-混工字组合桥梁结构如图1所示。

图1　钢-混工字组合桥梁结构示意图

2.1　数控切割下料

钢板在数控切割下料前，需对钢板表面质量、内部质量按照相关要求进行检验复检。下料时，根据构件、零件的具体形状和大小确定下料方法，对外形尺寸较大、形状规则的构件采用多嘴头门式切割机精切下料，对异型构件采用CAM系统的数控切割机精切下料；构件对接坡口采用火焰精密切割、刨边机或铣边机加工。

2.2　工字梁组立

H型工字梁组立在H型钢组立机上进行组装。先平铺下翼缘板在组立机上，调平后，再组立腹板，通过滚轮及定位来调节垂直度，最后加盖上翼缘板进行组立。在组立过程中，通过组立机的定位滚轮来调节翼板的平面度、翼板与腹板的垂直度。采用直角尺进行垂直度检查。工字梁组立时，组立部位应打磨焊道露出金属光泽；组立时翼板的中心和腹板中心线偏移应不大于1.0mm，组装间隙不大于0.5mm。

2.3　工字梁埋弧焊接

工字梁焊缝采用埋弧自动焊机在船形位置进行焊接，焊缝两侧交替施焊，控制角变形。焊接并探伤后，用工型矫正机修整焊接变形，控制翼缘板对腹板的倾斜度不大于0.5mm。

焊接前，在焊接工型梁的两端头设置引弧板和熄弧板，其长度应大于80mm。焊接完成后引弧板和熄弧板应采用气割切除，严禁锤击去除。焊接采用门型埋弧焊机船型位置进行焊接。引弧板、熄弧板设置及焊接顺序如图2所示。

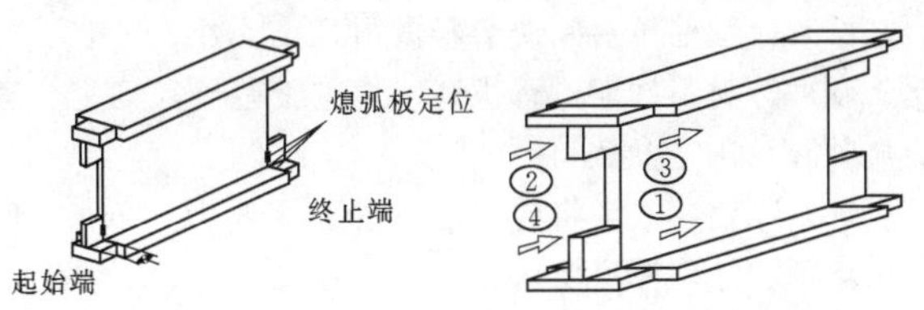

图2 钢-混工字组合桥梁工字梁焊接顺序

焊接工型钢的四条主焊缝采取门式埋弧焊机进行埋弧自动焊焊接，按交叉的焊接顺序进行施焊。熔透焊缝根据焊接工艺要求进行焊接，一般采取非对称坡口，背缝清根后再进行焊接。端头设置引弧板和熄弧板。焊缝焊接完成后，需进行焊缝的无损检测，检测不合格的焊缝需进行返修处理，返修的焊缝用UT或RT复验，同一部位的返修次数一般不超过2次。

工字梁在船型位置首先进行气保焊打底，然后埋弧自动焊盖面；在空气潮湿时应先将焊道加热除湿，控制焊接电流不超过680A，焊接速度不低于30cm/min；原则上先焊下盖板与腹板的连接焊缝，后焊上盖板与腹板的连接焊缝；在埋弧焊接时，一定要设置同材质的引弧板和熄弧板；埋弧焊接用焊剂必须烘干。工字梁埋弧焊接完成后要求工字梁的扭曲不大于3.0mm，弯曲不大于3.0mm；如产生焊接变形时，需采用冷矫或热矫进行焊接变形的回复处理。冷矫时应缓慢加力，室温不宜低于－12℃；当构件采用热矫正时，热矫正的热温度应控制在600～800℃范围，严禁过烧，且不得锤击钢材和用水急冷。

2.4 加劲板装焊及连接孔加工

工型钢焊接完成并矫正合格后，转至专用台架上进行加劲肋板的装配。装配前需进行划线放样，以确保加劲板的装配尺寸精度。

钢-混工字组合梁的主梁之间一般采用栓接方式连接，两端腹板和翼缘板上的螺栓连接孔在矫正检验验收合格后进行配钻孔。用预先制作的钻模板对正基准线后进行配钻孔。钻孔孔距偏差应符合表1所示要求。

表1 钻孔孔距偏差参数表

螺栓孔孔距范围	≤500mm	501～1200mm	1201～3000mm	>3000mm
同一组内任意两孔间距离	±1.0mm	±1.5mm	—	—
相邻两组的端孔间距离	±1.5mm	±2.0mm	±2.5mm	±3.0mm

2.5 厂内预拼装

在施工过程中为检验施工方案的合理性、图纸及工艺文件的正确性、工艺装备及设备精度的可靠性等，确保桥位安装顺利架设，厂内需进行首跨桥梁预拼装。钢-混工字组合梁预拼装将左右两主梁单元构件与中间横梁进行厂内联结拼装。试拼装主要采用平面试装法，构件放置在试拼装工装胎架上，各单元构件处于自由状态进行，重点检查其外形尺寸、拱度、坡度及弯度是否合格。

工字组合梁单元由两片主梁、两片中梁及横梁等构件组焊成。现场安装架设时，各构件单元主梁间利用高强螺栓连接。构件主、横梁组装过程中，左右侧整体坡度控制及前后弯度尺寸控制对钢桥梁整体安装坡度、螺栓连接精度及成桥线形的影响较大，是本桥制造过程中的关键工序。预拼装结构示意如图3所示。

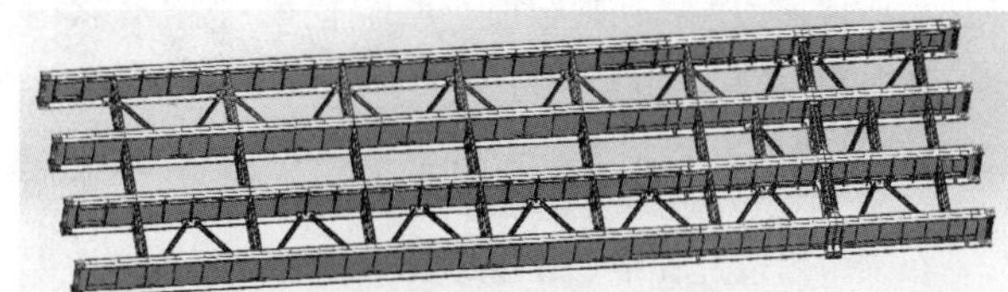
图3 钢-混工字组合桥梁预拼装结构示意图

在地面设置牢固固定的基础，用于地面放样时做标记和拼装调整时的受力支撑点。在有坡度和拱度设计的节段拼装时要按设计尺寸计算出的坡度及拱度调整支承架的高度，保证拼装后桥面满足设计拱度要求；按横梁组装施工图在地面上放出主梁、横梁中心线及拼装外形投影线；先将两主梁对正放样中心线，并进行临时固定，然后分别吊装横梁及横向联系构件，检查中心线应对正放样线，检查对接间隙应符合图纸和规范要求；采取点焊的方式将横梁与主梁固定，平面度和外形尺寸检查合格后进行整体组焊，注意控制组件整体焊接变形。

2.6 防腐涂装及发货

钢-混工字组合梁的防腐喷涂采用喷砂进行除锈处理，表面粗糙度达到设计要求后用空气压缩机将除锈后的钢板表面清洁干净；摩擦面采取喷砂除锈，除锈处理所用的磨料必须清洁、干燥。涂装环境温度在5～38℃，相对湿度85%以下。杆件表面结露、潮湿不得涂装，待金属构件表面温度高于露点3℃以上方可进行防腐涂装施工，涂装后4小时内应保护构件免受雨淋。

3 钢-混桥梁制作质量控制

根据大桥的制作工艺流程及其质量检验流程，对制造过程的每一道工序实行全过程的质量控制，并将影响产品的重要工序设置为质量检验关键点，对质量检验关键点进行重点监控。

3.1 工字梁焊接变形控制

工字主梁的顶板、腹板、底板等具有钢板不等厚对接焊接，并且焊接质量要求高等特点，因此其焊接变形的控制程度将直接影响杆件几何尺寸精度。针对以上制作质量控制难点可采取如下措施：

(1) 研究并分析设计图纸，搭建合理可靠的组装胎型，以控制杆件的组装精度。

(2) 分析各种类型杆件的焊接变形规律，并通过确定焊接变形量的大小，制定详细的反变形控制措施。

(3) 采用理论计算与模拟试验相结合的方法，确定各类型焊缝预留的焊接收缩量，并在生产过程中跟踪测量，以便及时修正。

(4) 对零部件下料、坡口加工、杆件整体组装等工序过程严格把关，并采用合理的焊接方法、优化焊接顺序、在专用胎型上焊接等措施来控制焊接变形。

3.2 对接焊缝、熔透焊缝的焊接质量控制

在钢桥制造过程中，对接焊缝和熔透焊缝是构件传力、承力的关键焊缝，对其焊接质量的控制尤为关键，尤其对于不等厚对接焊缝及熔透焊缝的焊接变形和焊接质量的控制更为困难。为此将采取如下措施：

(1) 根据焊缝焊接形式，分类进行焊接工艺的评定试验，确定焊接方法、焊接设备、焊接材料、焊接工艺参数、焊接顺序、坡口形式等参数和要素。

(2) 根据焊接工艺评定试验结果编制合理可行的焊接工艺。

(3) 设计并搭设保证焊接质量和便于控制焊接变形的工艺装备，以确保焊接工艺的有效实施和焊接变形的有效控制。

3.3 预拼装的质量控制

钢桥的预拼装工艺是检验制造精度和桥位架设精度的联系纽带，是实现桥梁成功架设必不可少的一道重点工序。

(1) 构件预拼装需在专用的预拼胎架上进行，按施工设计的坡度和拱度等参数进行模拟桥位拼装。所用的拼装胎架需要有足够的承载强度，确保试装过程中不产生变形。

(2) 在拼装过程中，各拼装杆件需处于无应力的状态，以确保预拼装检测结果的准确性和可靠性。

3.4 涂装质量控制

防腐涂装是保证桥梁钢结构耐久性的重要措施之一，防腐涂装质量能否得到保障将直接关系到钢桥梁的使用寿命长短。

(1) 严格控制涂装原材料采购及进场质量，所有涂装材料进厂均必须在具有资格的涂料检测中心复验。

(2) 涂装前，对除锈磨料的材质、大小、形状、配比、硬度等材料性能进行优选，通过工艺试验确定合理的喷砂除锈工艺参数。

(3) 除锈前，需将构件自由边倒圆弧 $R=2$mm，保证边角部位涂层厚度要求。

(4) 在涂装施工全过程中，需对环境温度、相对湿度、露点温度、钢板温度等环境因素进行检测，以满足涂装的施工要求。

(5) 在油漆涂装施工过程中，需对高压空气质量、油漆混合、油漆搅拌、油漆熟化、油漆黏度、稀释剂比例、喷嘴压力、枪嘴到工件距离、喷漆角度、预涂以及漆膜厚度等进行巡检，保证每一项操作都符合要求。

(6) 涂装时采取遮盖等有效方法对现场预留焊缝部位进行保护，避免油漆污染，影响桥位现场的焊接质量。

4 结语

钢板按设计图节段的划分情况进行零部件的下料、矫正、加工，再进行单个构件的下料、组装、焊接，矫正后进行高强螺栓孔的划线及钻孔，将主纵梁、横梁等部件组装成结构单元，完成单元组件的制作，然后在厂内拼装胎架上进行整体匹配拼装，将拼接板的螺孔与已钻孔对正，用定位销定位，采取点焊的方式将拼接板固定到未钻孔的构件上，解体后再配钻孔。桥梁的预拼装工序是检验制造精度和桥位架设精度的联系纽带，是必不可少的一道重点工艺。预拼装应模拟桥位实际架设情况进行，预拼装的过程是检验各连接构件之间连接关系的过程，同时也是检验高强螺栓孔群通过率的手段。在保证外形尺寸的前提下，满足高强螺栓孔群的通过率。

参考文献

[1] 王建新. 道路桥梁工程质量管理措施 [J]. 建筑工程，2011，220-221.

[2] 邝芳荣. 钢结构桥梁的加工安装技术探析 [J]. 中国建筑金属结构，2013，12 (2)：18-19.

[3] 范文理. 现代桥梁钢结构的完整性设计 [J]. 电焊机，2009，39 (10)：11-12，44.

[4] 伍爱萍. 谈公路桥梁的施工程序与质量控制 [J]. 山西建筑，2013，13 (39)：168-169.

[5] 徐向明，王学军，刘集纯. 30m 简支梁预制及架设 [J]. 广东工业大学学报，2002，4 (19)：69-72.

沂蒙抽水蓄能电站800MPa级高强钢岔管制造与水压试验

龚　锋　闫　琦/中国水利水电第四工程局有限公司

【摘　要】随着国内抽水蓄能电站建设的不断发展，目前国产800MPa级高强钢在岔管上的应用逐渐广泛，由于800MPa级高强钢岔管的制造施工难度较大，本文主要总结沂蒙抽水蓄能电站国产800MPa级高强钢岔管的现场制造与水压试验，为类似工程提供经验参考。

【关键词】800MPa级高强钢　钢岔管　制造　水压试验

1　引言

山东沂蒙抽水蓄能电站规划装4台单级混流可逆式水泵水轮机，单机容量300MW，装机容量1200MW，为大（1）型一等工程。该电站有两套独立的输水系统（1#、2#），采用“一洞两机”的布置形式。

工程包括两台套引水钢岔管及其附件的制造，两个钢岔管形体尺寸、所用材料、工作状态等完全相同，岔管采用对称“Y”型内加强月牙肋结构，主管直径5.4m，支管直径3.8m，最大公切球直径6.16m，分岔角70°，岔管最大外形尺寸约为7.464m×8.553m×6.537m，采用780CF钢材制造，岔管月牙肋厚度为130mm，岔管本体钢板厚度范围为64～68mm，两个岔管总重量为161.72t。

钢岔管所用钢板为国产780CF，岔管设计内水压力为6.7MPa。HD值达到3660m·m，处于国内同类型工程中高水平行列。通过钢岔管的现场制造与水压试验为国内800MPa高强钢钢岔管的设计和制造提供一定参考价值。

2　焊接工艺评定

2.1　最低预热温度的确定

钢岔管采用的780CF钢板制造，该钢板主要化学成分、碳当量及裂纹敏感性指数（见表1、表2）。

表1　780CF化学成分　%

牌号	C≤0.09	Si≤0.50	Mn≤2.00	S≤0.005	P≤0.015	Cr≤0.80	Cu 0.20～0.35	Ni 1.20～1.50	Mo≤0.60	V≤0.080	B≤0.003
780CF	0.077	0.173	1.192	0.003	0.009	0.413	0.218	1.261	0.418	0.0292	0.0016

表2　碳当量及裂纹敏感性指数

牌　号	板厚/mm	碳当量 C_{eq}/%	焊接裂纹敏感性指数 P_{cm}/%
780CF	≤80	≤0.51	≤0.24
780CF-Z35	80～155	≤0.54	≤0.27

根据常用推荐公式计算出碳当量（C_{ep}）与焊接裂纹敏感性指数（P_{cm}），并确定最低预热温度t_0（按管壳厚度68mm）。

$$C_{eq}=w(C)+\frac{w(M_n)}{6}+\frac{w(S_i)}{24}+\frac{w(N_i)}{40}+\frac{w(C_r)}{5}+\frac{w(M_o)}{4}+\frac{w(V)}{14} \tag{1}$$

$$P_{cm}=w(C)+\frac{w(S_i)}{30}+\frac{w(M_n)+w(C_u)+w(C_r)}{20}+\frac{w(N_i)}{60}+\frac{w(M_o)}{15}+\frac{w(V)}{10}+5w(B) \tag{2}$$

$$P_w=P_{cm}+[H]/60+h/600 \tag{3}$$

式中　$[H]$——扩散氢含量，10^{-2}mL/g（甘油法）；

h——板厚，mm；

$$P_w = P_{cm} + [H]/60 + R/40000 \quad (4)$$

式中 R——焊缝拉伸拘束度，9.8MPa。

$$t_0 = 1440P_w - 392 \quad (5)$$

式（1）为日本JS和WES标准规定的碳当量公式，式（2）~式(5）均为日本伊藤等人进行了大量试验后，提出的冷裂敏感指数计算公式。

通过对原材料化学分析得出的质量分数计算：

$$C_{eq} = 0.077 + \frac{1.192}{6} + \frac{0.173}{24} + \frac{1.261}{40} + \frac{0.413}{5} + \frac{0.418}{4} + \frac{0.0292}{14} = 0.5036$$

$$P_{cm} = 0.077 + \frac{0.173}{30} + \frac{1.192 + 0.218 + 0.413}{20} + \frac{1.261}{60} + \frac{0.418}{15} + \frac{0.0292}{10} + 5 \times 0.0016 = 0.2337$$

$$P_w = 0.2337 + \frac{0.04}{60} + \frac{68}{600} = 0.3477$$

$$t_0 = 1440 \times P_w - 392 = 108.688℃$$

故在焊接工艺评定及规程中将管壳最低预热温度规定为108℃，同时，以上公式已经不能满足厚度为130mm的岔管月牙肋及月牙肋与管壳间的焊缝最低预热温度的计算，根据经验，月牙肋及月牙肋与管壳间的焊缝预热温度控制在150℃以上。

2.2 焊接工艺评定与焊接工艺指导书

钢板原材料检验合格后，参照《水电水利工程压力钢管制作安装及验收规范》（GB 50766—2012)，根据钢板的壁厚、焊接的方式、焊接的位置来编制焊接工艺预规程。由于岔管主要采用手工电弧焊接，月牙肋的拼接焊缝采用埋弧焊，焊材为大西洋生产的CHE-807RH焊条、CHW-80焊丝及101焊剂。预焊接工艺规程中的线能量控制在45kJ/cm以下，坡口形式采用不对称双V坡口，采用多层多道焊接，每层焊厚控制在5mm左右。预热温度层间温度控制在110~200℃（月牙肋与相贯部位焊缝焊接层间温度控制在150~200℃)。后热温度180~200℃，管壳后热2h以上，月牙肋及相贯线焊缝后热6h以上。严格按上述要求编制的焊接工艺规程进行试板焊接，沂蒙抽水蓄能电站800MPa级高强钢岔管焊接工艺评定全部一次合格。

焊接工艺评定试件检验结果合格后，依据焊接工艺评定的焊接参数及《水电水利工程压力钢管制作安装及验收规范》（GB 50766—2012）编制焊接工艺指导书，钢岔管焊接时严格按照焊接工艺指导书进行焊接。

3 成型及预拼装

3.1 排料

利用CAD软件做出岔管三维模型图，由于各管节间的壁厚不一致，采取内壁平滑的原则进行制图，根据图纸所示焊缝位置进行瓦片展开，将展开后的图形进行数控编程。

所有岔管钢板均采用数控切割机进行下料。瓦片排料后编程，并将程序输入数控切割机的控制系统中，把对应的钢板吊至切割平台进行切割。

在切割之前，必须调试程序并考虑到预留的切割断点。预留切割断点一是为了减少厚板切割热变形，二是为了保留瓦片卷后切割部分，保证卷制质量。瓦片切割完成后，在每个瓦片上标示素线及轴线。

3.2 成型

用划针将瓦片的素线及样板检查线划出，利用四缸压力机对瓦片端部沿素线进行预弯，再上卷板机卷制，卷制过程中利用样板时刻进行弧度检查，防止过卷或弧度不够。

3.3 预拼装

钢岔管为对称体型，为了方便拼装，采用立拼。组装顺序：项1拼接→项2拼接→项7拼接→项1与项2对接（第一部分)→项3与项4或项9拼接（第二部分)→项5与项6拼接（第三部分)→第二部分与第一部分对接→第三部分与第二部分对接→项8（月牙肋）中间拼接→项7与第三部分拼装（见图1)。

图1 岔管现场拼装

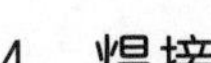

4 焊接

4.1 月牙肋拼焊

月牙肋拼装完成后采用埋弧自动焊平焊位置进行焊接，焊接中严格控制电流、电压及焊速，焊接过程中利用1m钢板尺的直线度经常性地判断焊接变形程度，正反翻转焊接以控制焊接变形。

4.2 其他部位的焊接顺序

焊接遵循“先短后长、先拘束度大后拘束度小”的原则，焊接前内外缝预热均使用加热片加热，焊接时从内缝开焊，焊接过程中利用样板测量弧度间隙，控制变形量，内缝焊接厚度达到2/3板厚时割除骑马板，碳弧气刨进行背缝清根，清根后用砂轮打磨修整，充分磨除渗碳层和刨槽表面缺欠后开始外缝焊接，外缝完全焊接完毕后，焊剩余1/3板厚内缝。

焊接顺序依次为项4、项6、项9与项8对接缝→项5、项6纵缝→项3、项4纵缝→项3、项4（项9）与项5、项6对接缝→项7纵缝→项1纵缝→项2纵缝→项1、项2对接缝。

项4、项6、项9与项8焊缝焊接顺序：先进行内侧焊缝，项1、项4同时焊接，由4名焊工从中间部位向两端退步对称施焊。焊接厚度达到2/3板厚时对外缝2、3清根，打磨后同时焊接，外缝焊接顺序和方向与内缝相同，外缝完全焊接完毕后，焊剩余1/3板厚内缝。

5 振动消应

岔管在场内预拼装完成后，将项3、项4、项5、项6、项8焊接成整体探伤合格后进行振动消应，该部分采取立式放置，即管口垂直方式放置。底部采用四点柔性支撑，月牙肋两端部两个支撑，腰线两边各一个支撑，与岔管连接处用橡胶垫。

试验应在准备工作完成并对焊缝探伤合格的基础上进行。首先应进行试振，以10%为间隔手动调整激振器档位，依次由小到大，每次进行全程扫频；当钢岔管出现较明显的共振后，停止调整偏心距，试振结束。当试振的过程中出现装置明显过载（激振电机电流超出预定值）时，应立刻停止试振，并以较小的间隔（如5%）重新进行试振，直至出现较明显的共振后，结束试振。

试振结束后根据试振结果选择动应力大、频率低的共振频率作为试验的主振频率，并按主振频率的振型调整对应的支撑、加速度传感器（拾振器）位置。

钢岔管的主振，试验选择在亚共振区内介于该部位主振峰峰值1/3～2/3之间的对应频率来主振钢岔管。试验应主振钢岔管20min，并记录对应的振幅-时间曲线；同时记录振前、振后扫频曲线。

6 水压试验

沂蒙抽水蓄能电站钢岔管水压试验压力为设计内水压力6.7MPa，要求经过2次打压循环。

6.1 水压试验布置

钢岔管水压试验采用3个半球型闷头（Q345R），进水口及出水口闷头内径与钢岔管管口内径相同。在支管闷头上布置排气管（内部）、排气阀、进水管、压力表等，水压试验采用12MPa以上的电动加压泵，水源利用试验场地附近施工水源（水温在5℃以上）（见图2）。

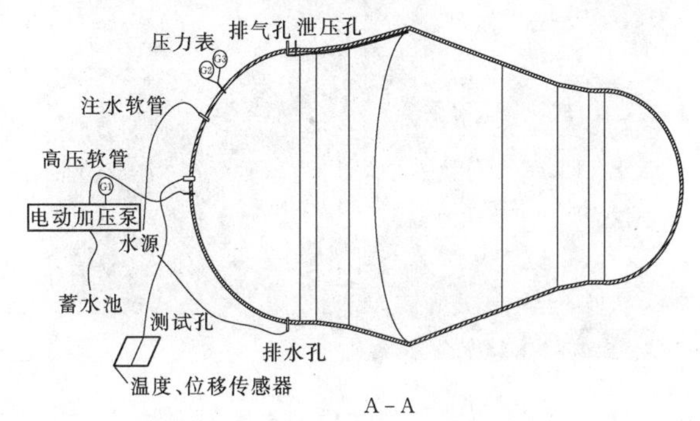

图2 钢岔管水压试验布置图

6.2 水压试验

根据最高压力6.7MPa，升压过程中分别在2MPa、4MPa、5.4MPa、6.7MPa保压30min，降压过程中分别在5.4MPa保压30min，4MPa、2MPa保压15min。

6.3 水压试验注意事项

（1）水压试验应按规定的试验压力、加载打压过程重复两次（不包括预打压）试验过程，并采集两次试验的观测读数。

（2）水压试验加载打压过程对岔管进行检查，若情况正常，则继续升压至试验压力6.7MPa，稳压30min；整个试验过程中应无渗水和其他异常情况。

（3）试验过程中应对钢岔管腰线转折角附近的应力变形、肋板变形、肋板及肋旁管壁应力等重点部位加以关注。

（4）加载打压过程中，应随时检查各监测点位置的最大应力，任何一点的应力峰值应不超过钢材的屈服强度下限值。

（5）水压试验完成并完全卸压后，在确认排气孔阀门打开后，方可进行钢岔管内水的排放作业。

（6）水压试验完成后，进行钢岔管残余应力测试，记录成果，并与试验前测试成果进行对比分析。

6.4 水压试验效果

2台水压试验过程中岔管本体及闷头均没有发生渗漏和开裂现象，最大应力值均小于岔管钢材许用应力，岔管位移变形较小，焊接残余应力通过水压试验得到一定程度释放（见图3）。

图3　水压试验现场图

7　结语

通过沂蒙抽水蓄能电站2台套800MPa级高强钢岔管的制造与水压试验，得到了几点经验：

（1）适当提高高强钢超厚板焊接预热温度与延长后热保温时间，能够有效防止焊接裂纹的产生。

（2）振动消应对岔管月牙肋及管壳焊缝效果不明显，可以考虑取消。

（3）通过水压试验，钢岔管水压试验应力测试点的应力值与有限元分析计算的应力值结果基本一致，说明在设计时，通过有限元分析计算可以验证岔管的设计安全性。对于埋藏式钢岔管，设计上均没有考虑围岩或镇墩分担的承载力，按明管设计的最大膜应力值均小于许用应力值，所以只要焊缝检测合格，可以研究考虑取消水压试验。

参考文献

［1］　潘勇琨，王振家．钢焊接最低预热温度的确定［J］．焊接技术，2001（6）．

［2］　张熹，章军，金茹，等．首钢800MPa级水电压力钢管用钢焊接技术研究［J］．全国水电站压力管道学术会议，2014（8）．

［3］　汪晶洁，李丽，刘双．800MPa级水电用钢工艺研究［J］．南钢科技与管理，2015（4）．

［4］　苏凯，李聪安，伍鹤皋，等．水电站月牙肋钢岔管研究进展综述［J］．水利学报，2017（8）．

本栏目审稿人：张正富

大跨径波形钢腹板预应力混凝土梁桥施工技术简述

马　良　于松聆　李孟珂/中国水利水电第四工程局有限公司

【摘　要】 波形钢腹板PC组合箱梁是一种具有自重轻、跨径大、造型轻盈美观等特点的新型组合结构梁桥。本文通过中开高速公路银洲湖特大波形钢腹板PC组合箱梁桥施工，提出该桥型悬臂施工过程及关键技术，包括钢腹板安装定位技术、合龙段施工技术、内衬混凝土质量控制、横隔板临时支撑等，为同类桥梁的施工与质量控制提供有益的指导。

【关键词】 波形钢腹板施工技术　质量控制

1　引言

预应力混凝土波形钢腹板组合箱梁桥是一种将沿桥梁纵向呈波纹状的钢板，是代替混凝土腹板而形成的一种新型钢-混组合桥梁结构形式。与传统混凝土腹板箱梁桥相比，该结构解决了箱梁混凝土腹板开裂问题。由于具有结构轻盈、外形美观、受力合理、抗震性能好、工程造价经济、绿色环保等优点，其成为近几年我国大力推广及应用的新型桥梁结构形式。

本文结合中开高速公路银洲湖特大桥辅航道桥主桥（90m＋162m＋100m），对波形钢腹板PC组合箱梁悬臂施工和质量控制方面进行研究。

2　工程概况

银洲湖特大桥辅航道桥主桥为3跨（90m＋162m＋100m）预应力波形钢腹板连续箱梁桥（见图1）。其主跨跨径达到162m，为目前在建同类桥型国内最长的桥梁。该桥上部结构主梁采用单箱单室变截面形式，顶板宽16.25m，两侧翼缘板宽3.875m，箱室宽度8.5m。梁高按二次抛物线变化。0＃块高10m，波形钢腹板高7.18m，为波形钢腹板大箱室断面。该桥采用悬臂挂篮施工，共划分21个节段。主梁采用C55混凝土，波形钢腹板采用Q345C波形钢板，水平段长430mm，斜段水平方向长370mm，波高220mm，钢板厚16～30mm，

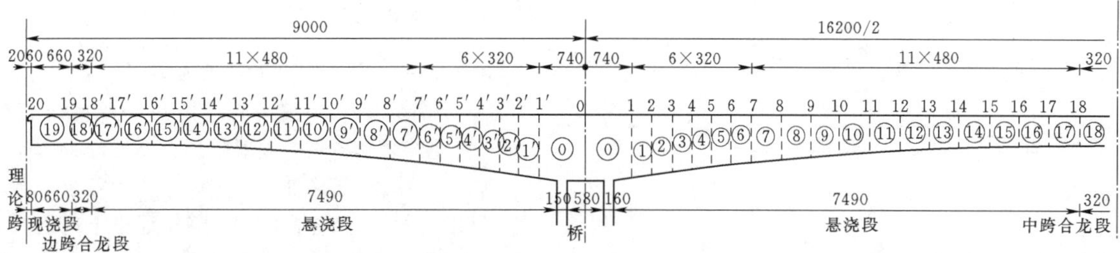

图1　银洲湖特大桥辅航道主桥侧面图（单位：mm）

0#～5#节段波形钢腹板内侧设有内衬混凝土，内衬混凝土最高处7.33m，最低处5.94m；厚度最厚1.07m，最薄0.265m。波形钢腹板与顶底板间采用双PBL键连接。预应力采用体内预应力与体外预应力结合的设置方式，体内预应力采用ϕ15.2预应力钢绞线，体外预应力钢束采用ϕ15.2低松弛环氧涂层钢绞线成品索。

3 施工关键技术

3.1 有限元施工全过程分析

为了验算波形钢腹板组合箱梁桥上部结构在施工阶段是否满足强度刚度稳定性要求，根据施工图设计和施工组织设计进行仿真计算，采用FBR _ CAL _ SUO有限元软件建立银洲湖特大桥辅航道桥单元结构计算模型，并利用Midas进行复核对比（见图2）。

全桥有限元计算模型共划分了235个节点、265个单元。单元类型包括主梁单元、临时支架单元、体外束单元、桩基础单元等。

该桥计算共采用了32种截面类型、11种材料类型。计算结果表明：施工过程中顶底板最大压应力为20.75MPa$<0.75f'_{ck}=26.62$MPa，顶底板最大拉应力为-1.72MPa$<0.75f'_{ck}=2.05$MPa，施工过程中腹板剪应力幅值为77.8MPa，小于容许值170MPa。施工阶段最大挠度为8.9cm$<L/600=16200/600=27$cm。由上可知，上部结构在施工阶段满足受力要求。

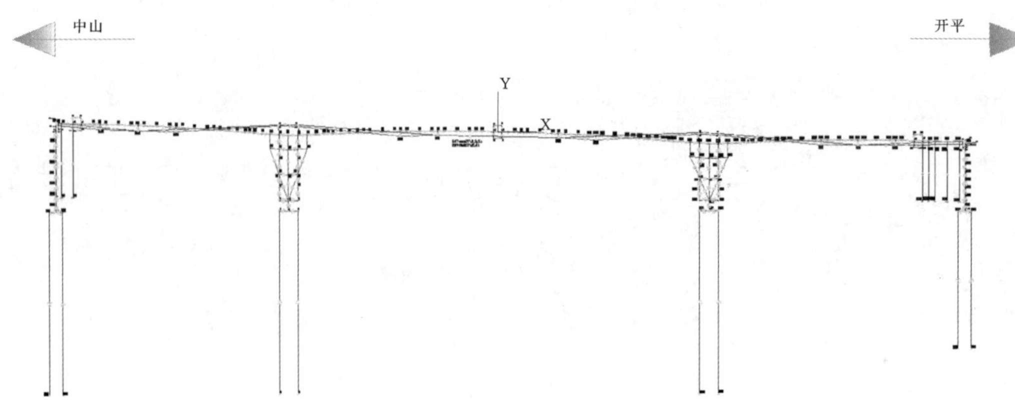

图2 银洲湖特大桥辅航道桥结构离散图

3.2 有限元计算与实测数据对比分析

采用FBR _ CAL _ SUO有限元软件建立银洲湖特大桥辅航道桥单元结构计算模型，现场布置测量布置节点（见图3），理论模型选取节段横断面2、4两个节点理论值与现场的实测值进行预应力张拉后对比分析，现场实测20#墩大里程方向的最大位移2.06cm，20#墩小里程方向的最大位移2.36cm。

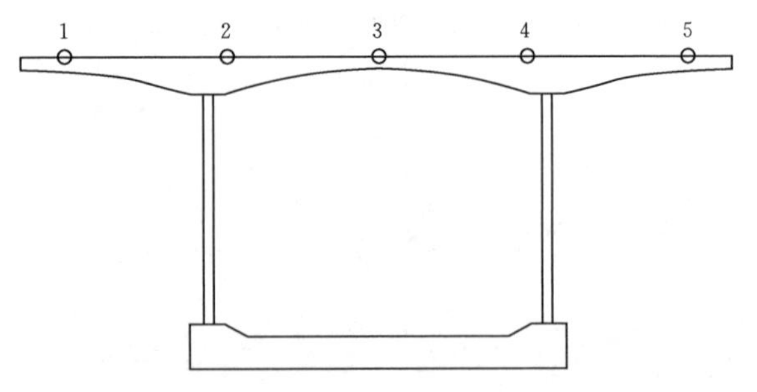

图3 银洲湖特大桥辅航道桥测点布置图

3.3 挂篮悬臂浇筑施工

与传统预应力混凝土桥梁相似，大跨径波形钢腹板预应力混凝土组合梁桥悬臂浇筑一般采用挂篮施工，不同之处在于，考虑波形钢腹板吊装空间需要考虑横向水平运输及纵向吊装，传统的预应力混凝土箱梁腹板是与顶板和底板一起浇筑而成，而波形钢腹板预应力混凝土桥梁的腹板是工厂加工后再进行现场吊装的。

悬浇节段施工工艺流程为：挂篮前移就位→安装底板底层钢筋→钢腹板定位安装→剩余底板钢筋及预应力管道安装→底板混凝土浇筑、养护→顶板钢筋及预应力管道安装→混凝土浇筑、养护→端模拆除、梁端凿毛、穿预应力筋→预应力筋张拉、压浆、封锚→挂篮前移进入下一节段。

3.4 合龙段施工

合龙段分为边跨合龙段和中跨合龙段，长度均为3.2m，梁高4.5m。按照先边跨后中跨的合龙顺序施工。在浇筑之前各悬臂端需附加合适的配重，保证合龙段施工时混凝土始终处于稳定状态。配重重量由监控单位提供，采用水箱作为配重，浇筑混凝土过程中作分级放水卸载。

3.4.1 边跨合龙

边跨合龙采用钢管支架法施工，采用平衡水箱压重方法组织施工，具体工艺如下：

（1）搭设合龙段支架，解除挂篮底栏，纵移滑梁，挂篮移至0#块。

（2）严格按照计算对合龙段两侧进行平衡压重。

（3）合龙锁定，钢腹板吊装到位后，先焊接现浇段一侧钢腹板竖向焊缝，选择适宜低温时节，将另一侧钢腹板焊缝快速同步焊接。

（4）浇筑时，注意合龙段浇筑时间，应在一天中最低温度时合龙，同时两边对称卸重。

（5）合龙段支架拆除应在边跨合龙段预应力张拉及锚固完毕对称进行。

3.4.2 跨中合龙

跨中合龙采用吊架法，吊架采用挂篮的底篮及模板系统，施工亦采用水箱配重，浇筑之前配好荷载，随着浇筑的进行逐步减小荷载，直到浇筑完成，卸除全部荷载。按照力矩平衡法则设置平衡重，设计吨位60t，根据合龙段时线性需要，可适当加大平衡重重量。其余工艺与边跨合龙相同。

3.5 波形钢腹板安装

由于银洲湖特大桥主跨为162m，受施工条件限制，无法使用塔吊进行全部节段波形钢腹板吊装。如采用浮吊吊装，不仅增加了施工投入，同时由于波形钢腹板自身重量较大，项目所处江门地区为台风频发地区，吊装稳定性差，增加了施工的难度及安全隐患。

为了解决这一难题，银洲湖特大桥挂篮施工设计不仅能够满足箱梁悬臂浇筑施工，同时能够快速可靠地实现波形钢腹板长悬臂运输和吊装工作的新型拖吊结合式挂篮（见图4）。本挂篮以双肢箱形截面主梁体系作为主承重结构，在其上设置门式起吊系统，通过2台电动葫芦实现波形钢腹板空间移动和精确定位安装，节段钢腹板的最大单件吊装重量为10t，较好地解决了波腹板地域环境和空间制约这一技术难题。波形钢腹板挂篮吊装主要包括以下几个步骤：

（1）运输小车沿桥面运输轨道滑行至墩顶，塔吊将波形钢腹板平放于运输小车上。

（2）启动位于挂篮横向承重导梁中间的电动葫芦，牵引运输小车沿运输轨道拖运至悬臂端悬吊挂篮系统的挂篮处。

（3）将波形钢腹板上翼缘通过钢丝绳与位于横向承重导梁中间的电动葫芦连接，并启动电动葫芦缓慢起吊波形钢腹板，离开桥面后将钢腹板下翼缘通过钢丝绳与位于横向承重导梁端部的电动葫芦连接。

（4）波形钢腹板通过中间电动葫芦沿横向承重导梁移动至腹板位置上方。

（5）放松波形钢腹板上缘钢丝绳，下放波形钢腹板，并通过端部电动葫芦上的钢丝绳调整波形钢腹板下缘安装位置，保证安装定位准确。

（6）焊接波形钢腹板连接件，完成本节段波形钢腹板安装施工。

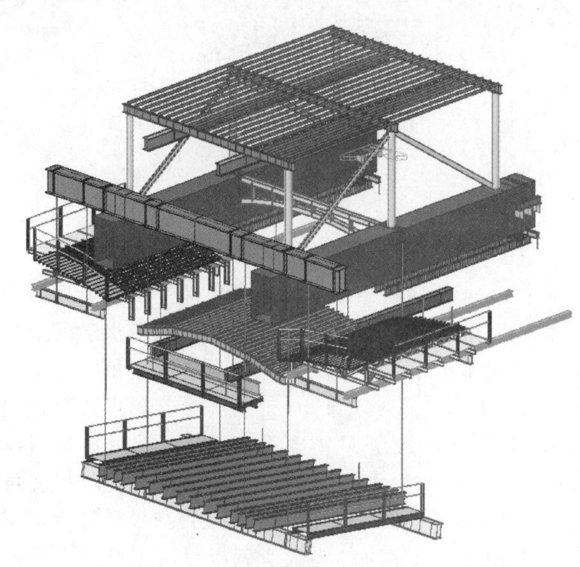

图4 银洲湖特大桥辅航道桥挂篮结构图

3.6 波形钢腹板焊接工艺流程

组对→点固焊→预热（表面去潮气）→对称焊接→焊后处理→自检→专检。

波形板与上下翼缘板采用双面贴角焊缝（见图5），无须坡口焊缝区域需除锈除油除水处理。圆柱头焊钉应使用专用螺柱焊机焊接（见图6）。焊接前，圆柱头焊钉及使焊部位应除去氧化铁皮、铁锈、油污、水分等不利于焊接的物质；瓷环应按规定要求烘干。

圆柱头焊钉的补焊：对有缺陷的焊钉焊缝可采用手工焊补焊，补焊长度应自缺陷两端外延10mm，焊脚尺寸为6mm。当少数焊钉焊缝不合格时，应将焊钉从杆件上切除，且不应伤及母材，切除圆柱头焊钉的部位应打磨平整，然后用原焊接方法重新焊上焊钉，并达到合格的焊接质量。

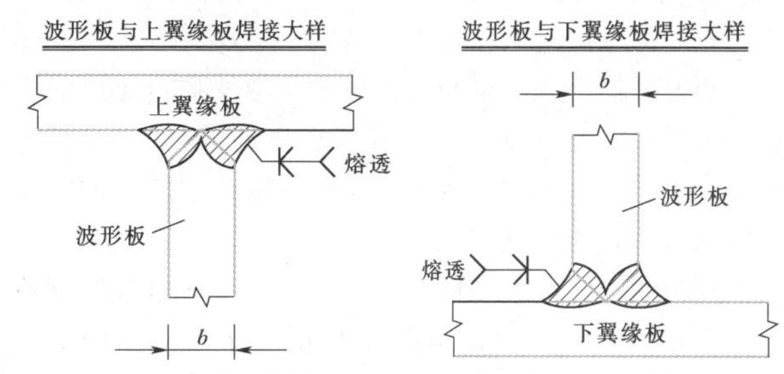

图5 波形钢腹板与上下翼缘板焊接大样图

4 波形钢腹板吊装定位控制

根据设计图纸进行精确放样，每块钢腹板放样至少

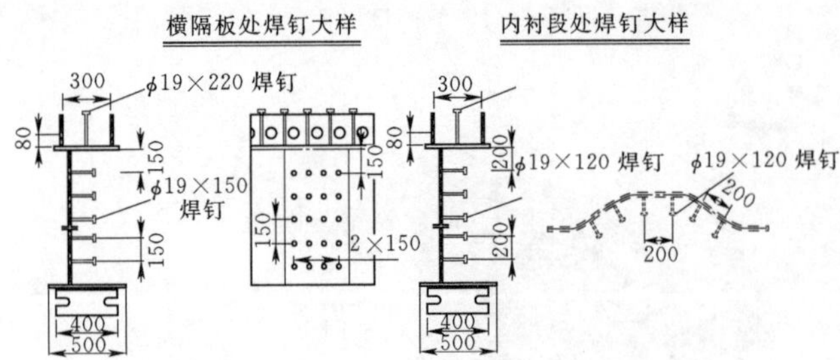

图6　圆柱头焊钉焊接大样图

3个点。波形钢腹板下部支撑体系采用型钢组焊成四角马凳，根据放样高度调整马凳高度，马凳下垫混凝土垫块/钢板放置于底模板上增大与底板接触面积，减少集中受力。下部支撑体系每2m布置一个。利用挂篮轻起吊系统波形钢腹板至H型支架上落位，然后再利用挂篮主桁和手拉葫芦将钢腹板初步定位，腹板初步就位后，以临时斜撑固定，并测量高程是否与设计符合，不符合时在H钢支架上加垫调节钢板焊接至符合设计高程，然后进行落位处理，钢腹板在底部高程合格后调整临时斜撑顶头，用以调整钢腹板角度至符合设计要求。落位完毕后，进行钢腹板固定。为了提高波形钢腹板定位精确度，每一节段波形钢腹板定位安装采用10个点的控制方法（见图7）。

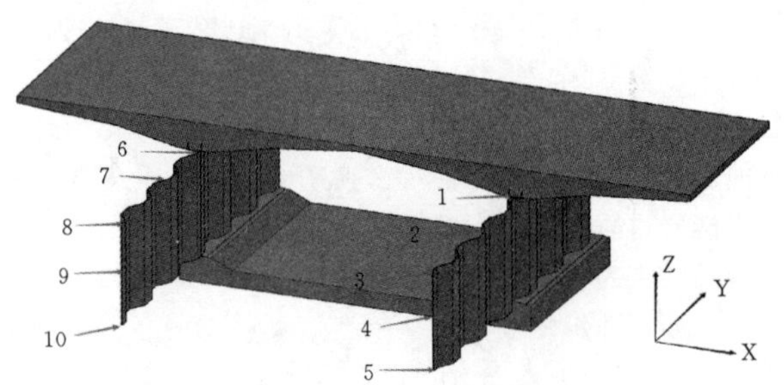

图7　波形钢腹板空间定位测点布置图

点1/2/3/6/7/8，为钢腹板顶翼缘板中点，即波形钢腹板高程控制点；点3/4/5/8/9/10为钢腹板外伸端处的点，用于确定钢腹板横向与纵向位置。

通过计算出的理论数据指导施工中波形钢腹板的定位，施工中用全站仪对钢腹板所有测点进行定位测量。由于数据较多，现在仅列出1＃块钢腹板定位后理论值与实测值的对比（见图8）。

通过每个节段9个控制点的控制，腹板定位的理论值与实测值误差很小，高程误差最大为6mm，横向误差最大为5mm，满足规范要求，保证了施工的精度。

5　内衬混凝土施工质量控制

悬臂施工内衬混凝土采用滞后施工2个节段浇筑，施工完3＃节段后，进行1＃块内衬混凝土浇筑。浇筑

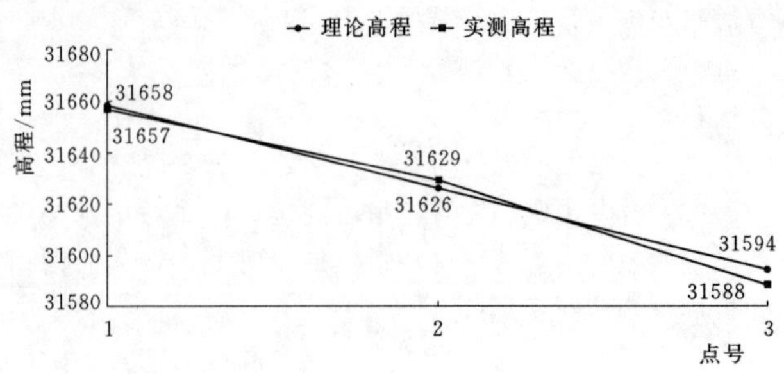

图8　波形钢腹板空间定位图

采用“斜面分层，薄层浇筑，连续推进；降低混凝土内外温差”的方式，分层厚度控制在30～40cm，分层浇筑时从上下游两端向中间整体浇筑。此时1＃块箱体已施工完成，单侧内衬混凝土最高处7.33m，厚度最厚1.07m。为了保证内衬混凝土厚度及浇筑质量，本工程采用了“内撑外拉”式内衬混凝土模板结构。内部支撑体系采用一端焊在栓钉上，一端顶住钢模，保证内衬混凝土浇筑厚度；模板外拉结构通过钢模上的开孔，将螺纹钢筋一端焊接在钢腹板上，一端穿过模板开孔，避免因混凝土浇筑冲击造成的模板结构变形。同时为确保内衬混凝土顶部的密实性，在对应顶板部位预留100mm左右的浇筑孔，用于浇筑最顶层的内衬混凝土，下部可在模板上开孔浇筑。施工时需箱室两侧对称浇。

6　箱梁横隔板质量控制

挂篮悬臂施工过程中，横隔板位置受挂篮内滑梁影响，需滞后挂篮施工2个节段才能进行施工。及时在横隔板位置进行横向临时支撑，对于保证在施工偏心荷载作用下宽幅钢混组合箱梁结构稳定性及施工安全尤为重要。银洲湖特大桥施工阶段横隔板位置附近，设置了两片桁架梁作为横隔板临时替代支撑结构。两片桁架梁纵向相隔1m，分别焊接在两侧波形钢腹板上，从而保证施工过程中波形钢腹板箱梁截面的抗扭刚度。需要注意的是，挂篮前移后，应及时进行横隔板浇筑施工，横隔板混凝土达到强度要求后，方可拆除临时支撑结构，进行下一节段悬臂箱梁施工。

7　结语

本文通过中开高速公路银洲湖特大桥波形钢腹板施工，总结了波形钢腹板悬臂浇筑工艺、波形钢腹板吊装定位、合龙段施工技术，针对内衬混凝土施工质量控制、横隔板临时支撑质量控制要点进行分析和总结，确保了波形钢腹板PC组合箱梁施工质量。

参考文献

[1]　张秋祥. 黄河大桥大跨波形钢腹板PC连续梁桥合龙

施工技术［J］. 铁道建筑技术，2014（5）：10-13.
［2］ 曾田胜，徐郁峰，卢绍鸿. 波形钢腹板弯箱梁桥设计、施工与监控［J］. 中外公路，2014，34（3）：170-174.
［3］ 杨勃，陈艳茹，李刚，等. 大跨度波形钢腹板梁桥施工线形分析研究［J］. 公路工程，2016，41（4）：159-165.
［4］ 宋随弟，陈克坚，袁明. 波形钢腹板连续刚构桥极限跨度研究［J］. 桥梁建设，2017，47（4）：72-77.
［5］ 陈淮，冯冠杰，王艳，等. 波形钢腹板矮塔斜拉桥施工阶段稳定性分析［J］. 公路交通科技，2019，36（3）：95-101.

土牛法在现浇箱梁施工中的应用

张永生　陈兴齐/中国水利水电第四工程局有限公司

【摘　要】随着我国高速公路快速发展，小型现浇箱梁天桥成了跨越主线连接乡道、村道的主要有效方式。常规采用支架法施工，施工成本较高且存在一定安全隐患。土牛法施工常见于石砌拱桥，很少用于现浇箱梁施工，本文结合建个元高速公路 TJ－10 标跨线桥施工，总结出土牛法在现浇箱梁的适用条件及要点，对类似现浇箱梁施工起到参考作用。

【关键词】土牛法　现浇箱梁

1　工程项目分析

云南省红河州建个元高速公路 TJ－10 标，徐家冲 2 号天桥位于红河州个旧市贾沙乡松树脑村。天桥为单跨、单幅桥，天桥跨径总长为 30m，上部结构采用预应力混凝土箱梁，下部结构桥台采用 U 台，本桥平面位于直线上。该天桥连接主线两侧交通，并且处于挖方段，通过地质资料分析，两座天桥桥址均处在粉质黏土层（无须爆破开挖）。桥梁中间无墩柱，具备土牛法施工条件（见图 1）。

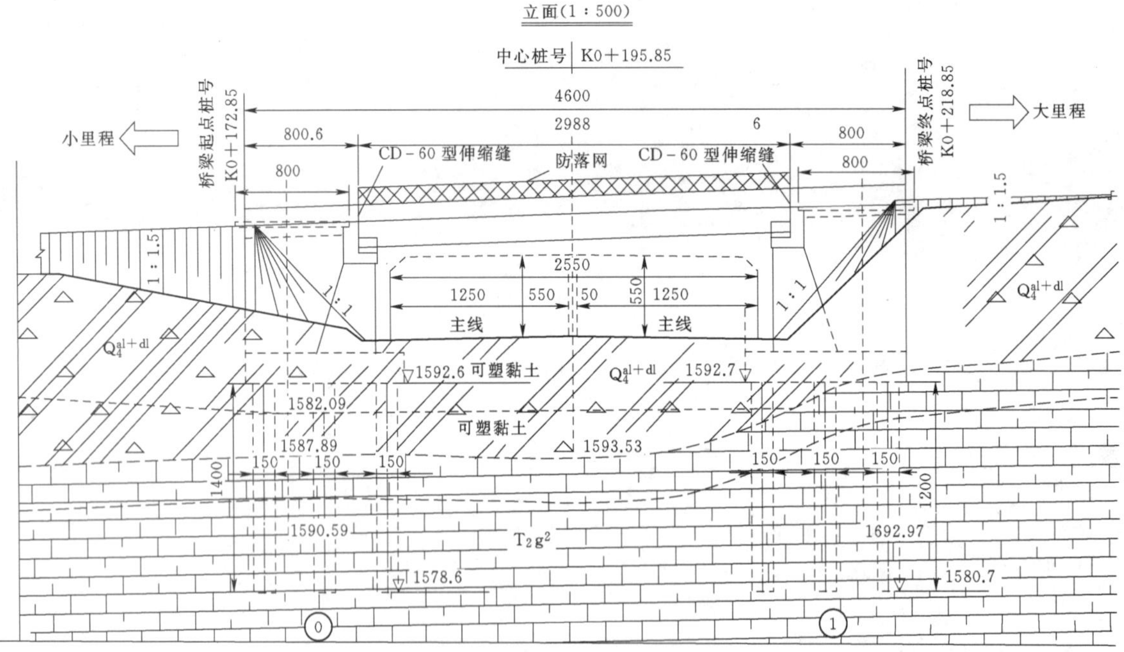

图 1　徐家冲 2 号天桥桥型布置图

1.1　安全性高

合理有效避免因搭设桥梁支架超挖路堑边坡，巧妙地将高空浇筑现浇梁转换为在地面上浇筑，规避了高危作业及上下交叉施工风险。土牛法现浇箱梁是先除去地表及附着物，随后施工基础及下部构造，预留天桥桥台之间的原状土，桥台施工完毕后进行压路机碾压、夯实达到 90％以上、硬化 30cm 厚 C30 素混凝土，并对桥址范围进行预压，观测地面是否沉降。基础处理完成之后，再按桥梁结构物施工方法进行模板安装，钢筋制安，波纹管定位，箱梁内模安装，浇筑，养生，达到龄期进行张拉等施工工序，经验收合格后再对桥下路堑进行机械分段掏挖。

1.2 施工成本低

利用了天桥所在位置的原始地形、地质的优势，进行土牛法施工现浇箱梁。在跨主线天桥施工中，大多采用先开挖路堑，后搭支架的施工方法，该方法前期准备时间长，需占用大量的支架和模板，措施费用投入大。采用土牛法施工可有效节约时间成本，减少大量人力、物力、财力的投入。并且施工中改善了作业环境，安全和质量得到有效保障。

1.3 施工周期短

常规搭设支架施工需要开挖路堑土石方、搭设支架、拆除支架等环节，施工周期长。本项目采用的土牛法先施工箱梁再开挖路堑土石方，且不用搭设及拆除满堂支架，大大缩短了施工周期。

1.4 便于施工

该方法施工方便，因在经碾压后的地形上施工，只需要安排一台吊车配合施工。模板、钢筋的吊运都省去了垂直运输，避免搭设人员上下通道，作业人员基本处于平坦的地面上，材料搬运方便。

1.5 施工改路简单

因天桥连接的是村道，过往车辆多，开挖路堑严重影响交通运行。该工法只需在天桥的一侧硬化临时便道供车辆通行，且不影响正常施工，临时便道经过主线永久征地，不需额外征地改道，节约传统方案改道征地拆迁费用。

2 适用条件

2.1 地质条件

因土牛法是先施工桥梁再挖除桥下土石方，且桥梁施工后结构物已形成，无法爆破开挖，所以桥址范围内需为满足机械开挖的土质或全、强风化岩。桥址范围及两侧需爆破开挖的，此方法不适用。

2.2 桥梁结构本身限制条件

土牛法施工的桥梁适用于单跨结构桥型。若为多跨桥梁，中间必有下部结构及基础，使用此方法施工桥梁中间的下部结构及基础势必破坏周边的原状土，后期回填施工上部结构存在不均匀沉降，无法保证上部结构的施工质量，且下部结构会造成二次污染。另外，桥梁中间的桩基及墩柱施工存在深基坑施工，造成施工安全、基坑监测、专项方案等一系列措施，不利于缩短工期、节约造价等。所以土牛法施工的桥梁只适用于单跨结构的桥梁。

3 施工工艺

3.1 施工工艺流程

土牛法现浇箱梁总体施工工艺流程如图2所示。

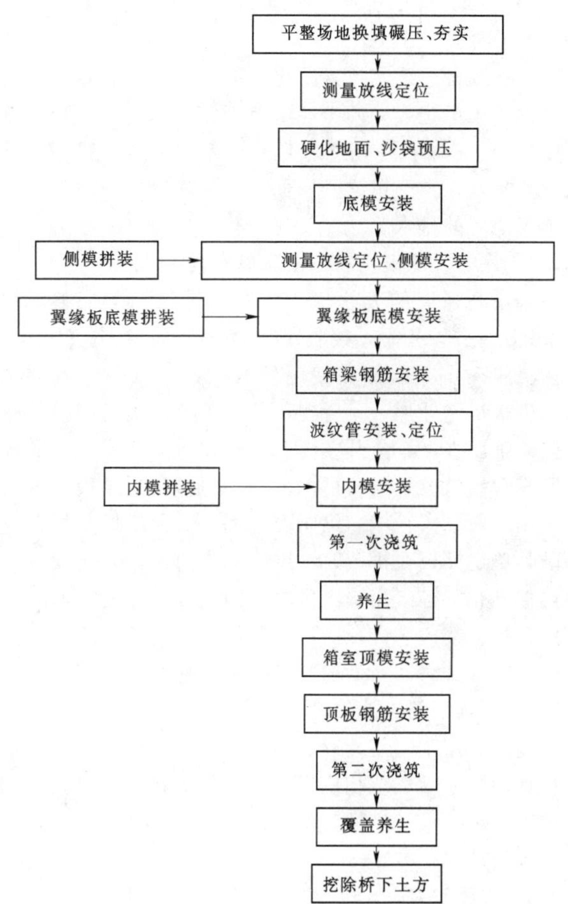

图2 土牛法现浇箱梁总体施工工艺流程图

3.2 施工方法

3.2.1 施工准备

（1）结合地勘，再次探明桥址范围地层岩性。使用地质钻机探孔，确保桥址范围内地层无须爆破施工。

（2）清表、平整场地、碾压、夯实。清除桥址范围表土及地面附着物，换填级配碎石垫层，并设置排水沟避免浸泡基础，采用重型压路机静压，碾压方式采用顺桥向进退错距碾压至压实度93%以上。经荷载集度分析计算梁体承载力需满足112kPa，经实测，地基承载力均大于 112kPa，符合规范要求。

（3）基础预压。

1）预压前按混凝土结构纵向每间隔 1/4 跨径布设 1 个监测断面，每个监测断面监测 5 个点，并对称布设。

2）预压按就地取材、节省材料的原则，利用路基段开挖的土石方，沙袋装填。

3）为消除地基非弹性沉降，采用一次预压，荷载不应小于承受混凝土结构的恒载和模板、操作人员等因素重量之和的 1.2 倍。

4）预压应采用水准仪，并分别记录 24h、72h 的沉降量平均值。

5）卸载一次进行，预压卸载对称、均衡、同步卸载。

（4）测量放线定位，硬化地面。测量放线定位，确定高程，放出边线，便于规划组织施工。定位出预拱度高度，硬化 30cm 厚强度为 C30 的素混凝土，找平，抹面，养护。在大于箱梁投影面 1m 位置设置排水沟，保证施工期间的排水。

3.2.2 底模、侧模，翼缘板底模安装

采用高强度的大块优质竹胶板铺设箱梁底模，厚 18mm，对齐，找平，接缝处施工采用黏性密封条封堵，防止浇筑时漏浆。侧模使用竹胶板，背楞采用木方加强，模板拼缝处加一条背楞，铁钉固定，提高侧模的整体侧向抗压强度，使其在侧向力的作用下不变形。翼缘板底模采用竹胶板与背楞木方组合拼接，翼缘板底模支撑采用木方支撑，横向纵向交叉固定。为确保模板拼缝平顺，单组模板在拼装时，拼缝边缘的面板采用硬接口的连接形式，各组模板组拼时，两块面板接在一起，在横向背楞上装入芯带，通过在芯带开孔内插如芯带销收紧的连接方式将同一面的各组模板紧密连接。

3.2.3 箱梁钢筋、波纹管定位安装

先安装定位钢筋，确定钢筋的纵向、横向间距，依据设计图纸先后安装相应钢筋，下垫梅花形垫块。采用定位钢筋依据设计坐标定位波纹管，使其曲线缓和，确保有效张拉。

3.2.4 内模安装

（1）同一面的模板连接。侧模光面使用竹胶板，背楞采用木方加强，先竖向 5 条，再横向 2 条搭接，模板拼缝处加一条背楞，铁钉固定，提高侧模的整体侧向抗压强度，使其在侧向力的作用下不变形。

（2）不同面的模板连接。不同面模板间通过钢模钩和斜拉座连接在背楞上，同时为避免胀模情况的发生，倒角处的背楞还采取了斜拉座配合高强螺杆收紧的加强措施，垂直倒角的斜拉座直接利用定型产品即可，但对于非垂直面倒角需现场自行根据情况在背楞上焊接拉座。两侧和端头模板使用木方顶撑加固。

3.2.5 混凝土浇筑

该天桥箱梁浇筑采用二次浇筑成型法，分段、分层浇筑，混凝土标号 C50。第一次浇筑底板、腹板、横梁，施工缝留在翼缘板与腹板交接处，浇筑完成后及时对混凝土养生。

3.2.6 箱梁内顶模安装

箱梁内顶模安装采用高强度组合的竹胶板拼接，留有天窗施工。使用木楞作为顶托，并且将顶托横向、纵向固定，顶托横向间距和纵行间距 40cm，接缝处使用芯带黏结。

3.2.7 顶板钢筋安装

依据设计图纸安装箱梁顶板钢筋，先使用定位筋定位，固定钢筋间距，下垫梅花形垫块，使其安装后顺直、美观，质量可靠。

3.2.8 混凝土浇筑

顶板浇筑一次成型，测量放出高程，控制纵坡、横坡，依据设计浇筑厚度 7～14.5cm，以定位筋标注浇筑厚度点，每 5m 定一个点。为防止混凝土收缩裂缝，在混凝土表面初凝时进行二次抹面，并在浇筑完成后及时养生。

3.2.9 挖除桥下土

采用挖掘机对桥下土进行掏挖，掏挖原则按先挖中间土，对称开挖桥下两侧土，挖土原则同现浇梁支架拆除工艺。

3.2.10 竣工验收

施工前在距离箱梁底 20cm 处布设监控点，使用铁定嵌入固定，并量测记录。施工完成后对箱梁底部监控点进行量测，浇筑前与浇筑后的实测值小于不均匀沉降设计值 5mm，实测高程符合设计及规范要求。

4 效益分析

依据该桥所在位置的地质条件采用土牛法对现浇箱梁施工是一种创新性的解决方案，与传统工艺相比，有着显著的经济、社会效益。

4.1 缩短工期

本桥梁施工基础处理耗时 2d，桥台施工 15d，现浇箱梁施工用时 30d。结合以往类似桥型支架法施工，支架搭设（包括桥下门洞设置）加预压需用时约 16d，采用土牛法至少节约工期 15d。

4.2 节约造价

在经济效益方面，土牛法施工特点是该方法安全性高，产品质量有保证，合理有效避免开挖路堑造成高边坡的安全施工、开挖路堑后搭设满堂架的安全施工、高危作业施工和交通影响的安全施工等问题。

本工程节约桥梁支架搭设费用约 23 万元，材料垂直运输节约 3 万元，改路减少征地节约 4 万元，节约工期和为路基施工提前让出工作面节约成本约 10 万元。

若搭设支架，边坡势必造成超挖和后期人工贴坡回填，此处节约人工费费用3万余元。

综上，采用土牛法施工本标段徐家冲2♯天桥为本项目节约成本投入约43万元。

5 结语

采用土牛法施工预应力混凝土现浇箱梁，思路大胆创新。其施工工艺简单、施工效率高，节约成本高，不搭设满堂支架，对施工安全有较大的保障，在进度上能大幅度提高施工速度，且不影响所在乡道、村道的交通运行，确保交通正常运行的同时保证了该项目的正常施工，为本项目能够顺利通车节约了宝贵的时间，创造了一定的社会效益。当下小型跨线桥因工程量小，施工组织烦琐，基本无利润，本案例可作为单跨现浇梁施工为企业盈利的典型案例。现浇箱梁土牛施工技术在本项目的徐家冲2号天桥的成功应用，为国内同类、同施工条件桥梁工程建设中的箱梁施工提供了大量技术数据和宝贵经验。

参考文献

[1] 蔡建国，朱伟军. 土牛胎在石拱桥拱圈施工中的应用[J]. 水利建设与管理，2016，36（7）：9-11.

[2] 龚华，阳小东，黄宏伟. 土牛胎法在白鹤滩水电站凉水沟桥施工中的应用[J]. 水利水电技术，2015，46（S2）：89-90.

复杂洞口环境下的隧道单向出洞施工技术

鲁　雷/中国水利水电第四工程局有限公司

【摘　要】 山区高速公路中桥隧占比较高，通过简述复杂洞口环境下隧道施工单向出洞的优点，以太行山高速公路邢台段南会隧道为例，从施工动态设计、辅助措施、开挖方式等方面，创新了单向出洞尤其是桥隧相接处下邻民房较多处洞口施工的关键技术，该技术能加快施工进度、节约投资，可为类似工程提供参考。

【关键词】 单向出洞　反向　超前

1　南会隧道工程概况

南会隧道全长约400m，为分离式＋一般小净距隧道，隧道左洞进口至K49＋499纵坡2.904％，K49＋499至隧道出口纵坡－1.715％。右洞进口至K49＋500纵坡2.9％，K49＋500至隧道出口纵坡－1.75％。南会隧道周边地势总体南高北低，地处太行山山前地区，岩性以奥陶系、寒武系灰岩、白云质灰岩、白云岩夹页岩为主，其次为震旦系石英砂岩夹页岩，沟谷内覆盖第四系松散沉积物，大部分岩体较破碎、节理很发育，局部岩体较完整、节理发育，隧道穿越地层为单斜构造，区内构造较简单。隧道通过段地貌以构造剥，构造破碎带及岩性变化接触带岩体破碎—极破碎，节理裂隙发育，沟谷中被第四系冲洪积砂卵石覆盖。隧道进出口设计均为端墙式洞门。隧道出口为Ⅴ级围岩，为中风化灰岩，岩体呈碎裂状结构。地形边坡较陡，山坡斜度为75°～80°，山体总体呈东西走向，出口段边坡山体自然堆积体较少，岩石均为中风化、微风化花岗岩，山体岩石总体稳定性较好。出口紧贴大桥桥梁，且桥梁下部基础均已开始施工，导致山脚开挖严重，施工便道无法修筑，同时出口山脚紧邻村庄建筑群，隧道出口开挖已不具备施工条件。

2　出洞方案的确定

2.1　施工条件

南会隧道出口地势较陡，自然斜坡坡度75°～80°，洞口外仅2m左右即为桥梁桥台位置，设计为桥梁与隧道顺接（见图1）。截至隧道开挖施工剩余30m时，桥梁墩柱仍在进行施工，且在隧道出洞前无法完成。为此面临隧道施工的困难是：

（1）工期紧张，桥梁与隧道均不能停工。

（2）出口地势十分陡峭，无临时设施选址位置。

（3）桥梁墩柱影响隧道出口洞口施工。

（4）施工便道不能满足材料与设备的运输。

（5）辅助施工措施风、水、电无法从出口处接驳。

（6）出口下方紧邻密集村庄房屋，扰动后洞口堆积体易滚落对下方建筑物冲击。

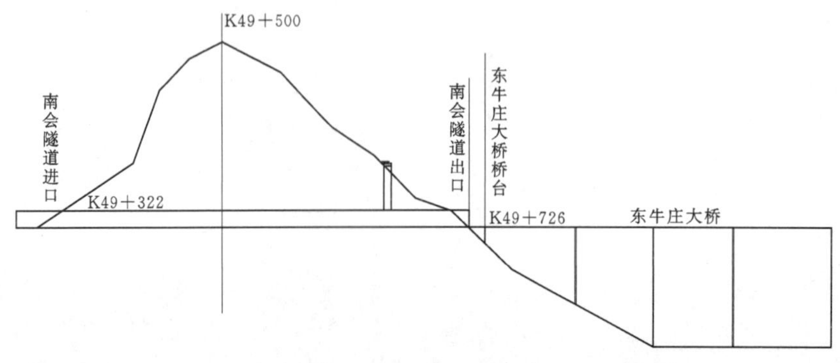

图1　南会隧道出洞口纵断面图

2.2 单向出洞技术流程确定

根据南会隧道结合现有的施工环境条件和新奥法原理的探讨，根据隧道“早进洞、晚出洞”的施工原则，保持南会隧道山体的平衡状态，避免洞口塌方，采用由隧道出口向进口单向掘进出洞前，必须先对出口洞口上方陡壁围岩进行处理、地表注浆及钻安管棚并注浆。单向出洞严格遵循以下几个施工流程进行：从进口端单向掘进至离出口的保险距离后暂停施工→超前水平钻探孔出洞引出风水电料管线→出口边仰坡危石堆积体处理→出口套拱锁口→进口端继续掘进至贯通。

2.3 单向出洞施工技术参数分析

出洞施工技术综合分析如下：

(1) 地质条件：隧道出口基本为岩质边坡，中风化岩层于隧道基脚出露，岩层与坡向为切层反向边坡，整体性良好，属有利边坡稳定的组合关系；可以通过机械挖掘达到确保单向出洞安全与稳定的效果。

(2) 地形特征：出口洞门位于山体斜坡，条状山嘴突出，地势陡峭，线内最小坡度为24°，最大坡度为31°，表层薄层强风化白云质灰岩覆盖，厚度2.0～5.0m（纵断上16m左右），下伏中风化白云质灰岩，边坡稳定性较好，边坡整体稳定性尚好，利于出洞施工。

(3) 洞口设计：原设计在出口设计了管棚，具体参数为ϕ108×6mm钢管，$L=35$m，环距40cm；ϕ20钢筋笼；M30水泥浆注浆。结合地质图分析：管棚最小入岩深度大于20m，管棚加固端的覆盖层约5.35m，其中中风化岩层厚度约5.0m。管棚设计增加了单向出洞，缩短了保险距离，更具安全性与可操作性。

(4) 开挖方法：综合对比了各种开挖方法，进口掘进端采用了环形留核心土法施工，既能确保掌子面与边仰坡的整体稳定，又能及时封闭拱架确保安全。

(5) 施工实践：南会隧道进口端曾经使用ϕ127潜孔钻做超前探孔50m，作业班组的喷浆机的作业能力可达到80～100m，项目部采用单向出洞时的作业距离在50m以内，相应参数的施工操作是可行的。

(6) 出洞口轻微偏压：根据隧道走向，隧道出口段地形与等高线交角较小，通过考虑偏压影响加以验算，可以通过后续施作挡墙回填以规避。

综合上述分析，拟定的单向出洞技术流程较为可行。

2.4 单向出洞施工技术措施原则确定

隧道出洞段（K49＋702段）采用三台阶分部弧形开挖法施工，严格执行“先探测、管超前、短进尺、弱扰动、强支护、快封闭、勤量测”的措施原则进行施工。

2.4.1 先探测

开挖前必须对该段落至出口段进行地质雷达探测，探明是否存在不利的地质因素、为洞口段施工方案的确定提供依据。探测也可以结合管棚进行以节约成本，施工时根据探测面需要在开挖面布设三个探测孔，利用潜孔钻进行超前探孔，做好探孔掘进记录，根据记录进行数据分析，判断最终是否存在不良地质情况。

2.4.2 管超前

超前管棚及超前小导管对于隧道安全施工十分重要，在复杂洞口环境下施工更加凸显重要意义。

超前支护的细则要求：

(1) 采用超细水泥制作浆液，浆液中添加适量膨胀剂（10%～15%），速凝剂掺量为水泥用量的2%～3%。

(2) 根据现有地质情况、段落所加固范围严格控制注浆压力，通过现场试验确定，控制在1.0～1.5MPa。

(3) 注浆必须安装止浆阀，顺序本着“先两边，后中间，先下后上”的原则逐次对小导管进行注浆。

(4) 严格控制钻孔、注浆等环节，最大限度保护超前支护的刚度，使其达到梁的作用，开挖过程中对拱顶上部起到最大的约束作用。

2.4.3 短进尺

隧道单向出洞开挖综合考虑施工安全、质量、可操作性，根据实际施工情况和地质条件，制定三台阶弧形开挖法。三台阶必须坚持短进尺的原则，台阶长度控制在4～6m，开挖进尺为1榀拱架间距，尽量缩短上下台阶施工间隔时间。

3 单向出洞施工

3.1 出洞施工顺序

为确保隧道单向出洞安全实施，拟定施工顺序（见图2）。

3.2 出洞施工

3.2.1 洞口右侧挡墙的砌筑与回填

在隧道正向掘进至K49＋702里程时，隧道出口已经完成了挡墙的砌筑与回填。

3.2.2 K49＋702～K49＋720段（Ⅴ级）的正向施工

采用台阶法施工，分上中下三个台阶按照三步七台阶法进行机械开挖。开挖中台阶时左右马口错开，且进尺控制在三榀以内，及时支护；下台阶拱架及时闭合。

同时，为了规避地质条件的差异性带来的风险，在K49＋705～K49＋720段实际施工过程中实行超前探孔预报措施：施打径向和水平向超前探孔，孔径38mm，长度$L\geqslant3.0$m，孔位布置具体见图3。径向探孔自K49＋705里程起，每1.5m探测1次；水平向超前探孔自LK1＋320里程起，每1.5m探测1次；每次探测应做好

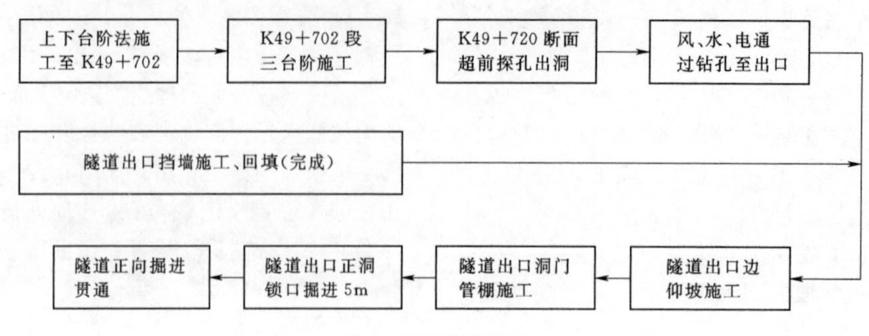

图2 出洞施工顺序

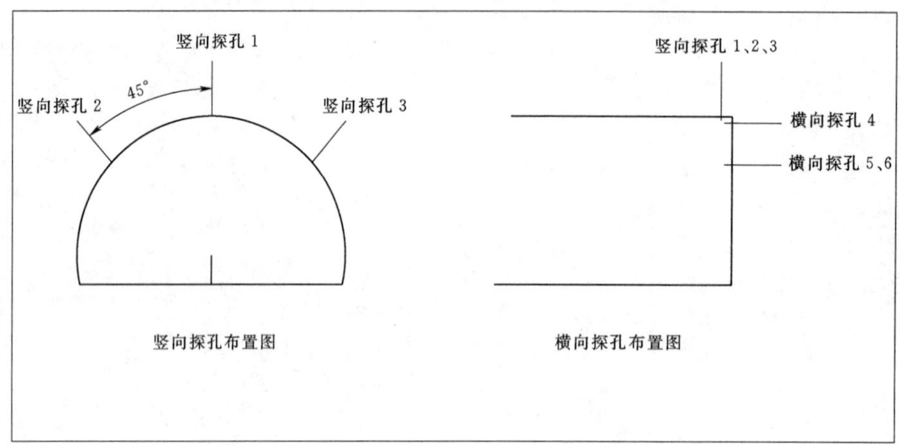

图3 南会隧道探孔布置图

书面记录。

3.2.3 超前钻孔施工

隧道正向掘进至K49+720里程时，掌子面停止掘进，采用WEP100潜孔钻施钻ϕ127钻孔3个出洞，成功将高压风、水软管和料管引至隧道出口。经过试钻、试喷，效果良好。

3.2.4 桥梁墩柱的防护

隧道出口施工前，在桥梁基础、墩柱靠隧道侧以起伏山体及支撑设置立面柔性防护网，对因出口施工活动引起崩塌、滚落而威胁施工安全的，宜予清除或就地临时处理。对坡面上存在的将来又发生崩塌可能性很大的个别块孤危石，若它（们）的崩落可能带来系统的大量维护工作需要，甚至超过系统的防护能力，则宜对其进行适当的加固处理或事先予以清除。防护网从上向下铺设钢绳网并缝合，缝合绳为ϕ8钢绳，每张钢绳网均用一根长约31m（或27m）的缝合绳与四周支撑绳进行缝合并预张拉，缝合绳两端用两个绳卡与网绳进行固定联结。防护网系统安装完毕后，采用小石块将平铺在地面上的格栅压住，避免落石将格栅向上掀起。

3.2.5 出口边仰坡与洞口管棚施工

高压风、水及施工动力电源成功接出出口以后，按照常规施工依次完成了边仰坡防护与洞口管棚施工。隧道进口端高压风、水软管和料管引至隧道出口后，在洞顶刷坡线以外5m按图纸要求并结合现场地形，及时修筑截水沟以防止仰坡范围内地表水下渗和减少对坡面的冲刷。

3.2.6 K49+728～K49+731段洞口锁口施工

为确保洞口稳定万无一失，采用环形留核心土法反向掘进施工，使洞口端支护整体嵌入岩土3.0m以上，形成“锁口”与围岩固结一体，增强整体稳定性。

3.2.7 隧道贯通

隧道出口锁口完成后，按照K49+702～K49+720段的施工方法逐步推进，安全贯通。

4 监控量测

4.1 洞内监测

围岩及支护状态观察：采用观测的方法，对围岩的岩性、岩质、节理裂隙发育程度和方向，有无松散坍塌、剥落、掉块现象、有无漏水等；初期支护状态包括喷层时候产生裂缝、剥离和剪切破坏、钢支撑是否压屈等。观察分析，逐一进行描述、记录，以此作为支护参数选择的参考与量测等级选择的依据。

拱顶下沉、周边位移及收敛量测应布置在同一断面，断面间距为5m。拱顶下沉量测测点布置在拱顶。周边位移量测以初期支护上个点的绝对位移为主，同时增加水平及斜向收敛量测，以便校核水平位移结果。

拱顶下沉、周边位移及收敛量测在开挖后尽早进行，拱顶下沉、收敛量测起始读数宜在6h内取得，其他量测读数在开挖12h内且在下一循环开挖前读取。测点应牢固可靠，易于识别，并注意保护，严禁机械开挖损坏。

4.2 地表监测

洞口段覆盖层薄，开挖后围岩难以自稳成拱，地表易沉陷，为了确保洞口浅埋段的施工安全，进行地表沉降监测。地表浅埋段设置地表观测点，观测点与洞内量测点尽量布置在同一断面上，以便反映量测数据的关联性，地表量测断面间距为2m，每个量测断面上测点间距为3m，每日量测3次。每日对观测数据进行统计分析，特别是洞口范围的洞内外监测数据，要进行综合分析，通过分析成果及时反映围岩下沉、收敛动态，正确指导施工，及时调整支护参数。

5 施工效果

在隧道采用单向出洞方案施工过程中，现场根据规范要求埋设了地表沉降观测点，严格落实了每天监控量测；同时安排了专职人员每天对南会隧道出口洞口地表进行观察，察看开裂和滑塌迹象。经过预计的单向出洞工法精心施工，隧道安全出洞，出口段自2017年7月18日挖掘至K49+702开始实施单向出洞方案，挖掘至K49+720为7月29日，至2017年8月31日完成出口段全部施工工序。地表最大沉降量1.8cm，洞顶地表仅局部覆盖层稳定，无异常滑塌现象，整体稳固，达到了预期的效果。

6 结语

南会隧道出洞施工，采用了监控量测辅助、机械开挖避免钻爆产生的扰动，同时潜孔钻超前钻孔出洞，将风管、水管等直接引至出口端，利用单端辅助施工设施进行双向掘进施工，取得了较好的效果，具体如下：

（1）消除了出口端极端不利地理条件的限制。

（2）节省了出口辅助施工设备设施的投入，取得了较好的经济效益。

（3）降低了邻近桥梁工作面的干扰，创造了同步施工同步完工的条件。

（4）出口端下邻的建筑群安全得到保障。

由此可见，本方法的应用较为适用于岩体隧道，尤其是地理条件受限制的桥隧相接的隧道工程。在条件具备且安全措施得以保障的前提下，本方法在进度、效益方面都有一定的优越性。

参考文献

[1] 陈东阳．论山岭区中短隧道“零开挖，单向出洞”施工工法在怀阳项目中的应用［J］．科技创新与应用，2019（22）．

[2] 张克阳．复杂地形条件下特长高速公路隧道单向出洞施工技术研究［J］．工程技术研究，2019（21）．

箱梁端部混凝土裂缝预防措施

张明明　徐　斌/中国水利水电第四工程局有限公司

【摘　要】 预应力混凝土箱梁在结构上不允许出现有害裂缝。怎样才能提高设计和施工质量，是桥梁设计者、建设者共同关心的课题。笔者根据本桥的情况浅谈一下预应力混凝土箱梁裂缝产生的原因、处理方法以及预防措施，预应力混凝土箱梁在施工时产生有害裂缝的问题是可以得到改善和解决的。

【关键词】 预应力箱梁　腹板　裂缝　预防措施

1　工程概况

中开高速公路项目主线起于广东省中山市东部马鞍岛，与在建深中通道相接，经中山市、江门新会区、台山市、开平市，终点位于恩平市，对接开春高速、高恩高速和开阳高速，分为中山段及江门段，其中江门段路线起自西江磨刀门水道，顺接中开高速中山段，经虎跳门水道、银洲湖水道，跨越新台高速公路，两次下穿深茂铁路，跨越潭江，在凤山与开阳高速公路交叉，最后顺接高恩高速公路，全长85.597km，设特大桥12座，大桥25座，中小桥共26座，互通立交16处，服务区2处。全线采用高速公路技术标准，双向六车道，整幅标准断面宽33.5m，设计时速为120km/h，汽车荷载等级为公路-Ⅰ级，桥梁上部结构主要采用20m、30m、35m、40m预应力混凝土小箱梁先简支后桥面连续结构。根据设计图纸，如果按照常规方法施工，在张拉后，箱梁封锚端腹板处容易出现裂缝，为此，总承包部组织第六项目部技术人员对产生裂缝的原因进行了深入研究分析，并制定了预防措施。

2　裂缝产生原因分析及处理措施

若采用常规方法设置预制箱梁台座，根据设计图纸，待箱梁体混凝土浇筑龄期不小于7d，且强度及弹性模量不小于85%时方能张拉，张拉采用智能张拉工艺，顺序为用4台500t穿心式千斤顶左、右对称两端同时张拉，张拉前对智能张拉机进行了检测，并对预制箱梁同养试块和弹性模量进行了检验，各项结果能够满足张拉要求，但在张拉约3h之后，箱梁封锚端腹板处容易出现裂缝（见图1），为此，笔者对产生裂缝的原因进行了深入研究分析，并制定了处理方法及预防措施。

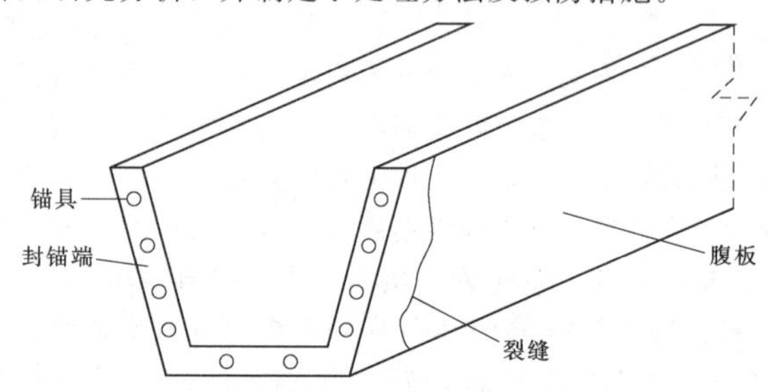

图1　预制箱梁封锚端腹板处裂缝示意图

2.1　产生张拉裂缝原因的初步分析

针对箱梁腹板底部混凝土在张拉后出现裂缝的情况，笔者进行了初步分析，认为该项问题由以下原因造成：

（1）箱梁外侧腹板的断面尺寸设计较小，厚度只有5cm，且腹板底部钢筋布置较少，抗裂效果不明显。

（2）预制箱梁端头底模板采用固定模板，张拉时楔形块无法移动，造成张拉后端头局部产生应力集中。

2.2　张拉出现裂缝后的评测及处理措施

针对腹板已发生裂缝现象的情况，具体处理措施是：腹板已发生劈裂的先将预应力钢束放张后对混凝土进行凿除，更换锚垫板、钢绞线和锚具，重新布设好钢筋再用C50环氧混凝土浇筑，待强度达到要求后重新张拉。因原设计在张拉端锚垫板后延梁长方向未设置防裂加密金筋，根据上述对比实验，需要增加锚垫板后腹板底部的防裂配筋，以提高锚后抗压、防裂能力。处理程序的方法和步骤：对已张拉的进行应力放张→凿除损坏的混凝土及锚后混凝土→腹板外侧及锚后重新布置钢筋→立模板→补强→换束→张拉→压浆。

2.2.1 张拉应力放张作业

放张采用群锚整体放张或单根二次张拉的工艺，首先制作放张群锚用的反力架，用30mm厚钢板制作内径为220mm的双层圆环，圆环间距为50mm（因为工作夹片长度为40mm，为了方便工作夹片脱出，故用此间距）。单根二次放张采用单根张拉千斤顶放张，采用专用放张接头。反力架放置于锚垫板上，让锚环居中，安装群锚张拉用千斤顶，让其油缸伸长140mm，安装工具锚及夹片，开启油泵进行张拉，当油缸行程到180mm左右时，停机剥离工作夹片，千斤顶全部回油至油缸。此时，由于张拉应力的存在，工具锚及夹片会代替工作锚。

须注意事项：因放张工作是让高应力状态下的钢绞线突然撤去应力，所以在放张过程中，为确保安全，千斤顶的正面不得有人站立并对张拉端采用木板及砂袋遮挡，避免钢绞线或夹片飞出伤人。由于采用的是单端放张，在另一端派专人看护，任何人不得靠近，并派有经验的桥梁工程师现场指导，待放张后钢绞线稳定，工作人员方能靠近。

2.2.2 凿除损坏的混凝土

对已经出现裂缝破损的混凝土，要凿出锚垫板及锚下螺旋筋，并要预留一定的施工空间，以方便锚下钢筋的重新布设，为保证新、老混凝土的有效黏结，在凿除过程中，凿出平面尽量采用纵横交错的纹路。

2.2.3 张拉端腹板锚下抗裂钢筋的布设

腹板锚下抗裂钢筋的布设根据箱梁腹板的设计宽度和高度确定，采用$\phi12$的钢筋纵、横间距分别为700mm和100mm，用铅丝绑扎和腹板横向水平筋连接，此外在腹板底部，延梁长方向增加长度为50cm直径为$\phi12$的两排钢筋，作为底腹板防裂的补强钢筋。

2.2.4 换预应力钢束

用抽换出原有钢束的同时穿进新钢束的方法，新、旧钢束采用破口焊接连时，考虑到钢绞线受热的影响，将新的钢绞线在原设计长度的基础上加长1.5m，作为预留长度，待穿束后张拉前，用砂轮切割机切除受到影响的钢绞线。

2.2.5 立模板

采用12mm厚优质竹胶板制作侧模，再以5×10cm的木枋加固，使其达到设计刚度和强度，端模采用钢模，锚垫板位置及角度符合设计图纸。

2.2.6 浇筑混凝土

裂缝处混凝土凿除后，清洗接触面，并在新、老混凝土的接触面用环氧树脂涂刷，增加混凝土的黏结力，补强混凝土的标号采用C50环氧混凝土，施工时的有关要求如下：

（1）所用的中（粗）砂、碎石［碎石规格及掺配比例（5～10)mm：(10～20)mm＝3：7］材料必须晒干，含水量在1%以内，在环境温度20～30℃时操作较好。

（2）每立方米C50环氧混凝土配合比（见表1），在配制混凝土前1h将环氧树脂与活性稀释剂（见表2）充分搅拌均匀（选用散热较快的铁器），然后再加入邻苯二甲酸二丁酯继续搅拌均匀后备用。

表1 每立方米C50环氧混凝土配合比

材料名称	树脂浆液	水泥	中砂	碎石
单位/kg	350	350	400	1100

表2 树脂浆液配合比

材料名称	环氧树脂	活性稀释剂	邻苯二甲酸二丁酯	乙二胺
单位/kg	276	41	14	19
掺配比例/%	100	15	5	7

（3）按比例将称量好的砂、碎石材料搅拌均匀，在已搅拌好的环氧液中加入乙二胺并搅拌后与骨料充分拌合并马上浇筑；浇筑时要注意振捣密实，特别是锚后混凝土，振捣时应不要碰撞波纹管道，更不得漏振和过振，以防止混凝土出现蜂窝及离析现象，由于环氧混凝土的初凝时间大于3h，可采取自然养护的方法进行。

2.2.7 张拉

严格按照规范及设计的施工顺序进行作业，采用张拉应力值和伸长量双控的控制方法，双端同类型束同时对称张拉。由于钢绞线伸长量较长（最长为409mm×2），而千斤顶行程为200mm，所以现场采用分段逐级张拉，张拉程序为：0→10%δ→20%δ→35%δ（回油重新张拉）→70%δ（回油重新张拉）→100%δ（持荷2min后锚固）。

2.2.8 压浆

预应力束张拉没有异常后，应在24h内尽快压浆，采用真空压浆并用砂浆封闭锚具。

3 混凝土裂缝预防措施

对相关问题进行深入分析后发现，产生裂缝的原因主要是由张拉端局部应力集中引起的。为此笔者提出对预制箱梁台座模板进行改造，将距端头约1.5m处箱梁底模板及台座切开高10cm×宽15cm槽口，且把楔形块处底模板改为滑动式，使得箱梁在张拉后端头局部应力得到释放，具体按以下步骤实施：

第一步：将混凝土台座连同箱梁底模不锈钢板距端部1.5m处切开高10cm×宽15cm的槽口，切割后的不锈钢底模板继续留作使用，但须将边部打磨光滑（见图2）。

第二步：将切割下来的不锈钢底模板条在切割槽口处固定，固定方法采用两块钢板卡在混凝土台座两侧，中间用一根拉杆固定钢板，槽口内填满细砂，控制好高度，将不锈钢底模板条放在细砂表面，确保接缝处平整度满足要求（见图3）。

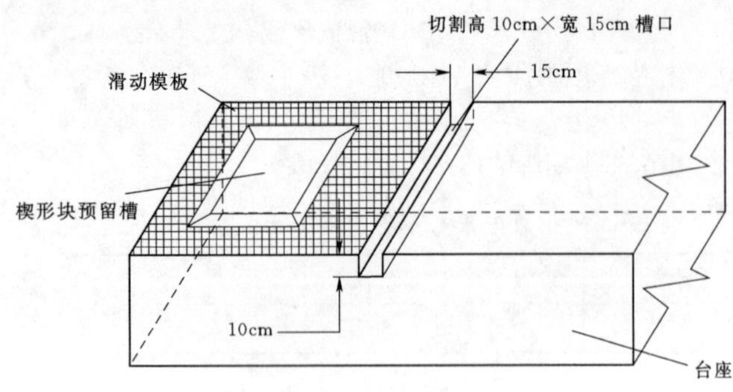

图 2　混凝土台座改造示意图

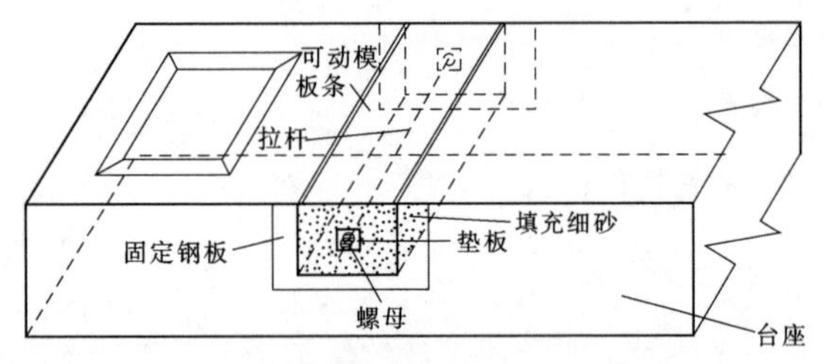

图 3　不锈钢底模板条安装大样示意图

第三步：混凝土浇筑前，将模板条与周围底模板之间缝隙用玻璃胶填充后，再用通明胶带粘贴，以防止混凝土浇筑时漏浆造成混凝土蜂窝麻面现象。

第四步：混凝土浇筑完成达到拆模标准后，可松动拉杆螺母，拆除固定钢板，掏出细砂，取下可动模板条，在张拉时楔形块处模板可以滑动，模板端部预留有槽口，使得锚固段张拉应力得到一定程度释放，从而避免了封锚端腹板裂缝的出现。

通过对预制箱梁封锚端出现裂缝的问题进行深入研究分析，找到了产生裂缝的原因，并采取了切实可行的预防措施，即对箱梁台座底模进行微小改动，使得后期预制箱梁封锚端裂缝问题大大减少，确保混凝土的外观质量有较大改观。

4　实施效果评价

为切实验证对台座底模板进行微小改动后能够避免或减少箱梁封锚端裂缝问题，在改动后的试验台座上又浇筑了 10 片箱梁，张拉后均未出现封锚端裂缝问题。随后，对梁场内 36 个台座底模板均进行了改动，并持续对浇筑的 100 片箱梁进行张拉外观质量记录，只有 3 片梁封锚端腹板处出现了微小裂缝，其余 97 片箱梁封锚端均未出现裂缝，预制箱梁封锚端腹板裂缝问题得到了有效的解决。

5　结语

中开高速公路项目江门段桥梁工程占路线总长比例较大，预制箱梁数量较多，施工质量的好坏直接影响了桥梁的结构功能、耐久性及美观性，对预制箱梁台座底模板进行微小改动，操作简单，施工方便，且从根本上减少了封锚端腹板裂缝问题的反复出现，进而节省了处理裂缝所花费的人工、材料、机械设备等费用，增强了箱梁使用的耐久性，提高了混凝土外观质量。因此，在工程施工中应强化施工管理，完善施工工艺和施工方法，努力提高施工质量，对于施工中发现的问题，要秉承精益求精的精神，认真分析研究，找到解决方案，进而从源头上解决问题，这样才能使得社会效益和经济效益得到更大的发挥。

高速铁路路基边坡三维生态防护施工与质量控制

朱克齐　董禹江　邢宏文/中国水利水电第四工程局有限公司

【摘　要】 三维生态边坡防护在目前国家对环境整治力度及要求不断提高的大环境下，是一种对环境相对无害而且实用美观的边坡防护形式，可以最大限度地保持沿线铁路生态环境。但三维生态边坡防护施工工艺要求较为严苛，每个步骤环环相扣，若施工控制不当，将造成边坡质量事故频发，因此事先分析三维生态边坡防护的病害产生机理，严格把控，可有效提高路基边坡的防护质量。

【关键词】 三维生态　边坡防护　施工　质量控制

1　概述

新建徐州—淮安—盐城铁路站前工程 XYZQ-Ⅱ标段正线长度 50.171km。其中路基总长 5.931km，共分为 3 段区间路基和 2 段站场路基。本标段边坡防护型式采用三维生态，坡率为 1∶1.5，三维生态边坡防护方法为在边坡上码放生态草灌袋，并种植灌木、植草防护，边坡防护以路基边坡每 15m 一道的坡面排水槽为节段分界点。

2　施工工艺

三维生态边坡工程主要由三维生态草灌袋及联结扣等工程组件构成。施工时在生态草灌袋中装填透水性良好的砂性土，土中掺以适合植物生长的复合肥料，然后将生态草灌袋在路基事先开挖好的边坡台阶上层层垒砌，袋与袋之间用联结扣相互联结，并做好护肩底部及三维生态坡面的排水措施。生态草灌袋具有透水不透土的功能，袋体垒砌完成后在坡面覆土并种植苗木、喷播草籽，植物在袋体中生长根系进入工程的基层土壤中，像无数锚杆完成稳固作用，时间越长，越加牢固，实现稳定性路基边坡。

3　造成三维生态边坡防护缺陷的质量分析

3.1　排水不畅导致的边坡病害

（1）顶层三维生态袋顶部未铺设复合土工膜与基床底层顶面复合土工膜形成有效搭接，使复合土工膜表面及表层渗水形成的积水在无复合土工膜的区域渗入路基边坡，在路基边坡与三维生态袋之间产生滑动面。

（2）三维生态袋码放过程中，未按设计要求，未在袋体间每隔 3m（沿边坡纵横向）梅花型埋设 PVC 管导致袋体与边坡间的水无法排至边坡表面流出，在路基边坡与三维生态袋之间产生滑动面。

（3）三维生态袋袋体间每隔 3m 梅花型设置的 PVC 管，伸入边坡一侧未采用无纺土工布包裹，导致边坡内土体随水流流失。

（4）边坡无排水槽处形成雨水汇流，直接冲刷边坡，造成三维生态袋滑落。

3.2　三维生态袋袋体未按要求码放

（1）三维生态袋在码放过程中，按要求在袋体间设置联结扣，使三维生态袋袋体间形成可靠连接（见图 1）。

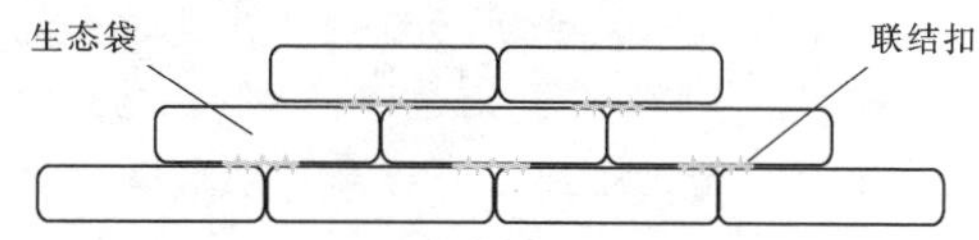

图 1　三维生态袋码放联结示意图

（2）三维生态袋码放应严格控制边坡坡比，并将铺设三维生态袋坡面按坡比人工开挖成台阶，由下向上码放。

（3）每施工 1.0m 高三维生态袋应对填充物浇水预沉降后，再进行下道工序，否则，当三维生态袋码砌完成后，形成沉降裂缝。

（4）三维生态袋材质不符合设计要求，导致袋体易风化，三维生态袋主要技术参数见表1。

表1　　三维生态袋主要技术参数

序号	项　目	单位	性能指标	备　注
1	生态布	g/m^2	≥110	生态袋还应具有抗紫外线、抗酸碱、透水不透土功能
2	纵横向断裂强度	kN/m	≥3.5	
3	CBR顶破强度	N	≥500	
4	等效孔径 O_{95}	mm	0.07～0.2	

3.3　台风地区边坡种植灌木过大

（1）边坡绿化选用灌木较大，遭遇台风等恶劣天气时，因受台风影响，灌木倾覆，在原有栽种位置形成较大面积集水坑，增加了渗水量，使边坡形成滑动面。

（2）边坡绿化选用的草籽、灌木根系不发达，在植草及灌木成活后，其根系未伸入边坡，不能很好地稳固边坡。

3.4　绿化成活率偏低

（1）所种植灌木不适宜当地气候条件，成活率低下。

（2）袋体内栽种土未加入肥料，养护不及时，导致植物成活率低下。

（3）调整工期进度，尽量将绿化工作调整在植物适宜栽植、种植的时间区段内，避免因种植时间区段不符而导致绿化成活率偏低。

边坡绿化植物成活率偏低，致使边坡的稳固效果降低，使边坡发生病害的概率增加，不利于边坡的长期稳固。

4　三维生态边坡防护施工质量控制

4.1　边坡排水施工质量控制

（1）路基边坡每15m设置一道横向混凝土预制排水槽，预制块做成榫头。排水槽在生态袋垒砌前进行施工，采用人工开挖，深度为20cm，开挖槽底均匀铺设细粒土，排水槽从脚墙顶开始垒砌，预制块之间由榫头相互咬合搭接，垒砌至护肩底标高，排水槽嵌入边坡20cm，露出边坡10cm，垒砌完成后，两侧进行夯实处理。

（2）垒砌生态草灌袋时同步放置PVC排水管，排水管采用PVC50型，管端内侧用 $200g/m^2$ 无纺土工布包裹，由内向外设置5%坡度，呈梅花型布置，间距3m。

（3）顶层三维生态袋顶部铺设复合土工膜，与基床底层顶面复合土工膜形成有效搭接（见图2），使复合土工膜表面及表层渗水形成的积水沿复合土工膜流至边坡护肩底部伸出的挡水坎，经挡水坎汇聚至横向排水槽，流至坡脚排水沟。坡顶其他结构物内的雨水通过排水管引至挡水坎或直接引至横向排水槽（见图3）。

图2　压顶前复合土工膜铺设

图3　边坡排水管及横向排水槽

4.2　边坡三维生态袋施工质量控制

（1）袋体垒砌为拉线垒砌，保证纵向线形及坡比满足设计要求，纵向拉线沿边坡每隔2m一道，确保每层平整度和纵向线条；坡向拉线每隔20m为一段，从坡脚至坡顶拉一根坡比线，确保施工坡比符合设计要求。

（2）垒砌时袋体内土应均匀的充满袋体，袋体从两侧排水槽向中间垒砌，有缝纫线的袋边朝向坡体里侧，同层生态袋扎口摆放方向一致（末端扎口端隐蔽），袋体摆放平整，由低到高，层层错缝，袋与袋之间相接紧密。

（3）纵向方向在标线内侧将联结扣骑缝放置于两袋之间的接缝上，使每一个三维排水联结扣骑跨两个袋子，再用钉锤将三维排水联结扣下侧六个棘爪（基础袋下面联结扣反置）敲击刺入袋子中。

（4）生态草灌袋垒砌每完成垂直高1m时，对坡体做浇水预沉降（见图4），浇水量以袋体填充土料达最佳含水量。坡体完成后，待沉降稳定后统一完成压顶，避免柔性边坡因沉降与上部其他结构分离。

图4　三维生态袋浇水预沉降

4.3　边坡绿化质量控制

在苗木的采购准备方面，首先要严格按照要求，挑选相应规格、生长健壮、具有生命力的壮苗、优质苗，考虑到在生长季节内挖苗、移栽对苗木自身正常生长的生理规律所造成的破坏和影响。因此，必须制定移栽苗木的挖苗、栽植及后期管护的施工的技术措施。针对不同的苗木，如乔木、灌木做好掘苗前的技术处理。掘苗、运苗、栽苗的时间避开阳光照射的高温高热期，充分利用黄昏、晚间或阴雨天气，针对不同规格的苗木及其生物学特性，制定相应的栽植前、后技术措施，并对施工中的其他问题做好如下安排：

（1）对乔木、灌木的树冠进行适当的修剪，调整其树冠部分与掘苗后根系的适当比例，并摘除部分叶片，减少苗木自身的蒸腾与养分消耗；同时避免台风、暴雨等恶劣天气将树冠较大、根系不发达的苗木吹倒，形成集水坑，造成边坡损害。

（2）对常绿树及大规格具有一定景观效果的乔木要采取相应的合理措施增加植株周边的空气湿度，减少植株自身水分消耗，以利缓苗。

（3）针对工程中新栽植的常绿乔木，栽植时在其栽植穴内及回填土中掺入部分“过磷酸钙”，增加土壤中磷元素含量，促使移栽苗根系尽快萌发、生长，进而起到提高移栽苗木的成活率的作用。

（4）对施工中可能发生的恶劣天气变化，如暴雨、大风或高温高热天气，应有充分的思想准备，安排相应的物资储备，以预防事故的发生。

（5）为保证绿化种植的施工质量，在施工前全面掌握各项技术要求，做好施工前的各项准备工作，及时了解现场绿地土壤状况和环境及供水供电条件，并确定好施工方案。

（6）在种植过程中，要按苗木种植数量，保证一定的密实度。种植时要保证苗木直立，根系舒展在土中，压实后及时浇水，保证土壤的湿润，在浇完一次水后，检查坑穴、槽穴的下沉状况，并及时补充覆土，保证苗木的成活。

（7）加强种植后的养护管理，其中包括苗木的修枝整形、浇水灌溉、施加追肥、中耕除草、排水防涝、防止病虫害、防晒、防风、防寒等一系列养护措施，促进苗木的生长，保证绿化质量（见图5）。

图5　边坡绿化效果

4.4　经济效益

三维生态袋边坡防护比混凝土骨架绿化经济效益显著，有效节约成本1466.1万元。三维生态袋边坡防护施工效率优于混凝土骨架施工，工序较为简单，易于进行质量控制，实际每人每天可完成20m^{2}三维生态袋施工。效益对比详见表2。

表2　三维生态袋效益对比

序　号	项　目	单价/(元/m^2)	效益/万元	备　注
1	三维生态袋	160	1452.5	有效节约成本1466.1万元
2	混凝土骨架+绿化	321.5	2918.6	

5　结语

采用三维生态边坡防护，完成后坡面整体平整度好，远观、近观效果俱佳，凸显了高速铁路绿色长廊的建设理念。

三维生态边坡防护与混凝土骨架护坡等其他形式相比，边坡防护形式具有施工工艺简单、工期短、成本低、节省材料等特点，其还具有现代园林园艺美感，可凸显现代环境景观效果，保持与自然和谐。

三维生态边坡防护因其与当地环境良好的嵌合性，在环境保护意识不断增强的今天，有着良好的应用空间。对于三维生态边坡防护的质量分析，三维生态边坡防护要做好三点：一是排水，积水宜疏不宜堵，护肩及边坡雨水应设置排水管（槽）集中排放到邻近排水沟；二是很多三维生态边坡防护病害是施工过程引起的，因此要做好工序衔接及确认；三是材料选择应按照要求，因地制宜。

新型智能化梁场箱梁预制施工技术

王鹍鹏/中国水利水电第四工程局南方工程公司

【摘　要】 本文结合中开高速公路江门段虎跳门西江特大桥西岸小箱梁预制场，对新型智能化梁场施工技术进行系统介绍，利用整体式液压模板、移动钢底模，设置了流水线的施工方式，箱梁的各个工序同时进行，大大提高了施工质量和施工效率，为类似工程施工积累了经验。

【关键词】 智能化　预制梁场　液压模板　移动钢底模

1　引言

传统预制梁场的施工方法是在生产台座上组装钢筋骨架，安装模板、浇筑、拆除模板、养护、张拉和压浆。预制箱梁的整个加工生产过程在台座上完成，必须等到等待前一道工序完成以后才能开始下一道工序施工，常常需要工人反复转换工种类型，不同工人的专业度难以发挥，箱梁的生产质量难以保障，施工效率较低。为解决现有技术中的不足，研发采用了一种预制箱梁新型集约化施工工艺，采用该工艺具有施工速度快、占地面积小、经济效益好等优点。

2　工程概况

2.1　梁场简介

中开高速公路江门段虎跳门西江特大桥西岸箱梁预制场位于江门市新会区睦洲镇龙头山，距离工程主线（K51＋200）约1.5km，紧邻礼睦路，场内建设有箱梁预制区、养护及预应力张拉区、注浆区、存梁区、办公及生活区。因项目位于沿海经济发达地区，临时征地价格高昂，受土地面积制约，规划梁场建址呈“L”形，且场地较小，为解决场地限制，经过优化设计，采用整体式液压模板、移动钢底模方案，结合中开高速公路BIM系统建设，建立新型智能化箱梁预制场。

2.2　梁场设计生产规模

该智能化梁场设计了7个可移动式底模、1个横移台车、1套边梁模板、半套中梁模板、两条型钢轨道，从而实现箱梁的预制与转运，设计生产规模为承担虎跳门西江特大桥西岸390榀30m长度后张法预制小箱梁的生产任务，设计生产效率为每天完成1榀箱梁预制。

2.3　实际生产效率

该梁场自建设完成后，按照虎跳门西江特大桥引桥下部结构施工进度及存梁区规模开展箱梁预制作业，2018年12月完成首榀试验箱梁预制工作，经过首件评定总结后，于2019年1月开始箱梁预制，至2020年2月完成全部390榀箱梁预制任务，实际生产效率达到每天1榀的设计效率要求。

3　新型智能化梁场箱梁施工工艺原理

3.1　整体式行走模板施工原理

外模板采用整体式液压钢模板，侧模由多个单元模扇组成，单元模扇由面板、支撑面板的横肋、竖肋、竖向加筋肋、支架、顶拉杆、底连接拉杆、固定模扇的拐角及安装在侧模上的振动支架组成。模板形成一个整体，无须中间过程拆卸和拼装，梁体外观无拼缝，由液压系统、卷扬机提供模板动力，可以进行纵向、水平、竖直方向移动，全程机械化作业，模板系统可以自行行走，免吊装（见图1）。

3.2　可移动式底模施工原理

可移动式底模采用纵横交错的上横梁、纵梁和下横梁固定连接而成，相邻两节平台移动架之间通过螺栓连接，根据预制箱梁的长度进行组装，以适合不同长度预制箱梁的预制施工（见图2）。

3.3　横移台车施工工艺原理

采用自行式横移台车，包括数条平行下轨道，每两

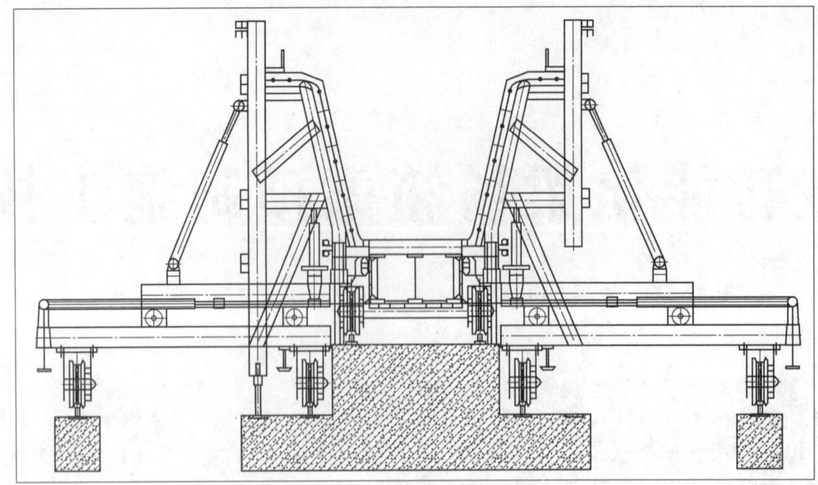

图1　整体式行走侧模

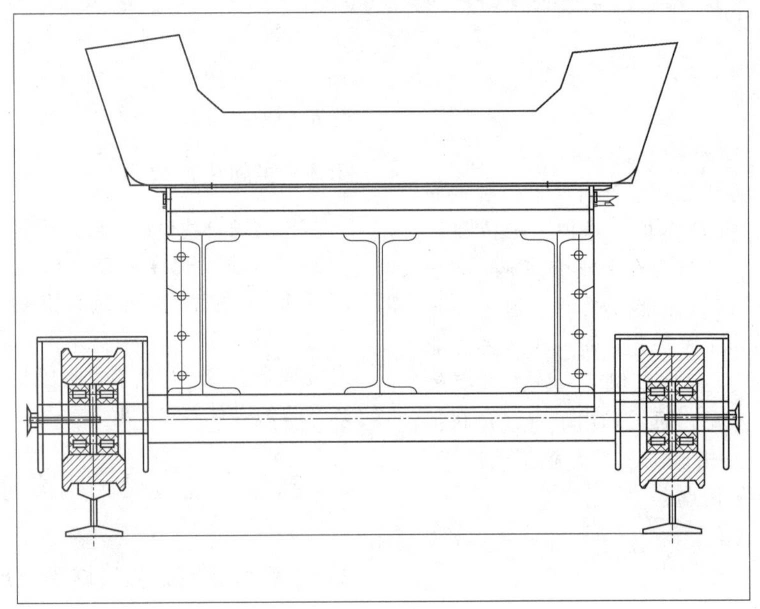

图2　可移动式底模

图3　横移台车

条平行下轨道上分别设有轮对小车，轮对小车连接行走控制系统，两个轮对小车之间连接纵向钢横梁，钢横梁上方设有两条平行上轨道（见图 3）。通过大吨位自行式横移台车托运纵向移动的可移动式底模，实现公路预制梁在轨道上横向移动，使梁体纵向预制、横向移动，具有效率高、施工安全的特点。

4 新型智能化梁场箱梁的优点及其智能化之处

新型智能化梁场箱梁预制施工技术是对传统箱梁预制工艺的突破和创新，机械化作业取代传统人工作业。与传统箱梁预制工艺技术相比，新型智能化梁场箱梁具有占地面积小、有利于环境保护、有利于工厂化作业、生产效率高、具备全天候施工条件、外观质量较高、箱梁预制成本较低等优点。具体智能化之处主要包含在以下几个方面：

（1）利用机械设计自动化原理，化静为动，变“传统固定混凝土台座”为“可移动式钢底模”、变“传统分块拼装侧模”为“整体式自动拼接侧模”，变传统“依靠龙门吊实现梁体转运”为“刚轨道＋液压系统＋横移台车”，实现梁体在不同作业区间的转运，大大提高生产效率的同时，降低成本，真正实现了工厂化流水线般的箱梁预制作业。

（2）在场站建设规划时，利用无人机航拍技术与 BIM 技术融合，进行预制梁场智能化建模，优化场站五大作业区间的规划布置，变传统梁场直线型布置为“L”型布置，最大限度节约占地面积，降低临时征地费用。

（3）利用传感器＋红外线技术，有效地解决整体式侧模位移时能准确就位，横移区横移台车与存梁区可移动式底模轨道的精准对位，确保梁体尺寸准确，梁体转移顺畅。

5 施工技术研究

5.1 施工工艺流程

可移动式制梁台座进入钢筋绑扎区→绑扎底、腹板钢筋→进入混凝土浇筑区→外膜推送到位→安装内模→绑扎顶板钢筋→安装顶板预应力管道、锚具、端模→浇筑梁体混凝土→依次拆除内模、外膜→进入横移区→横移平台带动可移动式制梁台座横向移动→可移动式制梁进入养护区→梁体养护→张拉、压浆→梁端封锚→移梁。

5.2 施工场地布置

在施工场地由前向后依次设置底模横移区、箱梁钢筋绑扎区、混凝土浇筑区、混凝土初步养护区、初凝混凝土横移区和预应力张拉区。

5.3 模板安装

模板安装、对拉螺杆、支撑稳固，模板安装完成后调整模板的边线及垂直度，收紧模板间对拉螺栓，使模板上口边线顺直；模板安装前均匀涂抹脱模剂。

5.4 钢筋绑扎及预应力孔道定位

钢筋在钢筋加工区统一制作，运至现场人工绑扎成型，钢筋在模板上绑扎或焊接成形。钢筋安装遵循从下至上的原则，主筋应平直，箍筋应圆顺。钢筋安装时，首先安装底板主筋及箍筋，安装完底板钢筋后，选择几个断面安装好腹板钢筋，将腹板钢筋顶部用钢筋固定，再逐步安装其余腹板钢筋及纵向钢筋，以保证整体外观质量。内模安装完成并验收后，开始安装顶板钢筋。钢筋安装过程中要严格控制预埋钢筋、横隔梁钢筋位置及保护层等，钢筋保护层垫块采用专用混凝土垫块，并按梅花形布置，以确保施工质量。

5.5 混凝土浇筑

箱梁混凝土拌合站集中拌和，混凝土运输车运料，利用 25t 吊车配合浇筑；采用斜坡式浇筑，以多点下料的方式，先由内模顶板、底板预留孔下料至底板浇筑 6～8m 后，再左、右侧腹板对称，水平分层，纵向分段由一端向另一端进行浇筑。下料过程中，严禁对准波纹管下料，浇筑层厚控制在 40cm 左右。

振捣采用插入式振捣棒振捣，梁端钢筋密集区用 ϕ30 振捣棒，其余部位用 ϕ50 振捣棒。振捣上层混凝土时，振动棒要插入下层混凝土 5～10cm，做到快插慢拔，振捣至混凝土密实，防止漏振、欠振。振捣过程中，严禁振动棒直接接触波纹管、钢筋及模板，严防对波纹管位置和完整性造成破坏。

5.6 拆除侧模及内模

按规范要求，当混凝土抗压强度达到 2.5MPa 时拆模。拆模时，先拆内模，后拆外模，人工操作，吊车配合，内模拆除时注意通风和内模倾覆。

5.7 梁体移位

箱梁外模拆除之后，进行梁体移位，由预制区经横移区移动至养护区，拆模后的梁体位于移动底模上，然后将横移小车与制梁台座相对接，移动底模一端由钢丝绳牵引，前行至横移小车上，然后启动横移小车驱动，横移小车自行至养护台座轴线位置，与养护台座对接后，继续由钢丝绳牵引移动底模前行至养护台座上，完成梁体移位，整个移动过程要缓慢、稳定、由专人指挥，以确保梁体质量。

5.8 梁体养生

在混凝土浇筑完成初凝后，对顶板外露混凝土面尽快采用土工布进行覆盖，并洒水养护，保持混凝土面湿润，不得形成干湿交替现象。内模拆除后，梁体内采用蓄水养护，水深 50mm，养护时间一般不少于 7d，以确保构件始终保持湿润状态，同时注意保护预留预应力孔道，严禁将水和其他物质灌入孔道，同时现场做同条件养护试块。

5.9 箱梁预应力施工

张拉时梁体两端、两侧对称张拉，张拉力和伸长率双控制，控制张拉应力为主，并以伸长量校核，按设计规定的顺序对称张拉，按照设计图纸要求张拉控制应力考虑 3%锚口摩阻损失按 1437MPa 控制，锚下控制应力为 1395MPa，先张拉至初应力（10%张拉控制应力），量取伸长值，再张拉至控制应力量此时伸长量，持续 2min 后锚固，实测伸长量与理论伸长量的误差应控制在±6%之内。

达到张拉控制应力持荷 2min 后拆除张拉设备进行锚固，锚固后的预应力筋采用砂轮切割机截断，外露长度不小于 30mm，并采用无收缩水泥砂浆进行封锚，封锚时必须将锚具、夹片、外露钢绞线全部包裹，覆盖层厚度大于 15mm。

5.10 移梁

张拉养护完成后，预制箱梁成为成品后，将预制箱梁从可移动式制梁台吊装转运到邻近预应力张拉养护区的存梁提梁区，与此同时，将预应力张拉养护区的可移动式制梁台先移动到第二横移平台上的平台轨道上，再由底模返回轨道向前移动到第一横移平台上的平台轨道上，再次循环运输作业。

6 经济效益

该预制场采用轨道+移动底模+横移小车等模式进行箱梁的预制转移，生产效率高，人工成本低，传统梁场在同等生产效率的基础上需要工人 45 名，应用该工艺的梁场只需 21 人，相较于传统箱梁预制场可节省两台 80t 龙门吊。且梁场具有占地面积小，特别适合在临时征地价格高昂的沿海经济发达地区和施工时不易找到合适梁场建设场地的山区使用，经济效益显著，具有较好的推广应用价值。

7 结语

通过对新型智能化梁场箱梁预制施工技术进行研究，解决了传统梁场占地面积大、施工效率慢、资源配置多等诸多弊病。该系统组成简单、投资较小、施工效率高、系统拼装简单，集约化施工具有显著的经济效益，为以后类似预制梁场施工提供了宝贵经验。

参考文献

[1] 张兴波，陈建. 山区高速公路预制梁场智能循环喷淋养生系统研究应用 [J]. 工程科技：公路与水路运输，2017 (4)：301-304.

[2] 刘宝忠，孙小彬. 基于自动控制滴灌技术的混凝土预制梁养生系统研究 [J]. 公路交通科技：应用技术版，2013，(5)：170-172.

[3] 傅智，刘云，夏玲玲，等. 我国水泥混凝土养护剂标准及应用技术研究 [J]. 公路，2003，(3)：30-37.

企业经营与项目管理

本栏目审稿人：张建中

浅谈如何提高项目履约能力实现降本增效

牛宏力　景小青/中国水利水电第四工程局有限公司

【摘　要】项目是企业履约主体，也是成本中心、效益中心。但一些项目由于履约出现各种各样的问题，致使效益不佳甚至亏损，不仅造成公司整体利润下滑，还将影响业主及市场对企业专业能力的评价和信誉度。因此，如何在项目管理中提高履约能力，对确保企业可持续发展、提高行业内声誉有着至关重要的意义。本文就如何提高项目履约能力进行了分析，为项目管理提供参考。

【关键词】项目履约　能力提升

项目履约是企业发展的根本所在，项目前期策划、建造合同、项目预算管理及项目经理经营责任制考核等四项制度是保证项目履约的根本制度，为进一步提高项目履约能力奠定了基础。目前，企业制定的各项管理制度应该说是十分健全，也是科学、合理的，只是由于不同项目的管理能力和水平存在参差不齐，以及意识不到位等问题，在执行层面出现了偏差和执行不力的情况，以至于履约和经营结果不理想。当前建筑企业之间竞争加剧，业主也变得更加专业化，在质量和服务水平上的要求也逐渐提高，这种形势将促使企业更加专注于提升核心竞争力，充分利用有效率的资源，增强竞争力、降低成本、提高利润。因此，只有不断提高项目的管理水平、履约能力，才能在激烈的市场竞争中，立于不败之地。下面就提高项目履约能力谈几点看法。

1　科学决策是前提

项目伊始，首先，要做好与甲方主合同的交底，明确盈亏点，以及哪些可以变亏为盈，制定预期利润率与各个工期的节点目标。在充分了解行业内部、外部环境及合同要求的前提下，项目应依据业主要求及项目自身特点，理清项目管控思路，包括项目关键岗位人员的组成、项目管理目标的确定等。在项目策划阶段，项目团队必须明确管理目标，对包括工期、质量、安全、成本、文化建设、团队建设等各类管理目标进行量化，各类管理目标的确定应切合实际，同时要在此基础上有所提高，这样可在项目实施过程中对整个团队形成压力，有利于提升项目履约能力。

其次，要做好项目内部的职能细分和现场施工的平面布置以及各项施工策划的组织安排。就此事宜，项目可通过邀请公司领导、相关职能部门指导，以及组织专家论证、咨询设计院等方式落实各个施工组织的安排，做到施工有组织、有计划、有步骤地实施，减少施工风险，降低施工成本，提高创效空间。

2　执行力是关键

项目有了科学的决策，如何执行决策的能力就成了项目成败的关键。什么是执行力？一句简单的话可以概括，即目标、计划、愿景达到结果的一种能力。

就具体施工项目而言，合同条款一旦确定，履约能力的强弱更多地体现在项目内部的执行力。施工速度快、质量好的项目，往往项目团队的执行力也很强。对于前期履约效果不尽人意的项目，通过调整执行力弱的项目班子，对于提升项目履约能力的效果远比增加投入等方法更有效。

再高明的决策，再周密的计划，如果不去执行，只能是纸上谈兵。只有强化执行力才能推动项目既定的质量、安全、进度以及成本控制管理目标顺利实现。目前，项目各级管理者在项目建设过程中要带头执行、敢于担当，注重执行技巧、注重信息反馈，在工作过程中做到“责任明确、奖罚分明、及时监督、随时纠偏、注重实效”，使项目的执行力得到强化，确保各项制度认真落实，有力推进项目履约管理工作。执行不是蛮干，项目管理是一项复杂的系统工程，具有内在规律，需要用科学的管理方法，组织生产要素，开展标准化施工管理，专业的事要由专业的人来做，要搞好项目建设而且要实现盈利目标，需要一支既懂施工技术又善于经营的专业团队。只有团队的专业水平和管理能力达到要求，执行任务才能事半功倍。

3　分包管理是重点

实行项目分包管理有利于企业提高管理水平，增强核心竞争力。所以，项目应择优选用协作队伍（分包、劳务队伍），加强协作队伍的管理。若“分包、劳务队伍选好了，项目就成功一半了”。这是项目管理者在日常讨论工程履约过程中经常说的一句话。分包队伍、劳务队伍选择的好坏对于项目的顺利运营起着重要作用。

目前，项目管理团队都偏于年轻化，在专业技术水平和实际经验方面都需要进一步提升。在这样的形势下，分包、劳务队伍本身的配合意识和执行力对于整个项目履约的影响便凸显出来了。施工过程中不可避免地会出现各种问题，对分包的管理如果处理不及时，处理不恰当，将会造成现场施工的不稳定，甚至会造成工人恶意罢工等问题。这就要求项目不断加强总包管理能力，提升管理水平。选择优秀的分包、劳务队伍，并不断帮助其提高自身管理水平，这样不仅能更顺利地开展工作，更能助推项目更好、更轻松地实现履约目标。因此，择优选用协作队伍管理是项目追求效益最大化的需要。

4　成本管控是根本

项目成本管控是企业项目管理的重要方面，企业要争夺市场空间，应站在战略高度进行成本管控。

项目做好成本管控的关键，一是要及时做出施工图预算。根据进度计划、劳动力和材料供应计划及时作出资金流计划，作为每月工程款申请及分包工程款支付的依据。同时，要深入解析项目履约重点、难点，明确各项经济指标，并提炼项目利润点，实现项目效益最大化。二是要加强合同管理。主动分析合同，发掘利润规避风险，把握与利用合同作为项目的利润突破点：认真分析和制订工期计划，避免工期违约风险；熟悉工程范围，对上争取合同外工程，对下严格约束，避免额外成本增加；策划合理的变更及优化方案。增加盈利点，注意合同过程履约资料的收集整理，为创造良好的结算效益提供基础。三是要深入现场，动态狠抓人材机成本。根据施工进度计划，深度介入施工现场中，杜绝对分包单位“以包代管”的方式，对合同内外的现场人工、机械台班均要严加控制，帮助自身和分包单位控制成本。其次利用企业集中采购优势和多种手段降低物资采购成本，其过程限额领料和定期材料核销，严格控制材料成本支出。四是要未雨绸缪，注重结算效益。结算是项目履约的最后一道工序，也是项目效益的最终体现，争取较高的结算效益意义重大。工程项目竣工后要尽快完成分包结算及材料结算，尽早锁定成本，确定与业主的结算目标。结算资料要争取在合同期限内报出，为推进结算争取主动性，同时为企业争取优先受偿权打好基础，规避支付风险。尽快完成结算办理，可为项目节约管理成本，提升整体效益。

5　履约能力是核心

项目的履约能力不仅影响着项目成本，而且也直接关系到整个项目的最终成败。履约能力是现代企业综合实力的体现，特别是现在建筑市场竞争加剧，如何在工程项目中做好管理，提高履约能力，对于确保企业可持续发展、提高行业内声誉有着至关重要的意义。

什么是履约，广泛的说就是履行约定，双方在合同框架内行使自己的权利，履行自己的义务。对于施工企业而言，履约能力则全面体现为企业在工期、质量、安全文明施工、商务和服务方面的综合管理能力，也是企业综合实力最直接的体现。项目履约能力主要体现在以下方面：

（1）确保工期是项目履约能力的前提条件。工期是项目工程管理目标的重要组成部分，直接关系建设单位的投资回报和施工企业的管理效益。“工期是最大的成本，履约是信誉的保证”，这是项目管理的基本要求，也是降低成本的重点。所以，项目要做好工期控制，立足于工期各项内容制定、工期履约签订、工期结束锁定等各方面，确保全面完美收工。项目管理团队要严格按照合同办事，确保工期，以完美的履约提升顾客满意度。

（2）强化技术创新能力是项目履约的重要支撑。在保证质量、安全、工期的前提下，项目要策划和编制合理的技术方案，找出成本节约的技术关键点，最大限度地应用新技术、新工艺和新材料。同时进一步完善项目内部技术创新的激励和约束机制，充分调动广大工程技术人员的创新积极性。项目管理团队在方案编制时，多进行分析比对，在施工方法、机械设备选用、人机配合方面进行认真比较，尽可能选择合理的方案，以有效降低费用，实现项目的降本增效。

（3）加强盈利能力是项目履约的主线。当前建筑市场的竞争异常激烈，低价中标已成行业规则，建材及人工费市场透明度越来越高，建设单位对造价控制越来越精细，施工企业的利润空间被压缩得越来越小。严格实施底线管理是项目管理的重要原则，不能有丝毫的动摇。收益在项目的前期商务策划中要渗透进去，在履约执行中也要体现出来。预收益率一旦确定，项目将不折不扣地做好履约过程中的监控，所有经营管理活动，都必须考虑商务要素，以确保项目的优质履约和高效盈利。

(4) “质量”与“安全”是履约能力的品质保证。质量管理、安全文明施工、环境管理、职业健康安全是项目管理的主要内容，是“以人为本”精神的体现，其履约情况直接关系企业的社会形象，也是衡量项目管理水平高低的一项重要依据。因此，无论对建设方还是承建方来说，做到高品质工程，做到让顾客满意，就在市场竞争中占据了优势，对企业发展意义重大。

6 结语

项目履约应该是全方位的，就好比“木桶原理”，工期、质量、安全文明施工、商务和服务方面，只有做好项目五大支撑的履约，才算是实现了项目的履约，才能赢得业主的信任与满意，有了业主满意才有企业效益。只有苦练内功，才能用自己的真诚和实力获得业主的信任，才能确保向业主完美履约。另外作为项目管理团队，一定要遵循“高效履约、确保盈利、持续提升顾客满意度”的原则，认真执行企业各项制度，不断创新、应用新技术，加强人才队伍建设和项目文化建设，打造诚信体系，为社会建造更高品质的工程，为企业打造良好的品牌形象、创造更好的经济效益。

浅议铁路施工合同风险管理存在的问题与应对措施

刘　波　海显润/中国水利水电第四工程局有限公司

【摘　要】铁路工程项目在施工中，具有耗资大、工期长、参与主体多、组织关系复杂、技术和质量水平高的特点。从事铁路施工的企业要想在市场中求生存谋发展，就必须加强工程项目合同风险管理，采取各种措施降低合同风险，提高企业的核心竞争力和经济效益。本文就目前铁路工程施工中项目合同风险管理存在的问题，提出有针对性的解决措施，旨在进一步提高企业的合同管理水平，为企业铁路工程建设提供帮助。

【关键词】铁路施工　合同风险　管控　应对措施

1　引言

工程施工合同能够对整个工程实施起到监控作用，能否签订工程施工合同、能否进行有效管理会直接影响承包双方的利益，更会影响工程能不能按期完成。因此，工程建设施工合同管理不仅是企业管理的重要内容，也是铁路工程项目实施管理的核心，具体来说，铁路工程项目管理目标包括两个方面：一是项目的成本、工期、质量目标，而实现其控制必须要有相应的合同依据；二是合同的签订、履行及管理成果直接关系到企业的效益和社会信誉。所以，加强合同管理，强化内部风险管控，就必须通过有效的风险管理模式，有针对性地采取相应措施来解决出现的问题，以减少或降低企业遭受风险的程度、维护建筑市场竞争机制、提高工程质量、合理降低工程造价和缩短工程工期等方面发挥着重要作用，同时也有助于提高项目和企业的利润。

2　铁路施工合同管理存在的风险

2.1　合同管理风险

铁路施工相对于其他工程建设而言，具有技术要求复杂、建设规模大、周期长等特点。从工程项目施工的招投标、合同谈判、合同履行直至合同终止的全过程中都潜藏着合同风险。由于企业对施工合同管理风险的把控不够准确，现场管控不严谨，存在一定的安全、质量风险，对产生的风险原因分析不到位，应对措施和管控不到位，最终引发施工合同管理的风险。

2.2　合同变更的风险

在铁路工程施工合同履行过程中，时常会发生现场合同变更的现象，如工程量增加、材料价格上涨、地质情况变化等方面。实际上，合同条款已对工程变更作出了规定，合同条款是合同变更的依据。但是由于现场施工的不确定性，会出现很多难以预料、突发性的因素，往往会造成工期滞后、成本增加等变化超出合同约定。

2.3　合同索赔的风险

铁路工程施工合同索赔的重要前提条件是合同双方存在对方的违约行为和事实且发生了应由对方承担的责任与风险导致的损失。它又可以分为费用索赔、工期索赔。简言之，合同当事人对合同执行过程中非己方的原因而受到的对合法权利的侵害以及由于侵害而造成损失均可要求合同的另一方对自己的损失予以补偿或者赔偿。如果企业在铁路施工中未加强合同索赔管理，对索赔的认知程度不足，对合同中的索赔点认识不足，索赔事件发生后资料收集不全等问题，就无法规避或正确面对施工中出现了索赔问题，务必会造成工期的拖延和成本的成倍增加。

3　铁路施工合同管理风险的控制措施

3.1　制定合同管理框架

为了保证铁路工程施工合同管理工作的顺利进行，

项目管理的前期工作，就必须对招标文件及工程量进行严格审核，分析得出合同管理中影响施工的主要因素，并在充分沟通的情况下，形成最为合理的评价结果，并构建合同结构图，作为铁路施工合同管理中的指导性文件。在制定合同结构图的过程中，应将项目管理工作，所有合同中包括材料、条款以及分包合同相关约定，供应商之间的合同关系或工程连接、关系合同等囊括到结构图中，确保结构图制定、设计与施工、工作界面的完整清晰，这样易于协调管理，能起到有效降低成本的作用。

3.2 加强施工现场合同管控

铁路工程施工现场管控是合同风险防控的重要环节，因而要通过加强施工现场管理来控制合同风险。一是要做好合同签订前、签订时的审查工作，要选择有资质的施工单位和有经验的工作人员进场，严格按照合同约定施工。二是企业派遣专业的铁路施工管理人员负责全过程跟踪管理，并为施工方提供生活、施工场所，严抓工程质量关，确保按期完工；合同管理部门要建立合同风险清单，加强对所面临风险的全面监控，改变以往流于形式的合同履约检查工作，配备有经验的人员深入现场实时项目建设情况监控，确保能及时掌握现场合同履约的风险。三是强化安全施工管控，是工程项目建设顺利进行的基本保障。四是重视施工资料的收集工作，确保企业经济效益不受损害。

3.3 加强施工现场变更合同管理

铁路工程项目施工环节中，在各类不可抗力因素的影响下，施工单位的实际施工工序和所选用的技术可能与设计方案中的要求不一致，与既定的合同目标有所偏差，这就需要管理部门不断调整合同中的相关内容，并开启全过程动态管理现场施工合同的履行。一是因合同本身的不断变化，如出现变更事项，导致项目施工工期、质量及成本目标都在不断发生变化。这就要求项目在控制施工合同管理风险时，根据变化及时制定相应的变更措施；二是合同管理部门也应对施工合同面临的风险有充分的了解，正确认识可能发生的合同风险，及时制定风险预案，尽最大限度减少损失。

若项目工程只要发生合同管理风险，应第一时间做出快速反应，依据合同，对事实上不可避免的变更等因素要及时与建设单位沟通，以签证的形式来确认的变更项目。合理、合规、及时地减轻变更合同后所面临的损失或降低损失发生的概率。

3.4 加强施工现场合同索赔管理

铁路工程索赔不仅是法律问题，是诉讼问题，主要是工程问题。索赔不仅是为了弥补损失，取得利益，而且是提升项目管理水平以及强化合同管理人员素质的重要抓手，也是实现“做赢项目、做强企业”的需要。铁路工程施工合同与索赔之间的关系是密切联系的，合同是索赔成功的重要依据，索赔是解决合同纠纷的手段，所以，只有加强合同管理，才能成功获得索赔。

合同索赔，证据是关键。在《建设工程施工合同（示范文本）》中，针对索赔制定了相应的条款，严格约定了索赔时限、索赔依据及程序。如果没有强有力的证据，索赔是不成立的。为寻找索赔机会，对合同的研究是极其重要。通过对合同的研究、分析，合理预测合同风险，找出合同索赔的突破点，对索赔成功的可能性进行分析，制定有效的索赔策略。

加强铁路工程施工合同索赔管理，做好项目的“二次经营”管理是一项集法律法规于一体，技术性很强又错综复杂的综合性的系统工程，构成索赔的原因是多方面的，包括合同管理的诸多方面，不同原因引起的索赔事件，发生在管理和施工的各个环节，这就要求参与合同管理和合同实施的各职能部门、施工单位明确分工、紧密协作，并依据编制的可索赔费用一览表，有针对性的收集索赔资料，确保索赔的事实清楚，索赔的证据有效、充足，通过简洁的文字，委婉的用词阐述索赔的理由；精确计算，确保索赔额合理，用诚信获取对方的信任；一旦发生索赔事件，应及时办理好相关签证，并以单项索赔为主导，趁热打铁，避免集中办理多项索赔，否则会发生现场监理工程师或设计代表因怕担责任而拒绝签证；对于涉及政策性的合同条款索赔事件，务必要请求上级部门协调解决。

4 结语

当前，在铁路市场竞争日趋激烈，利润空间逐渐缩减的形势下，从事铁路施工企业只有不断强化内部管理，加强外部联系，走低成本扩张之路，才能增强竞争实力，为企业谋求更大的发展空间，实现企业持续稳定发展。因此，铁路施工合同风险管理体系的构建是一个长期的过程，需要尽心维护和不断完善。对于施工中常见的风险，只要发现有风险存在应及时研究对策，借鉴和总结各种不同经验，有针对性、目的性、合理性、实效性的防范措施，避免在施工过程中出现忽视安全、管理粗放、随意变更合同、索赔无门等风险问题，促使合同双方能严格按照合同条款履行职责，同时也要与国家相关政策紧密相连，做到合法、合理、合情并举，保障合同风险防范体系的各个环节运转良好，以最低的风险实现公司利益的最大化。

征 稿 启 事

各网员单位、联络员：

广大热心作者、读者：

《水利水电施工》是全国水利水电施工技术信息网的网刊，是全国水利水电施工行业内刊载水利水电工程施工前沿技术、创新科技成果、科技情报资讯和工程建设管理经验的综合性技术刊物。本刊宗旨是：总结水利水电工程前沿施工技术，推广应用创新科技成果，促进科技情报交流，推动中国水电施工技术和品牌走向世界。《水利水电施工》编辑部于2008年1月从宜昌迁入北京后，由全国水利水电施工技术信息网和中国电力建设集团有限公司联合主办，并在北京以双月刊出版、发行。截至2019年年底，已累计发行72期（其中正刊48期，增刊和专辑24期）。

自2009年以来，本刊发行数量已增至2000册，发行和交流范围现已扩大到120多个单位，深受行业内广大工程技术人员特别是青年工程技术人员的欢迎和有关部门的认可。为进一步增强刊物的学术性、可读性、价值性，自2017年起，对刊物进行了版式调整，由杂志型调整为丛书型。调整后的刊物继承和保留了原刊物国际流行大16开本，每辑刊载精美彩页6～12页，内文黑白印刷的原貌。本刊真诚欢迎广大读者、作者踊跃投稿；真诚欢迎企业管理人员、行业内知名专家和高级工程技术人员撰写文章，深度解析企业经营与项目管理方略、介绍水利水电前沿施工技术和创新科技成果，同时也热烈欢迎各网员单位、联络员积极为本刊组织和选送优质稿件。

投稿要求和注意事项如下：

（1）文章标题力求简洁、题意确切，言简意赅，字数不超过20字。标题下列作者姓名与所在单位名称。

（2）文章篇幅一般以3000～5000字为宜（特殊情况除外）。论文需论点明确，逻辑严密，文字精练，数据准确；论文内容不得涉及国家秘密或泄露企业商业秘密，文责自负。

（3）文章应附150字以内的摘要，3～5个关键词。

（4）文章体例要求如下：

1）技术类文章，正文采用西式体例，即例“1”“1.1”“1.1.1”，并一律左顶格。如文章层次较多，在“1.1.1”下，条目内容可依次用“（1）”“①”连续编号。

2）管理类文章，正文采用中式体例，文章层级一般不超过4级；即：例“一”“（一）”“1”“（1）”，其他要求不变。

（5）正文采用宋体、五号字、Word文档录入，1.5倍行距，单栏排版。

（6）文章须采用法定计量单位，并符合国家标准《量和单位》的相关规定。

（7）图、表设置应简明、清晰，每篇文章以不超过8幅插图为宜。插图用CAD绘制时，要求线条、文字清楚，图中单位、数字标注规范。

（8）来稿请注明作者姓名、职称、工作单位、邮政编码、联系电话、电子邮箱等信息。

（9）本刊发表的文章均被录入《中国知识资源总库》和《中文科技期刊数据库》。文章一经采用严禁他投或重复投稿。为此，《水利水电施工》编委会办公室慎重敬告作者：为强化对学术不端行为的抑制，中国学术期刊（光盘版）电子杂志社设立了“学术不端文献检测中心”。该中心将采用“学术不端文献检测系统”（简称AMLC）对本刊发表的科技论文和有关文献资料进行全文比对检测。凡未能通过该系统检测的文章，录入《中国知识资源总库》的资格将被自动取消；作者除文责自负、承担与之相关联的民事责任外，还应在本刊载文向社会公众致歉。

（10）发表在企业内部刊物上的优秀文章，欢迎推荐本刊选用。

（11）来稿一经录用，即按2008年国家制定的标准支付稿酬（稿酬只发放到各单位联系人，原则上不直接面对作者，非网员单位作者不支付稿酬）。

来稿请按以下地址和方式联系。

联系地址：北京市海淀区车公庄西路22号A座

投稿单位：《水利水电施工》编委会办公室

邮编：100048

编委会办公室：杜永昌

联系电话：010－58368849

E－mail：kanwu201506@powerchina.cn

全国水利水电施工技术信息网秘书处

《水利水电施工》编委会办公室

2020年4月30日